智能制造系列教材

数据技术基础

DATA
TECHNIQUES

张洁　吕佑龙　张朋　汪俊亮　编著

清華大学出版社
北京

图书在版编目(CIP)数据

数据技术基础/张洁等编著. —北京：清华大学出版社，2023.5
智能制造系列教材
ISBN 978-7-302-62715-9

Ⅰ. ①数…　Ⅱ. ①张…　Ⅲ. ①数据处理—教材　Ⅳ. ①TP274

中国国家版本馆CIP数据核字(2023)第026828号

责任编辑：刘　杨　赵从棉
封面设计：李召霞
责任校对：薄军霞
责任印制：朱雨萌

出版发行：清华大学出版社
　　网　　址：http://www.tup.com.cn，http://www.wqbook.com
　　地　　址：北京清华大学学研大厦A座　　邮　　编：100084
　　社 总 机：010-83470000　　邮　　购：010-62786544
　　投稿与读者服务：010-62776969，c-service@tup.tsinghua.edu.cn
　　质量反馈：010-62772015，zhiliang@tup.tsinghua.edu.cn
印 装 者：三河市春园印刷有限公司
经　　销：全国新华书店
开　　本：185mm×260mm　　印　　张：15.25　　字　　数：370千字
版　　次：2023年7月第1版　　印　　次：2023年7月第1次印刷
定　　价：46.00元

产品编号：088885-01

丛书序1

FOREWORD

多年前人们就感叹，人类已进入互联网时代；近些年人们又惊叹，社会步入物联网时代。牛津大学教授舍恩伯格(Viktor Mayer-Schönberger)心目中大数据时代最大的转变，就是放弃对因果关系的渴求，转而关注相关关系。人工智能则像一个幽灵徘徊在各个领域，兴奋、疑惑、不安等情绪分别蔓延在不同的业界人士中间。今天，5G的出现使得作为整个社会神经系统的互联网和物联网更加敏捷，使得宛如社会血液的数据更富有生命力，自然也使得人工智能未来能在某些局部领域扮演超级脑力的作用。于是，人们惊呼数字经济的来临，憧憬智慧城市、智慧社会的到来，人们还想象着虚拟世界与现实世界、数字世界与物理世界的融合。这真是一个令人咋舌的时代！

但如果真以为未来经济就"数字"了，以为传统工业就"夕阳"了，那可以说我们就真正迷失在"数字"里了。人类的生命及其社会活动更多地依赖物质需求，除非未来人类生命形态真的变成"数字生命"了，不用说维系生命的食物之类的物质，就连"互联""数据""智能"等这些满足人类高级需求的功能也得依赖物理装备。所以，人类最基本的活动便是把物质变成有用的东西——制造！无论是互联网、物联网、大数据、人工智能，还是数字经济、数字社会，都应该落脚在制造上，而且制造是其应用的最大领域。

前些年，我国把智能制造作为制造强国战略的主攻方向，即便从世界上看，也是有先见之明的。在强国战略的推动下，少数推行智能制造的企业取得了明显效益，更多企业对智能制造的需求日盛。在这样的背景下，很多学校成立了智能制造等新专业(其中有教育部的推动作用)。尽管一窝蜂地开办智能制造专业未必是一个好现象，但智能制造的相关教材对于高等院校与制造关联的专业(如机械、材料、能源动力、工业工程、计算机、控制、管理……)都是刚性需求，只是侧重点不一。

教育部高等学校机械类专业教学指导委员会(以下简称"机械教指委")不失时机地发起编著这套智能制造系列教材。在机械教指委的推动和清华大学出版社的组织下，系列教材编委会认真思考，在2020年新型冠状病毒感染疫情正盛之时进行视频讨论，其后教材的编写和出版工作有序进行。

编写本系列教材的目的是为智能制造专业以及与制造相关的专业提供有关智能制造的学习教材，当然教材也可以作为企业相关的工程师和管理人员学习和培训之用。系列教材包括主干教材和模块单元教材，可满足智能制造相关专业的基础课和专业课的需求。

主干教材，即《智能制造概论》《智能制造装备基础》《工业互联网基础》《数据技术基础》《制造智能技术基础》，可以使学生或工程师对智能制造有基本的认识。其中，《智能制造概论》教材给读者一个智能制造的概貌，不仅概述智能制造系统的构成，而且还详细介绍智能制造的理念、意识和思维，有利于读者领悟智能制造的真谛。其他几本教材分别论及智能制造系统的“躯干”“神经”“血液”“大脑”。对于智能制造专业的学生而言，应该尽可能必修主干课程。如此配置的主干课程教材应该是本系列教材的特点之一。

本系列教材的特点之二是配合“微课程”设计了模块单元教材。智能制造的知识体系极为庞杂，几乎所有的数字-智能技术和制造领域的新技术都和智能制造有关，不仅涉及人工智能、大数据、物联网、5G、VR/AR、机器人、增材制造(3D 打印)等热门技术，而且像区块链、边缘计算、知识工程、数字孪生等前沿技术都有相应的模块单元介绍。本系列教材中的模块单元差不多成了智能制造的知识百科。学校可以基于模块单元教材开出微课程(1 学分)，供学生选修。

本系列教材的特点之三是模块单元教材可以根据各所学校或者专业的需要拼合成不同的课程教材，列举如下。

#课程例 1——“智能产品开发”(3 学分)，内容选自模块：

- 优化设计
- 智能工艺设计
- 绿色设计
- 可重用设计
- 多领域物理建模
- 知识工程
- 群体智能
- 工业互联网平台

#课程例 2——“服务制造”(3 学分)，内容选自模块：

- 传感与测量技术
- 工业物联网
- 移动通信
- 大数据基础
- 工业互联网平台
- 智能运维与健康管理

#课程例 3——“智能车间与工厂”(3 学分)，内容选自模块：

- 智能工艺设计
- 智能装配工艺
- 传感与测量技术
- 智能数控
- 工业机器人
- 协作机器人
- 智能调度
- 制造执行系统(MES)
- 制造质量控制

总之，模块单元教材可以组成诸多可能的课程教材，还有如“机器人及智能制造应用”“大批量定制生产”等。

此外,编委会还强调应突出知识的节点及其关联,这也是此系列教材的特点。关联不仅体现在某一课程的知识节点之间,也表现在不同课程的知识节点之间。这对于读者掌握知识要点且从整体联系上把握智能制造无疑是非常重要的。

本系列教材的编著者多为中青年教授,教材内容体现了他们对前沿技术的敏感和在一线的研发实践的经验。无论在与部分作者交流讨论的过程中,还是通过对部分文稿的浏览,笔者都感受到他们较好的理论功底和工程能力。感谢他们对这套系列教材的贡献。

衷心感谢机械教指委和清华大学出版社对此系列教材编写工作的组织和指导。感谢庄红权先生和张秋玲女士,他们卓越的组织能力、在教材出版方面的经验、对智能制造的敏锐性是这套系列教材得以顺利出版的最重要因素。

希望本系列教材在推进智能制造的过程中能够发挥"系列"的作用!

2021 年 1 月

丛书序2

FOREWORD

制造业是立国之本,是打造国家竞争能力和竞争优势的主要支撑,历来受到各国政府的高度重视。而新一代人工智能与先进制造深度融合形成的智能制造技术,正在成为新一轮工业革命的核心驱动力。为抢占国际竞争的制高点,在全球产业链和价值链中占据有利位置,世界各国纷纷将智能制造的发展上升为国家战略,全球新一轮工业升级和竞争就此拉开序幕。

近年来,美国、德国、日本等制造强国纷纷提出新的国家制造业发展计划。无论是美国的“工业互联网”、德国的“工业 4.0”,还是日本的“智能制造系统”,都是根据各自国情为本国工业制定的系统性规划。作为世界制造大国,我国也把智能制造作为推进制造强国战略的主攻方向,并于 2015 年发布了《中国制造 2025》。《中国制造 2025》是我国全面推进建设制造强国的引领性文件,也是我国实施制造强国战略的第一个十年的行动纲领。推进建设制造强国,加快发展先进制造业,促进产业迈向全球价值链中高端,培育若干世界级先进制造业集群,已经成为全国上下的广泛共识。可以预见,随着智能制造在全球范围内的孕育兴起,全球产业分工格局将受到新的洗礼和重塑,中国制造业也将迎来千载难逢的历史性机遇。

无论是开拓智能制造领域的科技创新,还是推动智能制造产业的持续发展,都需要高素质人才作为保障,创新人才是支撑智能制造技术发展的第一资源。高等工程教育如何在这场技术变革乃至工业革命中履行新的使命和担当,为我国制造企业转型升级培养一大批高素质专门人才,是摆在我们面前的一项重大任务和课题。我们高兴地看到,我国智能制造工程人才培养日益受到高度重视,各高校都纷纷把智能制造工程教育作为制造工程乃至机械工程教育创新发展的突破口,全面更新教育教学观念,深化知识体系和教学内容改革,推动教学方法创新,我国智能制造工程教育正在步入一个新的发展时期。

当今世界正处于以数字化、网络化、智能化为主要特征的第四次工业革命的起点,正面临百年未有之大变局。工程教育需要适应科技、产业和社会快速发展的步伐,需要有新的思维、理解和变革。新一代智能技术的发展和全球产业分工合作的新变化,必将影响几乎所有学科领域的研究工作、技术解决方案和模式创新。人工智能与学科专业的深度融合、跨学科网络以及合作模式的扁平化,甚至可能会消除某些工程领域学科专业的划分。科学、技术、经济和社会文化的深度交融,使人们可以充分使用便捷的软件、工具、设备和系统,彻底改变或颠覆设计、制造、销售、服务和消费方式。因此,工程教育特别是机械工程教育应当更加具有前瞻性、创新性、开放性和多样性,应当更加注重与世界、社会和产业的联系,为服务我国新的“两步走”宏伟愿景做出更大贡献,为实现联合国可持续发展目标发挥关键性引领作用。

需要指出的是，关于智能制造工程人才培养模式和知识体系，社会和学界存在多种看法，许多高校都在进行积极探索，最终的共识将会在改革实践中逐步形成。我们认为，智能制造的主体是制造，赋能是靠智能，要借助数字化、网络化和智能化的力量，通过制造这一载体把物质转化成具有特定形态的产品(或服务)，关键在于智能技术与制造技术的深度融合。正如李培根院士在丛书序1中所强调的，对于智能制造而言，“无论是互联网、物联网、大数据、人工智能，还是数字经济、数字社会，都应该落脚在制造上”。

经过前期大量的准备工作，经李培根院士倡议，教育部高等学校机械类专业教学指导委员会(以下简称“机械教指委”)课程建设与师资培训工作组联合清华大学出版社，策划和组织了这套面向智能制造工程教育及其他相关领域人才培养的本科教材。由李培根院士和雒建斌院士、部分机械教指委委员及主干教材主编，组成了智能制造系列教材编审委员会，协同推进系列教材的编写。

考虑到智能制造技术的特点、学科专业特色以及不同类别高校的培养需求，本套教材开创性地构建了一个“柔性”培养框架：在顶层架构上，采用“主干教材＋模块单元教材”的方式，既强调了智能制造工程人才必须掌握的核心内容(以主干教材的形式呈现)，又给不同高校最大程度的灵活选用空间(不同模块教材可以组合)；在内容安排上，注重培养学生有关智能制造的理念、能力和思维方式，不局限于技术细节的讲述和理论知识的推导；在出版形式上，采用“纸质内容＋数字内容”的方式，“数字内容”通过纸质图书中列出的二维码予以链接，扩充和强化纸质图书中的内容，给读者提供更多的知识和选择。同时，在机械教指委课程建设与师资培训工作组的指导下，本系列书编审委员会具体实施了新工科研究与实践项目，梳理了智能制造方向的知识体系和课程设计，作为规划设计整套系列教材的基础。

本系列教材凝聚了李培根院士、雒建斌院士以及所有作者的心血和智慧，是我国智能制造工程本科教育知识体系的一次系统梳理和全面总结，我谨代表机械教指委向他们致以崇高的敬意！

赵继

2021年3月

前言

PREFACE

随着智能制造发展背景下信息化技术与制造产业的深度融合，制造过程中产生的数据日益丰富，呈现出类型多样、数据潜在价值高、应用广泛等数据特征。利用数据技术实时感知制造过程的海量数据，以预处理手段提升数据质量，对数据之间的复杂关联关系进行准确分析、深入挖掘与多维可视化，采用高效率的计算模式、存储管理工具与安全保障机制，支撑智能设计、智能调度、智能物流、智能工艺、质量控制等典型业务场景应用，是推动智能制造的重要基础工作。

本书在概要阐述数据技术基本概念与主要特征基础上，分析大数据时代的制造业务数据化趋势，提出面向智能制造需求的数据技术体系架构，详细介绍数据感知、数据预处理、数据分析、数据挖掘、数据可视化、数据计算、数据存储与管理、数据安全等关键技术，并结合航空航天、纺织服装、半导体等行业背景，介绍数据技术在工业制造领域的智能产品设计、智能生产调度、智能工艺规划等业务场景中的典型应用。

本书主要面向智能制造工程、机械工程、自动化、计算机等相关领域高校的本科生，提供理论基础和实践案例。本书也可为智能制造相关科研人员、企业从业人员提供技术指导，为制造业信息化、智能化的咨询和实施人员提供参考。

在本书编写过程中，收集采用了作者主持或参与的国家自然科学基金重点项目“大数据驱动的智能车间运行分析与决策方法的研究”(No. 51435009)，国防科工局项目“基于××装配车间的大数据决策优化技术”(JCKY2019203C017)中的相关研究成果与应用案例。此外，研究生徐楚桥、左丽玲、朱子询、王明等也参加了部分书稿整理工作，在此对他们一并表示感谢。书稿编写过程中参考了大量的文献，作者在书中尽可能地标注了，有疏忽未标注的，敬请有关作者谅解，同时表示由衷的感谢。另外，清华大学出版社的编辑们也为本书的出版付出了大量的心血，在此表示由衷感谢！

数据技术作为智能制造的重要使能技术，正处在迅速发展之中，由此形成的技术内涵与业务场景也在不断丰富，已引起越来越多的研究和应用人员的关注。由于作者的水平和能力有限，书中的缺点和疏漏在所难免，在此欢迎广大读者批评指正。

作　者

2022年10月

目录

CONTENTS

第1章 绪论

随着互联网的快速发展，信息技术渗透到了不同行业的各个环节，由于计算、存储资源的容量、速度、智能化程度的迅速提高和价格的大幅下降，以及物联网、移动互联网、云计算等技术的迅速发展和大规模应用，行业应用系统的规模迅速扩大，其所产生的数据呈指数式增长。数据量的剧增和国家、企业间竞争的加剧，要求政府和企业能更准确、快速、个性化地为客户和公众提供产品和公共服务，运用数据技术对企业产生、拥有的海量数据进行挖掘，得到有价值的分析结果，这些成为提升企业核心竞争力的关键环节。

本章在介绍数据相关基本概念的基础上，从数据类型、数据价值、数据应用等方面分析数据特征，探讨大数据时代的新内涵、新理念与新术语，提出业务数据化背景下的数据技术体系架构。

1.1 基本概念

数据作为数据技术需要采集、处理、分析、应用的对象，是实现价值增长的核心载体。在业务活动中，往往会用规模性、多类型、多维度、异构性等对数据特点进行描述。因此，本节首先从数据定义、数据元素、数据维度、数据结构与数据模型等方面，介绍数据相关的基本概念。

1.1.1 数据定义

从数据的功能和价值角度来看，数据是客观世界的测量和记录，是对人类社会的一种描述、记录和表达。用《信息简史》一书中的一句话来概括：万物皆比特。一切皆可数据化，正如“大数据之父”维克托·迈尔·舍恩伯格所言，世界上的一切事物都可以看作由数据构成的，一切皆可“量化”，都可以用编码数据来表示。数据是人类分析和解构世界的基本角度和元素。

从数据的表现形态角度来看，数据是指对客观事件进行记录并可以鉴别的符号，是对客观事物的性质、状态以及相互关系等进行记载的物理符号或这些物理符号的组合。它是可识别的、抽象的符号。它不仅指狭义上的数字，还可以是具有一定意义的文字、字母、数字符号的组合、图形、图像、视频、音频等，也是客观事物的属性、数量、位置及其相互关系的抽象表示。数据可以是连续的值，比如声音、图像，称为模拟数据，也可以是离散的，如符号、文字，称为数字数据。在计算机系统中，数据以二进制信息单元0、1的形式来表示。

从生产要素角度来看，人类社会已经从农业经济、工业经济进入到了数字经济时代，农业经济时代的核心生产要素是土地，工业经济时代的核心生产要素是技术和资本，数字经济的核心生产要素就是数据。随着数据与人工智能、物联网技术的深入融合，数据为人类社会的数字化转型提供了新的动能。数据已成为数字经济时代的新型生产要素。数据资源已经成为“智慧地球”的重要的生产要素。

2020年4月9日，《中共中央国务院关于构建更加完善的要素市场化配置体制机制的意见》(以下简称《意见》)印发。《意见》明确了要素市场制度建设的方向和重点改革任务，对于推动经济发展质量变革、效率变革、动力变革具有重要意义。其中，《意见》将数据作为与土地、劳动力、资本、技术并列的生产要素，并进一步提出“加快培育数据要素市场，全面提升数据要素价值”，引发广泛关注。可见，数据可以像土地一样进行定价、确权和买卖了，数据作为国民经济中基础性战略资源的地位日益凸显。

1.1.2 数据元素

数据元素(data element)是用一组属性描述数据的定义、标识、表示和允许值的数据单元，在一定语境下，通常用于构建一个语义正确、独立且无歧义的特定概念语义的信息单元。数据元素可以理解为数据的基本单元，将若干具有相关性的数据元素按一定的次序组成一个整体结构即为数据模型。数据元素一共有以下五种基本属性。

(1) 标识类属性：适用于数据元素标识的属性，包括中文名称、英文名称、中文全拼、内部标识符、版本、注册机构、同义名称、语境。

(2) 定义类属性：描述数据元素语义方面的属性，包括定义、对象类词、特性词、应用约束。

(3) 关系类属性：描述各数据元素之间相互关联和(或)数据元素与模式、数据元素概念、对象、实体之间关联的属性，包括分类方案、分类方案值、关系。

(4) 表示类属性：描述数据元素表示方面的属性，包括表示词、数据类型、数据格式、值域、计量单位。

(5) 管理类属性：描述数据元素管理与控制方面的属性，包括状态、提交机构、批准日期、备注。

数据元素一般由对象类、特性和表示三部分组成，其中，对象类是我们所要研究、收集和存储相关数据的实体，特性是人们用来区分、识别事物的一种手段，表示是数据元素被表达的方式的一种描述。表示的各种组成成分中，任何一个部分发生变化都将产生不同的表示。

数据元素按照其应用范围不同，分为通用数据元素、应用数据元素(或称“领域数据元素”)和专用数据元素。通用数据元素是与具体的对象类无关的、可以在多种场合应用的数据元素。应用数据元素是在特定领域内使用的数据元素。应用数据元素与通用数据元素是相对于一定的应用环境而言的，两者之间并没有本质的区别，应用数据元素是被限定的通用数据元素，通用数据元素是被泛化的应用数据元素，随环境的变化彼此可以相互转化。专用数据元素是指与对象类完全绑定,只能用来描述该对象类的某个特性的数据元素。专用数据元素包含了数据元素的所有组成部分,是“完整的”数据元素。按照数据类型不同,分为文字型数据元素与数值型数据元素。按照数据元素中数据项的多少,分为简单数据元素和复合数据元素。简单数据元素由一个单独的数据项组成;复合数据元素由两个及以上的数据项组成,即由两个及以上的数据元素组成。组成复合数据元素的数据元素称为成分数据元素。

1.1.3 数据维度

数据是事实或观察的结果,是对客观事物的逻辑归纳,是用于表示客观事物的未经加工的原始素材。数据维度是指一组数据的组织形式与结构化程度,是事物或现象的某种特征,如性别、地区、时间等都是维度。其中时间是一种常用的、特殊的维度,通过时间前后的对比,就可以知道事物的发展状况,如用户数环比上月增长10%、同比去年同期增长20%,这就是时间上的对比,也称为纵比;另一个比较就是横比,如不同国家人口数、GDP的比较,不同省份收入、用户数的比较,不同公司、不同部门之间的比较,这些都是同级单位之间的比较,简称横比。

数据维度可以分为定性维度和定量维度,也就是根据数据类型来划分,数据类型为字符型(文本型)数据的,就是定性维度,如地区、性别都是定性维度;数据类型为数值型数据的就是定量维度,如收入、年龄、消费等。一般我们对定量维度需要作数值分组处理,也就是数值型数据离散化,这样做的目的是使规律更加明显,因为分组越细,规律就越不明显,最后细到成为最原始的流水数据,那就无规律可循。

1.1.4 数据结构

数据包括结构化、半结构化和非结构化数据,非结构化数据越来越成为数据的主要部分。互联网数据中心(IDC)的调查报告显示:企业中80%的数据都是非结构化数据,这些数据每年都按指数增长60%。在以云计算为代表的技术创新大幕的衬托下,这些原本看起来很难收集和使用的数据开始容易被利用起来了,通过各行各业的不断创新,数据会逐步为人类创造更多的价值。

1. 结构化数据

简单来说,结构化数据就是数据库,也称作行数据,是由二维表结构来逻辑表达和实现的数据,严格地遵循数据格式与长度规范,主要通过关系型数据库进行存储和管理。结构化数据标记是一种能让网站以更好的姿态展示在搜索结果当中的方式,搜索引擎都支持标准的结构化数据标记。结构化数据可以通过固有键值获取相应信息,且数据的格式固定,如RDBMS data。结构化最常见的就是具有模式的数据,结构化就是模式。大多数技术应用基于结构化数据。

2. 半结构化数据

半结构化数据和普通纯文本相比具有一定的结构性,但和具有严格理论模型的关系数据库的数据相比更灵活。它是一种适于数据库集成的数据形式,也就是说,适于描述包含在两个或多个数据库(这些数据库含有不同模式的相似数据)中的数据。它是一种标记服务的基础模型，用于 Web 上共享信息。特别地，半结构化数据是"无模式"的。更准确地说，其数据是自描述的。它携带了关于其模式的信息，并且这样的模式可以随时间在单一数据库内任意改变。半结构化数据中结构模式附着或相融于数据本身，数据自身就描述了其相应结构模式，具有下述特征：

(1) 数据结构自描述性。结构与数据相交融，在研究和应用中不需要严格规范的数据形式，有时数据本身即是一种结构。

(2) 数据结构描述的复杂性。结构难以纳入现有的各种描述框架，实际应用中不易进行清晰的理解与把握。

(3) 数据结构描述的动态性。数据变化通常会导致结构模式变化，数据整体上具有动态的结构模式。

3. 非结构化数据

非结构化数据是与结构化数据相对的，是数据结构不规则或不完整，没有预定义的数据模型，不方便用数据库二维逻辑表来表现的数据，包括所有格式的办公文档、可扩展标记语言数据文件(XML)、超文本标记语言文件(HTML)、图片和音频、视频信息等。支持非结构化数据的数据库采用多值字段、子字段和变长字段机制进行数据项的创建和管理，广泛应用于全文检索和各种多媒体信息处理领域。

1.1.5 数据模型

数据模型(data model)是数据特征的抽象，它从抽象层次上描述了系统的静态特征、动态行为和约束条件，为数据库系统的信息表示与操作提供一个抽象的框架。数据模型描述的内容有三部分，分别是数据结构、数据操作和数据约束。

(1) 数据模型中的数据结构主要描述数据的类型、内容、性质以及数据间的联系等。数据结构是数据模型的基础，数据操作和数据约束都建立在数据结构上。不同的数据结构具有不同的数据操作和数据约束。

(2) 数据模型中的数据操作主要描述在相应的数据结构上的操作类型和操作方式。

(3) 数据模型中的数据约束主要描述数据结构内数据间的语法、词义联系，它们之间的制约和依存关系，以及数据动态变化的规则，以保证数据的正确、有效和相容。

同时，数据模型按不同的应用层次分为三种类型，分别是概念数据模型、逻辑数据模型、物理数据模型。

(1) 概念数据模型(conceptual data model)是一种面向用户、面向客观世界的模型，主要用来描述世界的概念化结构，它可以使数据库的设计人员在设计的初始阶段摆脱计算机系统及数据库管理系统(database management system，DBMS)的具体技术问题，集中精力分析数据以及数据之间的联系等，它与具体的 DBMS 无关。概念数据模型必须转换成逻辑数据模型，才能在 DBMS 中实现。

(2) 逻辑数据模型(logical data model)是一种面向数据库系统的模型，是具体的 DBMS 所支持的数据模型，如网状数据模型(network data model)、层次数据模型(hierarchical data model)等。此模型既要面向用户，又要面向系统，主要用于 DBMS 的实现。

（3）物理数据模型(physical data model)是一种面向计算机物理表示的模型，描述了数据在存储介质上的组织结构，它不但与具体的 DBMS 有关，而且与操作系统和硬件有关。每一种逻辑数据模型在实现时都有其对应的物理数据模型。DBMS 为了保证其独立性与可移植性，将大部分物理数据模型的实现工作交由系统自动完成，而设计者只设计索引、聚集等特殊结构。

数据发展过程中产生过三种基本的数据模型，分别是层次模型、网状模型和关系模型。这三种模型是按其数据结构命名的。前两种采用格式化的结构。在这类结构中实体用记录类型表示，而记录类型抽象为图的顶点。记录类型之间的联系抽象为顶点间的连接弧。整个数据结构与图相对应。其中层次模型的基本结构是树形结构；网状模型的基本结构是一个不加任何限制条件的无向图；关系模型为非格式化的结构，用单一的二维表的结构表示实体及实体之间的联系。关系模型是目前数据库中常用的数据模型。

（1）层次模型将数据组织成一对多关系的结构，用树形结构表示实体及实体间的联系，如图 1-1 所示。

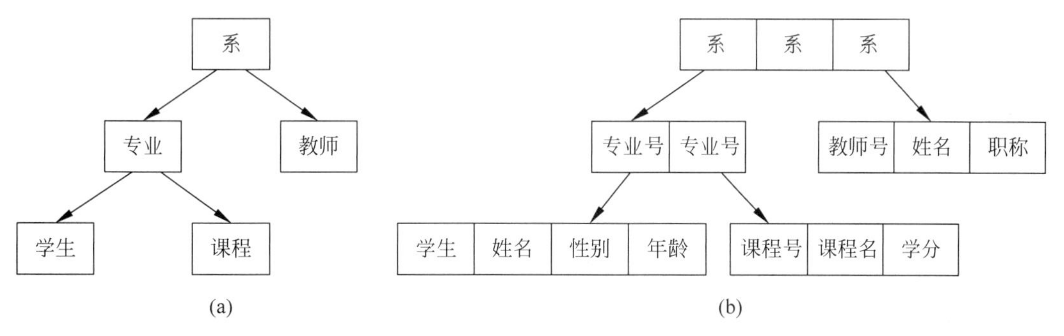

图 1-1　层次模型示例

（a）实体之间的联系；（b）实体型之间的联系

（2）网状模型用连接指令或指针来确定数据间的网状连接关系，是具有多对多类型的数据组织方式，如图 1-2 所示。

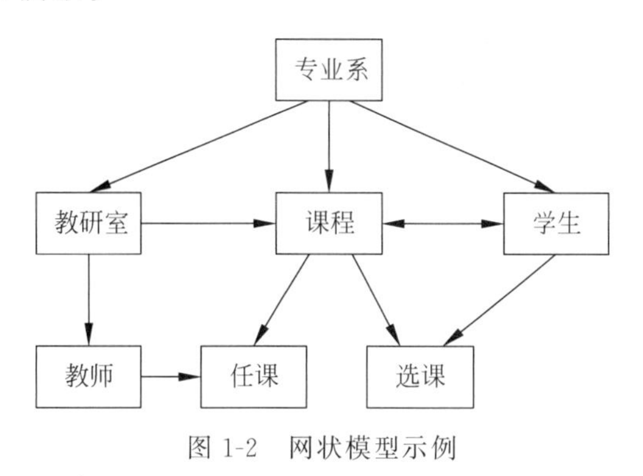

图 1-2　网状模型示例

（3）关系模型以记录组或数据表的形式组织数据，以便于利用各种实体与属性之间的关系进行存储和变换。关系模型不分层也无指针，是建立空间数据和属性数据之间关系的一种非常有效的数据组织方法，如图 1-3 所示。

教师关系框架

教师编号	姓名	性别	所在院名

课程关系框架

课程号	课程名	教师编号	上课教室

(a)

教师关系

教师编号	姓名	性别	所在院名
1992620	张卫国	男	计算机学院
2002001	王新光	男	法学院
1984030	杨霜	女	法学院

课程关系

课程号	课程名	教师编号	上课教室
A6-1	软件工程	1992620	D12 J2103
B1-2	宪法	2002001	D12 J2203
B1-3	民法	1984030	D9 A201

(b)

图 1-3　关系模型示例

(a) 关系模型；(b) 两个关系模型的关系

1.2　数据特征

随着互联网、物联网、信息系统的广泛应用，数据来源愈发广泛，数据类型呈现出多样性特点，并且通过服务于制造、消费等不同行业的各类业务场景，体现出了非常可观的潜在价值。以制造业中的产品质量检测为例，通过对产品制造过程中的数据进行收集并加以分析，可以实现产品质量缺陷控制等业务应用，进而达到降本增效的目标。但是在这些数据应用过程中，随着考虑的数据类型越来越丰富、数据价值挖掘由浅层向深层不断发展，以及数据规模的不断增大，对数据共享机制的完善程度、计算机的处理能力以及数据安全性等提出了新的挑战。因此，本节从面向数据技术对象的角度出发，将详细介绍数据类型多样、数据潜在价值高、数据应用广泛以及大数据带来挑战等数据特征。

1.2.1　数据类型多样

互联网及物联网是产生并承载数据的主要基础，互联网在搜索、社交、媒体、交易等各自核心业务领域积累并持续产生海量数据，物联网设备每时每刻都在采集数据，设备数量和数据量都与日俱增。此外，还有一些企业，通过信息管理系统、网络信息系统等在业务中也积累了许多数据，另外数据资源也包括政府部门掌握的数据。一般地，常见的数据类型有以下几种。

(1) 交易数据。包括 POS 机数据、信用卡刷卡数据、电子商务数据、互联网点击数据、“企业资源规划”(ERP)系统数据、销售系统数据、客户关系管理(CRM)系统数据，以及公司的生产数据、库存数据、订单数据、供应链数据等。

(2) 移动通信数据。能够上网的智能手机等移动设备使用越来越普遍，移动通信设备记录的数据量和数据的立体完整度常常优于各家互联网公司掌握的数据。移动通信数据包括移动设备软件储存的交易数据、个人信息资料、状态报告事件等。

(3) 人为数据。人为数据大多数为非结构性数据,包括电子邮件、文档、图片、音频、视频,以及通过微信、博客、推特、维基、脸书、LinkedIn 等社交媒体产生的数据流。

(4) 机器和传感器数据。包括来自感应器、量表和其他设施的数据,定位/GPS 系统数据等。一些功能设备会创建或生成数据,例如智能温度控制器、智能电表、工厂机器和连接互联网的家用电器的数据等。来自新兴的物联网(IoT)的数据是机器和传感器所产生的数据的例子之一。来自物联网的数据可以用于构建分析模型,连续监测预测性行为(如当传感器的数值表示有问题时进行识别),提供规定的指令(如警示技术人员在真正出问题之前检查设备)等。

(5) 互联网上的"开放数据"。如政府机构、非营利组织和企业免费提供的数据。

1.2.2 数据潜在价值高

数据的价值归根到底是能帮助人们建立对事物的认知,帮助人们形成正确的决策,具体来说包括以下四个方面。

(1) 帮助人们获得知识。用数据可以完成对事物的精准刻画,帮助人们全面了解事物的本真面目。此时,数据发挥的价值在于减少了信息的不对称,帮助人们获得了新的知识。以前不知道的事情,现在用数据告知他们了;以前不清楚的,现在用数据能解释明白了。也就是说,在数据的支持下,人们实现了从"不知道"到"知道"、从"不清晰"到"清晰"的转变。

(2) 帮助人们形成解决问题的合理方法。数据的作用还在于能让人们发现问题,并形成正确的判断,同时针对具体问题形成多种可行的解决方法,告诉他们应该做什么、怎么做。只要人们相信数据是在说真话的,数据就像一个睿智的顶级谋士,会告诉人们事物的来龙去脉、问题症结,然后把决策权交给人们。相信数据的力量,数据就能创造信任,让人们形成正确的决策。

(3) 帮助人们做出快速决策。在瞬息万变的市场竞争中,商机稍纵即逝,数据可以帮助人们快速地判断出商机、快速地形成决策,缩短人们做决策的时间耗损,降低决策成本,提高决策效率。特别是在信息爆炸的万物互联时代,数据能帮助人们在纷繁复杂的信息网络中抽丝剥茧、条分缕析,帮助人们快速找到"确定性"的路径和决策,在市场竞争中赢得"时间差"优势。

(4) 使人们少犯错误。还可以通过统计与分析数据,预测即将发生什么,发生的概率有多大,告诉人们不能做什么。通过数据发现异常状况时,实时预警,帮助人们降低决策风险,及时止损,减少试错成本。

1.2.3 数据应用广泛

数据应用广泛,包括金融、汽车、餐饮、电信、能源、体育和娱乐等在内的社会各行各业都已经融入了数据的印迹,这大大推动了社会生产和生活。在制造业中,利用工业大数据提升制造业水平,例如:产品故障诊断与预测、分析工艺流程、改进生产工艺、优化生产过程能耗、工业供应链分析与优化、生产计划与排程。在金融行业中,数据在高频交易、社交情绪分析和信贷风险分析三大金融创新领域发挥重大作用。在汽车行业中,利用数据和物联网技术的无人驾驶汽车在不远的未来将走入我们的日常生活。在互联网行业中，借助于大数据技术，可以分析客户行为，进行商品推荐和针对性广告投放。在电信行业中，利用大数据技术实现客户离网分析，及时掌握客户离网倾向，出台客户挽留措施。在能源行业中，随着智能电网的发展，电力公司可以掌握海量的用户用电信息，利用大数据技术分析用户用电模式，可以改进电网运行，合理设计电力需求响应系统，确保电网运行安全。在物流行业中，利用数据优化物流网络，提高物流效率，降低物流成本。在城市管理中，可以利用大数据实现智能交通、环保监测、城市规划和智能安防。在生物医学领域，大数据可以帮助我们实现流行病预测、智慧医疗、健康管理，同时还可以帮助我们解读 DNA，了解更多的生命奥秘。在体育娱乐领域，数据可以帮助我们训练球队，预测比赛结果，以及决定投拍哪种题材的影视作品等。在安全领域，政府可以利用大数据技术构建起强大的国家安全保障体系，企业可以利用数据抵御网络攻击，警察可以借助大数据来预防犯罪。另外，数据还可以应用于个人生活，利用与每个人相关联的"个人大数据"，分析个人生活行为习惯，为其提供更加周到的个性化服务。

1.2.4 大数据带来挑战

大数据给社会带来巨大应用价值的同时，也带来了前所未有的挑战。"大数据"作为一种概念和思潮由计算领域发端，之后逐渐延伸到科学和商业领域。大多数学者认为，"大数据"这一概念最早公开出现于 1998 年，美国高性能计算公司 SGI 的首席科学家约翰·马西(John Mashey)在一个国际会议报告中指出：随着数据量的快速增长，必将出现数据难理解、难获取、难处理和难组织等四个难题，他用"Big Data"(大数据)来描述这一挑战，在计算领域引发了思考。2007 年，数据库领域的先驱人物吉姆·格雷(Jim Gray)指出大数据将成为人类触摸、理解和逼近现实复杂系统的有效途径，并认为在实验观测、理论推导和计算仿真等三种科学研究范式后，将迎来第四范式——"数据探索"，后来同行学者将其总结为"数据密集型科学发现"，开启了从科研视角审视大数据的热潮。2012 年，牛津大学教授维克托·迈尔-舍恩伯格(Viktor Mayer-Schönberger)在其畅销著作《大数据时代》中指出，数据分析将从"随机采样""精确求解""强调因果"的传统模式演变为大数据时代的"全体数据""近似求解""只看关联不问因果"的新模式，从而引发商业应用领域对大数据方法的广泛思考与探讨。

大数据于 2012 年、2013 年达到宣传高潮，2014 年后概念体系逐渐成形，人们对其认知亦趋于理性。大数据相关技术、产品、应用和标准不断发展，逐渐形成了由数据资源与 API、开源平台与工具、数据基础设施、数据分析、数据应用等板块构成的大数据生态系统，并持续发展和不断完善，其发展热点呈现了从技术向应用、再向治理的逐渐迁移。经过多年来的发展和沉淀，人们对大数据已经形成基本共识：大数据现象源于互联网及其延伸所带来的无处不在的信息技术应用以及信息技术的不断低成本化。

全球范围内，研究发展大数据技术，运用大数据推动经济发展、完善社会治理、提升政府服务和监管能力正成为趋势。目前已有众多成功的大数据应用，但就其效果和深度而言，当前大数据应用尚处于初级阶段，根据大数据分析预测未来、指导实践的深层次应用将成为发展重点。

当前，在大数据应用的实践中，描述性、预测性分析应用多，决策指导性等更深层次分析应用偏少。一般而言,人们做出决策的流程通常包括认知现状、预测未来和选择策略这三个基本步骤。这些步骤也对应了上述大数据分析应用的三个不同类型。不同类型的应用意味着人类和计算机在决策流程中不同的分工和协作。应用层次越深,计算机承担的任务越多、越复杂,效率提升越大,价值也越大。然而,随着研究及应用的不断深入,人们逐渐意识到前期在大数据分析应用中大放异彩的深度神经网络尚存在基础理论不完善、模型不具可解释性、鲁棒性较差等问题。

因此,虽然应用层次最深的决策指导性应用,当前已在人机博弈等非关键性领域取得较好应用效果,但是,要在自动驾驶、政府决策、军事指挥、医疗健康等取得更高应用价值,且与人类生命、财产、发展和安全紧密关联的领域真正获得有效应用,仍面临一系列待解决的重大基础理论和核心技术挑战。在此之前,人们还不敢,也不能放手将更多的任务交由计算机大数据分析系统来完成。未来,随着应用领域的拓展、技术的提升、数据共享开放机制的完善,以及产业生态的成熟,具有更大潜在价值的预测性和指导性应用将是发展的重点。

1.3 大数据时代

大数据时代的概念最早由世界著名的咨询公司麦肯锡提出。麦肯锡称:“数据已渗透到今天的每个行业和业务功能领域,并已成为重要的生产要素。”随着互联网技术的发展,现有计算机拥有了在极短时间内处理海量数据的能力,进而催生了一大批企业利用大量的数据将传统的企业运营方式进行颠覆,使得企业实现了从靠人力决策到靠数据决策的转变,这意味着更少的决策失误和更大的利润,对于普通民众而言则能享受到更好的服务质量和办事效率。在此过程中,大量的企业决策与服务提供需要依靠大数据技术支撑,并且大数据带来的经济效益已经大于开发成本,由此进入大数据时代。

1.3.1 大数据的内涵与特征

1. 大数据的内涵

大数据的定义方法有很多种,不同领域的专家学者给出了不同的定义。人们通常所说的“大数据”往往指的是“大数据现象”,下面从数据技术的理论基础入手,分析大数据(现象)的内涵。

(1) 计算机科学与技术。当数据量、数据的复杂程度、数据处理的任务要求等超出了传统数据的存储与计算能力时,称之为“大数据(现象)”。可见,计算机科学与技术是从存储和计算能力视角理解“大数据”的——大数据不仅涉及“数据存量”的问题,还与数据增量、复杂度和处理要求(如实时分析)有关。

(2) 统计学。当能够收集足够的个体(总体中的绝大部分)的数据,且计算能力足够强,可以不用抽样,直接在总体上就可以进行统计分析时,称之为“大数据(现象)”。可见,统计学主要从所处理的问题和“总体”的规模之间的相对关系视角理解“大数据”。例如,当总体含有100个“个体”时,由960个样本组成的样本空间就可以称为“大数据”——大数据不是“绝对概念”,而是在数据规模上的“相对概念”。

(3) 机器学习。当训练集足够大,且计算能力足够强,只需要通过对已有的实例进行简单查询即可达到“智能计算的效果”时，称之为“大数据（现象）”。可见，机器学习主要从“智能的实现方式”理解大数据——智能的实现可以通过简单的实例学习和机械学习的方式完成。

（4）社会科学家。当多数人的大部分社会行为可以被记录下来时，称之为“大数据（现象）”。可见，社会科学家眼里的“大数据”主要是从“数据规模与价值密度角度”谈的——数据规模过大导致价值密度过低。

总之，术语“大数据”的内涵已超出了数据本身，代表的是数据带来的“机遇”与“挑战”，可以总结如下。

（1）机遇：原先无法（或不可能）找到的“数据”，现在可能找到；原先无法实现的计算目的（如数据的实时分析），现在可以实现。

（2）挑战：原先一直认为“正确”或“最佳”的理念、理论、方法、技术和工具越来越凸显出其“局限性”，在大数据时代需要改变思考模式。

2. 大数据的特征

通常，用4V来表示大数据的基本特征。但是，建议读者结合上述对大数据的内涵的讨论，灵活理解大数据的特征。

（1）数据量（Volume）大。“数据量大”是一个相对于计算和存储能力的说法，就目前而言，当数据量达到PB级以上，一般称为“大”的数据。但是，应该注意到，大数据的时间分布往往不均匀，近几年生成的数据占比最高。

（2）类型（Variety）多。数据类型多是指大数据存在多种类型的数据，不仅包括结构化数据，还包括非结构化数据和半结构化数据。有统计显示，在未来，非结构化数据的占比将达到90%以上。非结构化数据包括的数据类型很多，例如网络日志、音频、视频、图片、地理位置信息等。数据类型的多样性往往导致数据的异构性，进而加大了数据处理的复杂性，对数据处理能力提出了更高要求。

（3）价值（Value）密度低。在大数据中，价值密度的高低与数据总量的大小之间并不存在线性关系，有价值的数据往往被淹没在海量无用数据之中，也就是人们常说的“我们淹没在数据的海洋，却又在忍受着知识的饥渴”（We are drowning in a sea of data and thirsting for knowledge）。例如，一段长达120min连续不间断的监控视频中，有用数据可能仅有几秒。因此，如何在海量数据中洞见有价值的数据成为数据科学的重要课题。

（4）速度（Velocity）快。与大数据有关的“速度”包括两种——增长速度和处理速度。一方面，大数据增长速度快，有统计显示，2017—2021年，我国数字宇宙的年均增长率达13.6%；另一方面，对大数据处理的时间（计算速度）要求也越来越高，“大数据的实时分析”成了热门话题。

1.3.2 业务数据化

随着互联网的快速发展，企业逐渐面临越来越多大数据时代的不确定性和挑战，很可能因为成本居高不下而逐渐失去份额，被竞争对手超越并最终出局。企业每天都会产生大量的业务数据，通过实现业务数据化可以帮助企业经营者对尚未掌握的商业机遇进行理性评估判断，实现业务增值，同时帮助企业提升内部运营效率，降低成本。因此业务数据化是未来发展的一大趋势。下面将详细介绍业务数据化过程中涉及的设计目标和原则、数据线程、业务数据系统与业务数据等具体内容。

1. 设计目标和原则

业务数据化的设计目标是从大量的、可能是杂乱无章的、难以理解的数据中抽取并推导出对于某些特定的人或事物来说有价值、有意义的数据。设计原则包括简约原则、综观原则、解释原则以及智慧原则。

(1) 简约原则就是简化现有的数据集,使得一种小规模的数据就能够产生同样的分析效果。通过一些数据规约方法获取可靠数据,减少数据集规模,提高数据抽象程度,提升数据挖掘效率,从而在实际工作中,可以根据需要选用合适的处理方法,以达到操作上的简单、简洁、简约和高效。

(2) 综观原则就是对认知对象进行综合性的观察、分析和探索,以得到解决问题的策略和战略。它坚持整体的具体统一性,凸显认知对象的具体实在性。

(3) 解释原则是指通过人的感悟、觉识、分析、推理、判断和阐述赋予数据多重的结构和意义。这样由表及里,能更好地揭示数据的本质。

(4) 智慧原则指在对数据的处理挖掘过程中既要具有数据处理能力,也要具备应用算法和编写代码的经验。在大数据时代,不仅要关注数据的多样性、差异性、精确性和实效性,还要深入挖掘各类数据,并在此基础上在不同的数据集成中分析不同的假设情境,建构不同的可视化图像,揭示数据集成的变化及其产生的效用。

2. 数据线程

数据线程是指以价值链活动为脉络,以业务为中心,构建的数据建模、关联、因果、集成、演化等全主线流程。数据线程通过建立面向业务应用的数据模型,实现各种信息化业务系统数据源的统一建模需求;针对设计、制造、运行、维护等生产环节,发掘数据资源间的复杂关联关系和因果关系;通过描述业务驱动的数据动态演化过程,提升对产品迭代、工艺更新、设备维护等业务决策问题的适应能力。数据线程围绕数据生成、汇聚、存储、归档、分析、使用和销毁等全过程,实现了产品研发设计、生产制造、经营管理和销售服务等全价值链活动中业务数据的有效组织,为业务数据化提供了良好的基础。

3. 业务数据系统

业务数据系统主要包括业务数据集成系统、业务数据管理系统、业务数据分析系统、业务数据可视化系统等多个子系统。

业务数据集成系统是面向业务的数据集成系统。随着企业信息化建设的发展,企业建立了众多的信息系统,以进行内外部业务的管理。但是,企业各系统的数据是分布的、异构的,为了共享这些业务数据,需要一个业务数据集成系统来完成数据的共享与转换。业务数据集成系统通过对具体的数据库业务数据进行访问,实现了基于变量的增量数据的获取和发送,不仅解决了分布式环境下异构数据的集成问题,还具有良好的扩展性及部署的简单性。

业务数据管理系统是业务数据系统的核心组成部分,主要完成对业务数据的操纵与管理,实现数据对象的创建,存储数据的查询、添加、修改与删除操作,以及数据库的用户管理、权限管理等。业务数据管理系统可以依据它所支持的数据库模型进行分类,例如关系数据库、分层数据库;或依据所支持的计算机类型进行分类,例如服务器群集、移动电话;或依据所用查询语言进行分类，例如 SQL、XQuery；或依据性能冲量重点进行分类，例如最大规模、最高运行速度。

业务数据分析系统的主要功能是从众多外部系统中采集相关的业务数据，集中存储到系统的数据库中。系统内部将所有的原始数据进行一系列处理转换之后，存储到数据仓库的基础库中；然后，根据业务需要进行一系列的数据转换，将其放在相应的数据集市，供其他上层数据应用组件进行专题分析或者展示，并将数据加以汇总和理解并消化，以求最大化地开发数据的功能，发挥数据的作用。

业务数据可视化系统将数据进行更清晰的展示，能够准确而高效、精简而全面地传递信息和知识。可视化能将不可见的数据现象转化为可见的图形符号，能将错综复杂、看起来没法解释和关联的数据建立起联系和关联，发现规律和特征，获得更有商业价值的洞见。

4. 智能制造业务数据

智能制造业务数据主要包括以下六个方面。

(1) 从底层的设备控制系统中采集的数据，包括设备的状态数据、设备参数等，这些系统如数控系统、产线控制系统等。

(2) 直接采集各类终端及传感器的数据，如温度传感器、振动传感器、噪声传感器、手持终端等。

(3) 从各类业务应用信息系统中获取的数据，如 MES 系统从 PDM 系统获取 BOM 数据，从 ERP 系统获取订单数据等。

(4) 从各类业务运行过程中获取的样本数据集，是指以业务为中心，积累的历史样本数据，可用于智能制造过程中模型的训练。

(5) 算法和模型数据，是指机器学习、深度学习、强化学习等算法和已训练好的模型，用户可以直接从业务数据系统中调用这些算法和模型数据，用于制造大数据分析、预测、决策等。

(6) 从互联网上获取的数据，如获取市场信息数据、环境数据、上下游供应商数据等。还包括来源于人类生产、生活产生的数据，例如在现代工业制造链中，采购、生产、物流与销售市场的内部流程都会产生数据。通过将行为轨迹数据与设备数据进行结合，可以实现对客户的分析和挖掘。

1.3.3 大数据时代的新理念

大数据时代的到来改变了人们的生活方式、思维模式和研究范式，也带来了很多全新的理念。

(1) 研究范式的新认识——从"第三范式"到"第四范式"。2007 年，图灵奖获得者 Jim Gray 提出了科学研究的第四范式——数据密集型科学发现(data-intensive scientific discovery)。在他看来，人类科学研究活动已经历过三种不同范式的演变过程(原始社会的"实验科学范式"、以模型和归纳为特征的"理论科学范式"和以模拟仿真为特征的"计算科学范式")，目前正在从"计算科学范式"转向"数据密集型科学发现范式"。第四范式，即"数据密集型科学发现范式"的主要特点是科学研究人员只需要从大数据中查找和挖掘所需要的信息和知识，无须直接面对所研究的物理对象。

(2) 数据重要性的新认识——从“数据资源”到“数据资产”。在大数据时代，数据不仅是一种“资源”，更是一种重要的“资产”。因此，数据科学应把数据当作“一种资产来管理”，而不能仅仅当作“资源”来对待。也就是说，与其他类型的资产相似，数据也具有财务价值，且需要作为独立实体来进行组织与管理。

(3) 对方法论的新认识——从“基于知识解决问题”到“基于数据解决问题”。传统方法论往往是“基于知识”的，即从“大量实践(数据)”中总结和提炼出一般性知识(定理、模式、模型、函数等)之后，用知识去解决(或解释)问题。因此，传统的问题解决思路是“问题→知识→问题”，即根据问题找“知识”，并用“知识”解决“问题”。然而，数据科学中兴起了另一种方法论——“问题→数据→问题”，即根据问题找“数据”，并直接用数据(在不需要把“数据”转换成“知识”的前提下)解决问题。

(4) 对数据分析的新认识——从统计学到数据科学。在传统科学中，数据分析主要以数学和统计学为直接理论工具。但是，云计算等计算模式的出现以及大数据时代的到来，提升了人们对数据的获取、存储、计算与管理能力。在海量、动态、异构的数据环境中，人们开始重视相关分析，而不仅仅是因果分析。人们更加关注的是数据计算的“效率”，而不再盲目追求其“精准度”。

(5) 对计算智能的新认识——从复杂算法到简单算法。“只要拥有足够多的数据，我们就可以变得更聪明”是大数据时代的一个新认识。因此，在大数据时代，原本复杂的“智能问题”变成简单的“数据问题”——只要对大数据进行简单查询就可以达到“基于复杂算法的智能计算的效果”。

(6) 对数据管理重点的新认识——从业务数据化到数据业务化。在大数据时代，企业需要重视一个新的课题——数据业务化，即如何“基于数据”动态地定义、优化和重组业务及其流程，进而提升业务的敏捷性，降低风险和成本。

(7) 对决策方式的新认识——从目标驱动型决策到数据驱动型决策。传统科学思维中，决策制定往往是“目标”或“模型”驱动的——根据目标(或模型)进行决策。在大数据时代出现了另一种思维模式，即数据驱动型决策，数据成为决策制定的主要“触发条件”和“重要依据”。

(8) 对产业竞合关系的新认识——从“以战略为中心竞合关系”到“以数据为中心竞合关系”。在大数据时代，企业之间的竞合关系发生了变化，原本相互激烈竞争甚至不愿合作的企业不得不开始合作，形成新的业态和产业链。

(9) 对数据复杂性的新认识——从不接受到接受数据的复杂性。在传统科学看来，数据需要彻底“净化”和“集成”，计算目的是找出“精确答案”，其背后的哲学是“不接受数据的复杂性”。然而，大数据中更加强调的是数据的动态性、异构性和跨域等复杂性——弹性计算、鲁棒性、虚拟化和快速响应，开始把“复杂性”当作数据的一个固有特征来对待，组织数据生态系统的管理目标转向使组织处于混沌边缘状态。

(10) 对数据处理模式的新认识——从“小众参与”到“大众协同”。传统科学中，数据的分析和挖掘都是基于专家经验，但在大数据时代，基于专家经验的创新工作成本和风险越来越大，而基于“专家-业余相结合”(pro-am)的大规模协作日益受到重视，正成为解决数据规模与形式化之间矛盾的重要手段。

1.3.4 大数据时代的新术语

大数据时代的到来，为业务活动提出了一些新的任务和挑战，同时出现了很多全新术语。

(1) 数据化(datafication)：是指捕获人们的生活与业务活动，并将其转换为数据的过程。

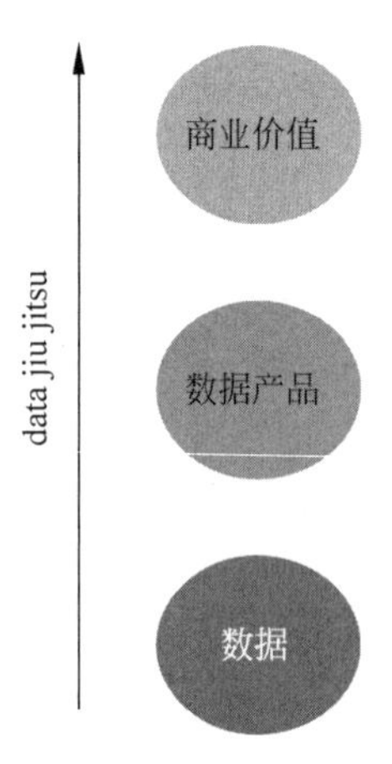

图 1-4 数据柔术

(2) 数据柔术(data jiu jitsu)：是指数据科学家将“大数据”转换为具有立即产生商业价值的“数据产品”(data product)的能力，如图 1-4 所示。数据产品是指在零次数据或一次数据的基础上，通过数据加工活动形成的二次或三次数据。数据产品的特点包括：高层次性，其一般为二次数据或三次数据；成品性，数据产品往往不需要(或不需要大量的)进一步处理即可直接应用；商品性，数据产品可以直接用于销售或交易；易于定价，相对于原始数据，数据产品的定价更为容易。

(3) 数据改写(data munging)：是指带有一定的创造力和想象力的数据再加工行为，主要涉及数据的解析(parsing)、提炼(scraping)、格式化(formatting)和形式化(formalization)处理。与一般数据处理不同的是，数据再加工强调的是数据加工过程中的创造力和想象力。

(4) 数据打磨(data wrangling)：是指采用全手工或半自动化的方式，对数据进行多次反复调整与优化，即将“原始数据”转换为“一次数据”(或“二次数据”)的过程。其特殊性表现在不是以完全自动化方式实现，一般需要用手工或半自动化工具；不是一次即可完成，需要多次反复调整与优化。

(5) 数据分析式思维模式(data-analytic thinking)：是指一种从数据视角分析问题，并“基于数据”来解决问题的思维模式。数据分析思维模式与传统思维模式不同。前者主要从“数据”入手，最终改变“业务”；后者从“业务”或“决策”等要素入手，最终改变“数据”。从分析对象和目的看，数据分析可以分为 3 个不同层次，如图 1-5 所示。

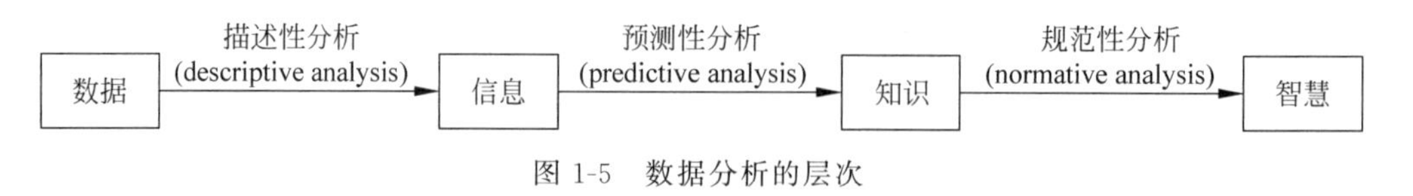

图 1-5 数据分析的层次

(6) 描述性分析(descriptive analysis)：是指采用数据统计中的描述统计量、数据可视化等方法描述数据的基本特征，如总和、均值、标准差等。描述性分析可以实现从“数据”到“信息”的转化。

(7) 预测性分析(predictive analysis)：是指通过因果分析、相关分析等方法“基于过去/当前的数据”得出“潜在模式”“共性规律”或“未来趋势”。预测性分析可以实现从“信息”到“知识”的转化。

(8) 规范性分析(normative analysis)：是指不仅要利用“当前和过去的数据”，而且还应综合考虑期望结果、所处环境、资源条件等更多影响因素，在对比分析所有可能方案的基础上，提出“可以直接用于决策的建议或方案”。规范性分析可实现从“知识”到“智慧”的转变。

(9) 数据洞见(data insights)：是指采用机器学习、数据统计和数据可视化等方法从海量数据中找到“人们并未发现的且有价值的信息”的能力。数据科学强调的是“数据洞见”——发现数据背后的信息、知识和智慧以及找到“被淹没在海量数据中的未知数据”。与数据挖掘不同的是，数据科学项目的成果可以直接用于决策支持。数据洞见力的高低主要取决于主体的数据意识、经验积累和分析处理能力。

(10) 数据驱动(data-driven)：是相对于“决策驱动”“目标驱动”“业务驱动”“任务驱动”的一种提法。数据驱动主要以数据为“触发器”(出发点)、“视角”和“依据”，进行观测、控制、调整和整合其他要素——决策、目标、业务和任务等，如图 1-6 所示。数据驱动是大数据时代的一种重要思维模式，也是“业务数据化”之后实现“数据业务化”的关键所在。

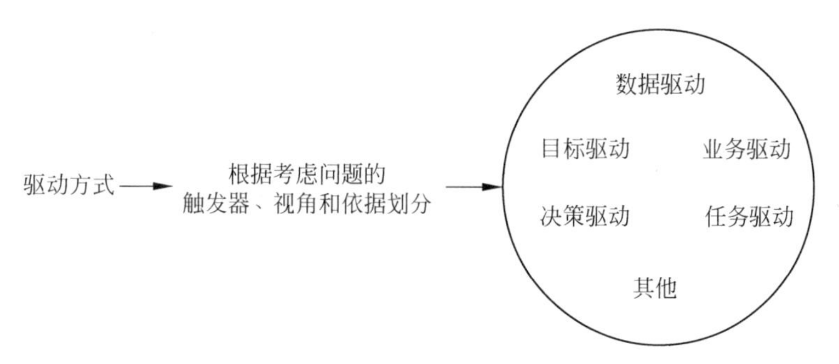

图 1-6　常用的驱动方式

(11) 数据密集型(data-intensive)应用：是相对于“计算密集型应用”“I/O 密集型应用”的一种提法，如图 1-7 所示。也就是说，数据密集型应用中数据成为应用系统研发的“关键和挑战”。通常，数据密集型应用的计算比较容易，但数据具有显著的复杂性(异构、动态、跨域和海量等)和海量性。例如，当对 PB 级复杂性数据进行简单查询时，“计算”不再是最主要的挑战，而最主要的挑战来自于数据本身的复杂性。

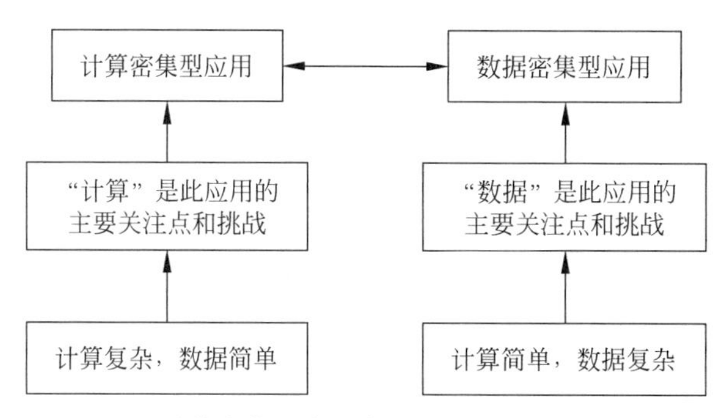

图 1-7　计算密集型应用与数据密集型应用的区别

(12) 数据空间(data space)：是指主体的数据空间——与主体相关的数据及其关系的集合。主体相关性和可控性是数据空间中数据项的基本属性。

(13) 关联数据(linked data)：是一种数据发布和关联的方法。其中，数据发布是指采用资源描述框架(resource definition framework，RDF)和超文本传输协议(hypertext

transfer protocol,HTTP)技术在 Web 上发布结构化信息；数据关联是指采用 RDF 链接技术在不同数据源中的数据之间建立计算机可理解的互联关系。2006 年,Tim Berners Lee 首次提出了关联数据的理念,目的在于在不同资源之间建立计算机可理解的关联信息,最终形成全球性大数据空间。Tim Berners Lee 进一步明确提出了关联数据技术中的数据发布和数据关联的 4 项原则：采用统一资源标识符(uniform resource identifier,URI)技术统一标识事物；通过 HTTP 协议中的 URI 访问 URI 标识；当 URI 被访问时,采用 RDF 和 SPARQL(Simple Protocol and RDF Query Language)标准,提供有用信息；提供信息时,也提供指向其他事物的 URI,以便发现更多事物。

除了上述概念之外,还有数据消减(data reduction)、数据新闻(data journalism)、数据的开放获取(open access)、数据质量、特征提取等传统概念也备受关注。

1.3.5 大数据生命周期管理

在大数据平台下,预处理的数据量非常大,而处理后的有效数据量往往比较小,因此,数据的生命周期管理显得非常重要。数据生命周期管理(data life-cycle management,DLM)是一种基于策略的方法,用于管理信息系统的数据在整个生命周期内的流动：从创建和初始存储,到它过时被删除。数据生命周期管理框架如图 1-8 所示。DLM 产品将涉及的过程自动化,通常根据指定的策略将数据组织成各个不同的层,并基于关键条件自动地将数据从一个层移动到另一个层。作为一项规则,较新的数据和那些很可能被更加频繁访问的数据应该存储在更快的并且更昂贵的存储媒介上,而那些不是很重要的数据则存储在比较便宜

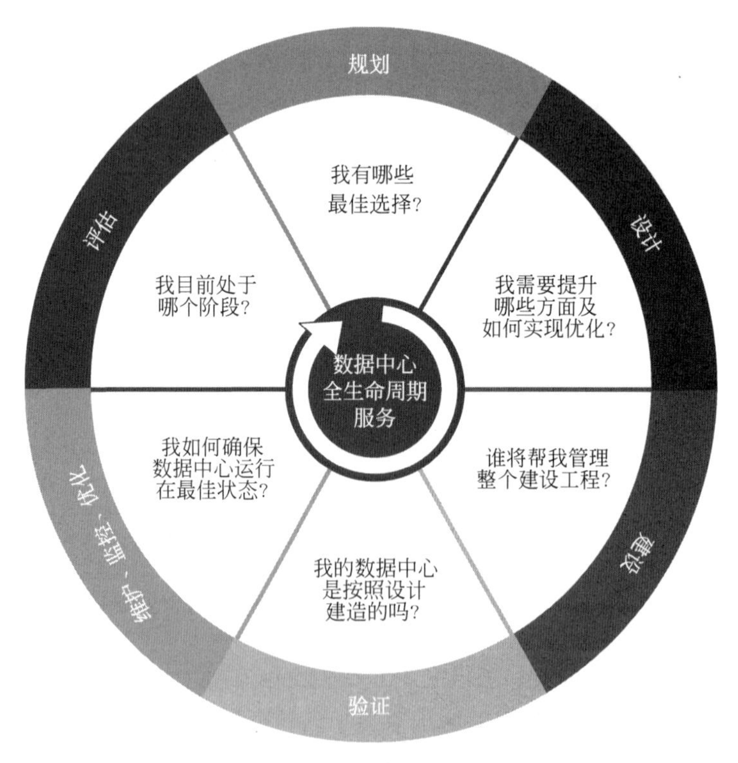

图 1-8 大数据生命周期管理框架

的、稍微慢些的媒介上。在数据的整个生命周期中，不同阶段的数据其性能、可用性、保存等要求也不一样。通常情况下，在其生命周期初期，数据的使用频率较高，需要使用高速存储，以确保数据的高可用性。随着时间的推移，数据重要性会逐渐降低，使用频率会随之下降，应将数据进行不同级别的存储，为其提供适当的可用性、存储空间，以降低管理成本和资源开销。最终大部分数据将不再会被使用，可以将数据清理后归档保存，以备临时需要时使用。

1.4 数据技术

从文明之初的“结绳记事”，到文字发明后的“文以载道”，再到近现代科学的“数据建模”，数据一直伴随着人类社会的发展变迁，承载了人类基于数据和信息认识世界的努力和取得的巨大进步。然而，此时人们只是简单地对数据进行记录，缺乏对数据的应用能力，直到以电子计算机为代表的现代信息技术出现后，为数据处理提供了自动的方法和手段，人类掌握数据、处理数据的能力才实现了质的跃升，数据技术走上了快速发展的道路。

从 20 世纪 90 年代开始至 21 世纪初，随着数据挖掘理论和数据库技术的逐步成熟，一批商业智能工具和知识管理技术开始被应用，如数据仓库、专家系统、知识管理系统等，企业及一些机构开始对内部数据进行统计、分析、挖掘利用。

在 21 世纪前十年，数据技术逐渐走向成熟，这一阶段伴随着 Web 2.0 应用的迅猛发展，非结构化数据大量产生，传统处理方法难以应对，带动了大数据技术的快速突破，大数据解决方案逐渐走向成熟。同时随着数据体量的不断增大，出现了专门处理大规模数据的并行计算与分布式系统两大核心技术，谷歌的 GFS 和 MapReduce 等大数据技术受到追捧，Hadoop 平台开始大行其道。

从 2010 年开始，数据技术进入了快速发展的大规模应用阶段，随着人类进入大数据时代，大数据应用渗透至各行各业。以制造业为例，在产品制造过程中，通过射频、传感器等数据感知技术采集制造过程数据，随后通过数据清洗、数据归约等数据预处理手段提升数据质量，并通过数据分析挖掘等数据技术，发掘数据的潜在规律，最终实现数据驱动的智能决策，为企业带来业务增值。信息社会智能化程度大幅提高，同时将出现跨行业、跨领域的数据整合，甚至是全社会的数据整合，从各种各样的数据中找到对于社会治理、产业发展更有价值的应用。大数据时代，人们在享受数据带来的便利的同时，也对数据的安全性提出了挑战，面对复杂多样的数据，出现了利用数据加密、数据完整性等保障数据安全的技术。

总之，在大数据背景下，一切业务数据化，每时每刻都会产生大量的数据，人们越来越多地意识到数据的重要性。数据时代对人类的数据驾驭能力提出了新的挑战，也为人们获得更为深刻、全面的洞察能力提供了前所未有的空间与潜力，寻求有效的数据技术、方法和手段已经成为现实世界的迫切需求。本书根据如图 1-9 所示的总体架构，对数据技术进行全面阐述，重点介绍数据感知技术、数据预处理技术、数据分析技术、数据挖掘技术、数据可视化技术、数据计算技术、数据存储技术以及数据安全技术等 8 个方面，以及相关技术的工业实际应用。

(1) 数据感知技术。数据感知技术是利用一种装置，从系统外部采集数据并输入系统内部的一个接口，比如传感器、磁卡、条码等都是数据感知工具，通过数据感知技术可以实现

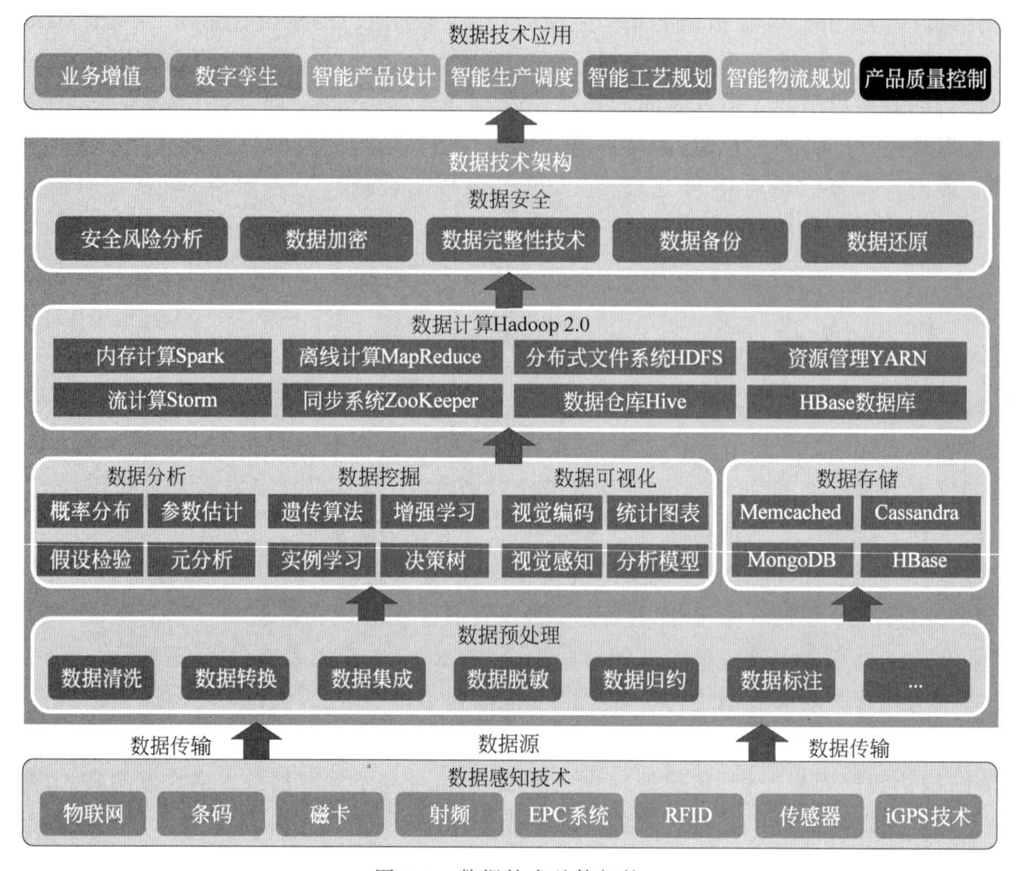

图 1-9　数据技术总体架构

对数据的批量采集，因此数据感知技术是一种信息获取的重要手段，广泛应用于各个领域，同时也是实现工业智能化生产的关键。数据感知技术主要包括编码与标识技术、定位技术、智能传感技术以及群智感知技术。

（2）数据预处理技术。数据预处理技术是指对所收集数据进行分类或分组前所做的审核、筛选、排序等必要的处理，首先通过统计学规律、语言学规律、数据连续理论等数据质量分析方法确定数据存在的问题，随后通过多种数预处理方法对原始数据进行处理，剔除脏数据，提升数据质量。常用的数据预处理方法包括数据清洗、数据转换、数据集成、数据脱敏、数据归约、数据标注等。

（3）数据分析技术。数据分析指用适当的统计分析方法对大量数据进行分析，将其加以汇总和理解并消化，最大化地开发数据功能，发挥数据作用。数据分析技术有概率分布、假设检验、参数估计、基本分析方法和元分析方法，其中概率分布包括正态分布、卡方分布等，假设检验包括参数检验与非参数检验，参数估计包括点估计与区间估计，基本分析方法包括相关分析、回归分析等，元分析方法包括加权平均法与优化方法。

（4）数据挖掘技术是一种数据处理的技术，是从大量的、不完全的、有噪声的、模糊的、随机的数据中，提取隐含在其中、人们事先不知道又潜在有用信息和知识的过程。根据数据挖掘的步骤，首先需要制定明确的目标规划，其次根据数据特点设计目标函数，最后确定合适的训练方法，选择最佳的数据挖掘算法。常见的数据挖掘方法有实例学习法、决策树法、人工神经网络法等,典型的数据挖掘算法包括 k 均值算法、k 近邻算法、支持向量机算法、ID3 算法等。数据挖掘技术主要基于人工智能、机器学习,自动分析数据并作出归纳性推理,从中挖掘出潜在的模式。

(5) 数据可视化技术。数据可视化技术旨在借助于图形化手段,直观地传达关键的方面与特征,从而实现对于相当稀疏而又复杂的数据集的深入洞察。数据可视化的模型包括顺序模型、循环模型与分析模型三类,主要的可视化方法有统计图方法、图论方法、视觉隐喻方法、图形符号方法等。近年来随着 VR 技术的发展,又出现了 VR/AR 的可视化方法,对数据的可视化可以同时从时间数据、比例数据、关系数据等多个维度出发,充分展示数据的关键特征。

(6) 数据计算技术。数据计算技术是数据分析与处理的知识与技术基础,所有数据都需要通过高效的数据计算技术进行处理。随着人类进入大数据时代,数据计算技术的计算模式从最初的集中式计算、分布式计算逐渐向网格计算、云计算模式演变,由于数据量规模日益庞大,主要用于处理大规模数据集(大于 1TB)的 MapReduce 模型得到了快速推广和应用,很快成了目前的主流计算框架,与此同时 Hadoop 成了主流计算平台,方便用户开发分布式程序,实现大规模数据高速运算与存储。

(7) 数据存储技术。数据存储技术将数据按照结构来组织、存储和管理,实现大量数据有组织、可共享的存储,便于实现数据的高效存取,数据存储技术的基本类型包括关系型数据库、NoSQL 以及关系云三种,主要包括 Master/Slave 与 P2P 两种结构。Master/Slave 结构简单,可控性好但扩展性能差,P2P 正好相反。用户可根据需要选择合适的数据存储结构。数据存储的关键技术有磁盘阵列存储技术、直接连接存储技术等,目前典型的数据存储与管理系统工具包括存储矩阵系统、Memcached、Cassandra、MongoDB、HBase 等。

(8) 数据安全技术。数据安全技术是保护以及管理数据处理系统的强有力的技术,它保护计算机硬件、软件和数据不因偶然和恶意的原因遭到破坏、更改和泄露,从而确保网络数据的可用性、完整性和保密性。通过对大数据全生命周期的数据采集阶段,数据存储阶段,数据预处理、分析、挖掘与使用阶段进行安全风险分析,针对可能存在的各种安全问题和风险选择合理的数据安全技术。常用的数据安全技术包括数据加密技术、数据完整性技术、区块链技术等。

1.5 全书主要内容与章节安排

第 1 章在阐述数据相关基本概念基础上,从类型、价值、应用等方面分析数据特征,介绍大数据时代的新理念与新技术,并提出了数据技术总体架构。

第 2 章从数据采集需求出发,分别从标识与解析技术、智能传感器技术、定位技术与群智感知技术四个方面介绍了数据感知技术。

第 3 章首先介绍数据质量的分析手段,然后提出基于质量分析的数据预处理过程,并对其中用到的常用数据预处理技术与其他数据预处理技术分别进行了详细介绍。

第 4 章主要从描述统计方法、推断统计方法、基本分析方法和元分析方法四个方面介绍了数据分析技术。

第 5 章在阐述数据挖掘任务与数据挖掘过程基础上,重点介绍了几种常用的数据挖掘方法，以及相应的典型数据挖掘算法。

第 6 章首先介绍数据可视化的作用与流程，然后分析数据可视化的不同维度需求，并重点介绍了几种常用的数据可视化方法。

第 7 章在阐述计算模式演变过程基础上，重点对主流计算框架 MapReduce 与主流计算平台 Hadoop 进行了详细介绍。

第 8 章首先介绍了数据存储技术的主要类型与数据管理技术的发展阶段，然后介绍了几种主流的数据存储与管理工具。

第 9 章在数据生命周期安全问题及风险分析基础上，重点对数据加密技术、数据完整性技术、数据备份与还原、紧急事件与灾难恢复等进行了详细介绍。

第 10 章阐述了数据业务化趋势，并在描述产品、制造、工厂等数字孪生模型基础上，重点介绍了智能产品设计、智能生产调度、智能物流规划、智能工艺规划、产品质量控制等典型业务场景。

本章小结

本章在介绍数据元素、数据维度、数据结构和数据模型等基本概念基础上，分析了考虑类型、价值、应用等的数据特征，论述了大数据时代下随着业务数据化而出现的新内涵、新理念和新术语，提出了包括感知、预处理、分析、挖掘、可视化、计算等主要技术的数据技术体系架构，并结合其中主要技术对全书的主要内容以及章节安排做了简要说明。

习题

1. 结合自己的专业领域，调研数据技术在自己所属领域是如何应用的。
2. 调查分析在数据技术领域出版的经典专著。
3. 调查分析数据技术主要包含哪些方面。

参考文献

[1] SCHUTT R，O' NEIL C. Doing data science：Straight talk from the frontline[M]. Sebastopol，CA：O'Reilly，2013.

[2] PROVEST F，FAWCETT T. Data Science for Business：What you need to know about data mining and data-analytic thinking[M]. Sebastopol，CA：O'Reilly，2013.

[3] MATTMANN C A. Computing：A vision for data science[J]. Nature，2013，493(7433)：473-475.

[4] ZUMEL N，MOUNT J，PORZAK J. Practical data science with R[M]. Manning：Simon and Schuster，2019.

[5] MAYER-SCHÖNBERGER V，CUKIER K. A revolution that will transform how we live，work，and think[M]. Houghton Mifflin Harcourt：Big date，2013.

[6] PATIL D J. Building data science teams[M]. Sebastopol，CA：O'Reilly，2011.

[7] GARNER H. Clojure for Data Science[M]. Packt Publishing Ltd，2015.

[8] BARLOW M. Learning to Love Data Science[M]. Sebastopol,CA: O'Reilly,2015.
[9] MARZ N,WARREN J. Big Data: Principles and best practices of scalable realtime data systems[M]. Manning Publications Co. ,2015.
[10] DHAR V. Data science and prediction[J]. Communications of the ACM,2013,56(12): 64-73.
[11] PROVOST F,FAWCETT T. Data science and its relationship to big data and data-driven decision making[J]. Big Data,2013,1(1): 51-59
[12] DAVENPORT T H,PATIL D J. Data scientist[J]. Harvard business review,2012,90: 70-76.
[13] PROVOST F,FAWCETT T. Data science and its relationship to big data and data-driven decision making[J]. Big data,2013,1(1): 51-59.
[14] CAO L. Data science: a comprehensive overview[J]. ACM Computing Surveys (CSUR),2017, 50(3): 1-42.
[15] TANSLEY S,TOLLE K M. The fourth paradigm: data-intensivescientific discovery[M]. Redmond, WA: Microsoft Research,2009.
[16] JANSSENS J. Data science at the command line: facing the future with time-tested tools[M]. O' Reilly Media,Inc. ,2014.
[17] GOLLAPUDI S. Getting started with greenplum for big data analytics[M]. Packt Publishing Ltd,2013.
[18] MINEELLI M,CHAMBERS M,DHIRAJ A. Big data,big analytics: emerging business intelligence and analytic trends for today's businesses[M]. John Wiley & Sons,2012.
[19] BAKER M. Data science: Industry allure[J]. Nature,2015,520(7546): 253-255.
[20] KROSS S,PENG R D,CAFFO B S,et al. The democratization of data science education[J]. The American Statistician,2020,74(1): 1-7.
[21] LEVY S. Hackers: Heroes of the computer revolution[M]. New York: Penguin Books,2001.
[22] TANSLEY S,TOLLE K M. The fourth paradigm: data-intensive scientific discovery[M]. Redmond, WA: Microsoft research,2009.
[23] 刘智慧,张泉灵. 大数据技术研究综述[J]. 浙江大学学报(工学版),2014,48(6): 957-972.
[24] 陈翌. 大数据时代下数据挖掘技术的应用[J]. 现代工业经济和信息化,2021,11(5): 85-86,102.
[25] 李玉坤,孟小峰,张相. 数据空间技术研究[J]. 软件学报,2008(8): 2018-2031.

第2章

数据感知技术

工业大数据的发展与数据感知技术密不可分，数据感知为工业数据分析提供源源不断的数据资源，是工业数据技术的基石，其效率、准确度和鲁棒性直接影响到后续数据处理与分析业务的效果。数据感知技术是一种通过物理、化学或生物效应感知目标的状态、特征和方式的信息，并按照一定的规律将其转换成可利用信号，用以表征目标特征的信息获取技术。

工业数据感知的核心技术体系包括标识与解析技术、定位技术、传感技术等。以智能车间的数据感知为例，编码与标识技术表明了工件等物料的身份编码，定位技术可以感知工件物流数据，智能传感技术感知工件的加工表面质量、形位误差等数据。近年来，随着智能AGV、智能手持终端等智能移动设备的广泛普及，群智感知技术通过设备在移动过程中完成大范围的感知任务，受到了大量关注，逐渐成为一种新的数据感知手段。因此，本章从标识与解析技术、传感器技术、定位技术和群智感知技术四个角度来阐释数据感知技术。

2.1 标识与解析技术

在数字化的工业系统中，标识指设备、物料、工装、夹具等资源的“身份证”号码；标识的解析，就是利用所建立的标识，对设备、物料、工装、夹具等资源进行唯一性的定位和信息查询。在工业系统中，对资源进行有效的、标准化的标识与解析是数据感知技术的重要基础，常见的标识解析技术包括条码技术、磁卡技术、无线射频识别(radio frequency identification，RFID)技术、二维码技术、生物特征技术等。

2.1.1 条码技术

1. 条码标识

条码是将线条与空白按照一定的编码规则组合起来的符号，用以代表一定的字母、数字等资料。条码最早出现在20世纪40年代，但得到实际应用和发展是在20世纪70年代左右。现在世界上的各个国家和地区都已普遍使用条码技术，而且它正在快速地向世界各地推广，其应用领域越来越广泛，并逐步渗透到许多技术领域。早在20世纪40年代，美国乔·伍德兰德(Joe Woodland)和伯尼·西尔沃(Berny Silver)两位工程师就开始研究用条码表示食品项目及研究相应的自动识别设备,于1949年获得了美国专利。这种条码的图案如图2-1所示。

最早的条码标识通过条码的宽度和数量来标识数据,通过扫描条码进行不同色条不同宽度的识别,进而可以获取到条码上的信息。条码可印刷在纸面或其他物品上,因此,可方便地供光电转换设备再现这些数字、字母信息,从而供计算机读取。条码技术主要由扫描阅读、光电转换和译码输出到计算机三大部分组成。这种技术的最大优点是速度快、错误率低、可靠性高、性价比高,但损污后可读性差。

图2-1　条码图案

在工业领域中通常应用于仓库管理和生产管理。将条码技术与信息处理技术结合,实施条码化的仓库管理,可确保库存量的准确性,保证必要的库存水平及仓库中物料的移动,与进货发货协调一致,减少库存积压。在汽车等现代化、大规模的生产行业中,条码技术不仅应用于生产过程控制和生产效率统计等领域,同时还具有对成品终身质量跟踪等功能,可保证数据的实时和准确。

2. 条码标识解析

在进行解析的时候,是用条码阅读机(即条码扫描器,又称条码扫描枪或条码阅读器)扫描,得到一组反射光信号,此信号经光电转换后变为一组与线条、空白相对应的电子信号,经解码后还原为相应的文字或数字,再传入计算机。目前也能够通过手机拍照方法对照片进行识别来获取条码中的数据。

2.1.2　磁卡技术

1. 磁卡标识

磁卡是一种卡片状的磁性记录介质,利用磁性载体记录字符与数字信息,用来标识身份或其他信息。磁卡由高强度、耐高温的塑料或纸质涂覆塑料制成,防潮、耐磨且有一定的柔韧性,携带方便、使用较为稳定可靠。例如,我们使用的银行卡就是一种最常见的磁条卡(见图2-2)。

图2-2　现实中常用的银行磁卡

记录磁头由内有空隙的环形铁芯和绕在铁芯上的线圈构成。磁卡是由一定材料的片基和均匀地涂布在片基上面的微粒磁性材料制成的。在记录时,磁卡的磁性面以一定的速度移动,或记录磁头以一定的速度移动,并分别和记录磁头的空隙或磁性面相接触。磁头的线圈一旦通上电流,空隙处就产生与电流成比例的磁场,于是磁卡与空隙接触部分的磁性体就被磁化。如果记录信号电流随时间而变化,则当磁卡上的磁性体通过空隙时(因为磁卡或磁头是移动的),便随着电流的变化而不同程度地被磁化。磁卡被磁化之后,离开空隙的磁卡磁性层就留下相应于电流变化的剩磁。

如果电流信号(或者说磁场强度)按正弦规律变化,那么磁卡上的剩余磁通也同样按正弦规律变化。当电流为正时,就引起一个从左到右(从 N 到 S)的磁极性;当电流反向时,磁极性也跟着反向。其最后结果可以看作磁卡上从 N 到 S 再返回到 N 的一个波长,也可以看作同极性相接的两块磁棒。这是在某种程度上简化的结果,然而,必须记住的是,剩磁 B_r 是按正弦变化的。当信号电流最大时,纵向磁通密度也达到最大。记录信号就以正弦变化的剩磁形式记录,储存在磁卡上。

磁卡在工业中常用于考勤人员上下班时间及人员进出登记,方便企业对人员进行管控和对生产流程进行人员追溯。

2. 磁卡标识解析

磁卡解析方式主要取决于磁卡上面的剩余磁感应强度。如图 2-3 所示,当磁卡以一定的速度通过装有线圈的工作磁头时,磁卡的外部磁力线切割线圈,在线圈中产生感应电动势,从而传输了被记录的信号。当然,也要求在磁卡工作中被记录信号有较宽的频率响应、较小的失真和较高的输出电平。

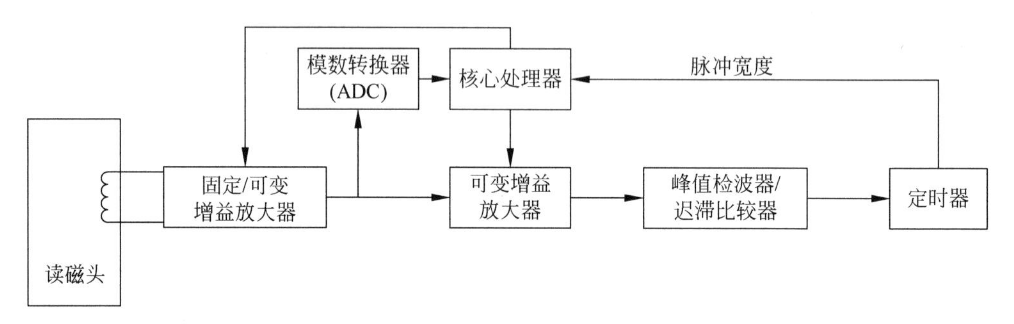

图 2-3　读磁器的工作过程

一根很细的金属丝可以作为一个简单的重放设备。金属丝与磁卡紧贴,方向垂直于磁卡运行方向,磁卡运行时,金属丝切割磁力线而产生感应电动势,电动势的大小与切割的磁力线数成正比。当磁卡的运行速度保持不变时,金属丝的感应电动势与磁卡表面剩余磁感应强度成正比。

磁头是用高磁导率的软磁材料制成的铁芯,上面缠有绕组线圈,磁头前面有一条很窄的缝隙,这时进入工作磁头的磁卡上的磁通量,可以看作两个并联的有效磁阻,即空隙的磁阻和磁头铁芯的磁阻。因为空隙的有效磁阻远大于工作磁头铁芯的磁阻,所以磁卡上绝大部分的磁通量输入磁头铁芯,并与工作磁头上线圈绕组发生交连,因而感应出电动势,在这种情况下,单根金属重放线所得到的感应电动势公式完全适用于环形磁卡工作磁头。由于磁卡本身结构简单、磁条暴露在外、存储容量小、缺乏内部安全保密措施,因此容易被非法破译。

2.1.3 RFID 技术

无线射频识别(radio frequency identification,RFID)技术是一种非接触的自动识别技术,其基本原理是利用射频信号和空间耦合(电感或电磁耦合)传输特性实现识读器与标签间的数据传输。

1. RFID 技术的分类

随着 RFID 技术的进步，其产品也越来越多样化。RFID 设备可以按不同方式进行分类：

(1) 根据标签的供电方式分为有源系统和无源系统；

(2) 根据标签的数据调制方式分为主动式、被动式和半主动式；

(3) 根据标签的工作频率可以分为低频、高频及超高频和微波系统；

(4) 根据标签可读写性分为只读、可读写和一次写入多次读出；

(5) 根据标签中存储器数据存储能力可分为标识标签与便携式数据文件。

2. RFID 标识解析

射频识别系统一般由三个部分组成(见图 2-4)，即电子标签(应答器，tag)、识读器(读头，reader)和天线(antenna)，部分功率要求不高的 RFID 设备把识读器和天线集成在一起统一称作识读器。在应用时，射频电子标签黏附在被识别的物品上(或者物品内部)，当该物品移动至识读器驱动的天线工作范围内时，识读器可以无接触地把物品所携带的标签中的数据读取出来，从而实现物品的无线识别。可读写的 RFID 设备还可以通过识读器(读写器)在标签所附着的物品把需要的数据写入标签，从而完整地实现产品的标记与识别。

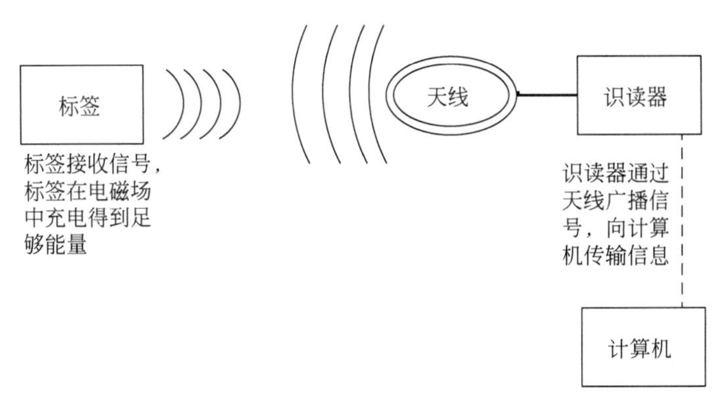

图 2-4 RFID 系统示意图

3. RFID 技术在制造业中的典型应用

混流制造系统生产过程跟踪需要实现 RFID 数据采集、处理以及与 MES 的集成。因此，为了混流制造系统能更好地指导生产过程，首先需要建立基于 RFID 技术的混流制造系统生产跟踪系统架构。

射频标签嵌入物料跟随物料遍历生产全过程，在 RFID 天线信号感知范围内，安装于生产设备的 RFID 识读器获取物料标签从而完成对物料的跟踪，基于 RFID 的跟踪系统需要完成物料标签数据获取、处理以及与设备数据的关联。系统通过中间件层实现标签数据的获取与发布，通过生产过程跟踪完成物料与设备等信息的关联与处理。

生产跟踪系统要提供给生产商和客户从物料入库到加工生产再到产品打包出库的所有数据，能提供快速及时的生产状况反馈，其主要功能有：

(1) 使客户实时获知订单进度；

(2) 使生产商了解其生产过程中的瓶颈；

(3) 对有特殊要求的物料或工序(安全、涉密及含量要求等)的实时跟踪;

(4) 使生产商了解工程进度,为生产计划制订奠定基础。

面向混流制造系统的 RFID 跟踪系统总体架构(见图 2-5)主要由以下几部分构成:

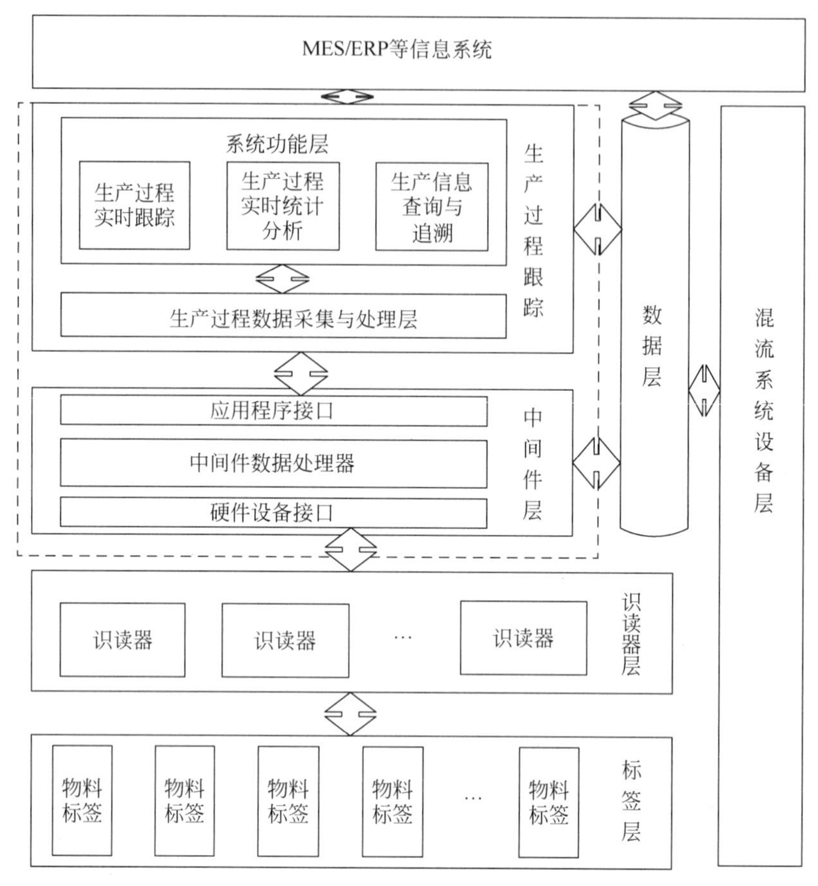

图 2-5 基于 RFID 的生产过程跟踪系统架构

(1) 标签层。生产过程中 RFID 标签嵌入物料,通过识读器跟踪标签的位置及内容实现对物料的跟踪。

(2) 识读器层。识读器与生产设备关联,其识别的标签即为进入该生产设备工作范围的物料标识,获得该物料的标签信息与位置信息即获得了该设备的加工对象的信息。

(3) 中间件层。在 RFID 系统中,图 2-5 中所示中间件层为 RFID 中间件,是 RFID 系统的灵魂,是设备与应用程序连接的纽带。其主要功能为:配置 RFID 设备,发送控制指令,收集、处理识读器返回的数据,实现标签数据的获取与处理发布,如图 2-6 所示。

(4) 生产过程跟踪层。通过 RFID 设备与中间件获取物料信息,通过 OPC 与数据库获取设备、质量等信息,实时处理生产过程的各项数据,实现物料、设备等的跟踪。

完整的射频识别系统,尤其是 RFID 系统与其他信息系统集成时,通常需要中间件等软件设备来配置和操作硬件设备并实现初期的数据处理,以更好地发挥射频识别系统的作用,如图 2-6 所示。

在工业生产中,利用 RFID 技术可以实时对生产计划执行过程进行监控及可视化管理,

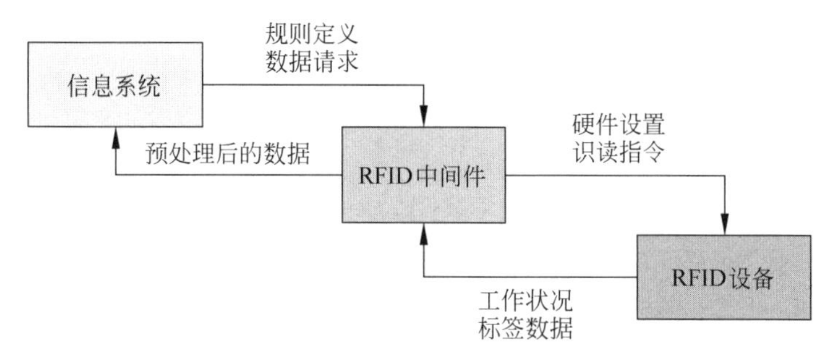

图 2-6 RFID 中间件的功能

增强生产计划与调度的时效性，大大降低了工作中的人为失误。可以通过工位读写器、电子托盘、RFID 标签挂件等产品，实现可视化的生产过程监控平台，从毛坯到成品进行全程跟踪，记录产品的自动报工、各产品/批次的完工数量、工件的当前工序、各工序的执行设备和操作工人、各工序的实时状态等，为计划调度、线边物料管理、现场物流、质量追溯提供原证数据，也为企业开展价值工程活动提供依据。基于 RFID 技术形成产品溯源追踪系统，可大大提高公司产品的信誉度，建立一个完善的质量体系。

2.1.4 二维码技术

1. 现有二维码方案

二维码可以分为行排式二维码和矩阵式二维码。行排式二维码由多行一维码堆叠在一起构成，但与一维码的排列规则不完全相同；矩阵式二维码是深色方块与浅色方块组成的矩阵，通常呈正方形，在矩阵中深色块和浅色块分别表示二进制中的 1 和 0。

行排式二维码又称堆积式或层排式二维码。其形态类似于一维码，编码原理与一维码的编码原理类似，可以用相同的设备对其进行扫描识读。由于行排式二维码的容量更大，所以校验功能有所增强，但不具有纠错功能。行排式二维码中具有代表性的有 Code 49 码和 PDF417 码，其样式分别如图 2-7、图 2-8 所示。

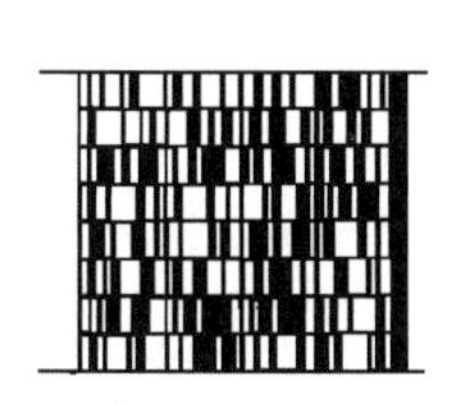

图 2-7 Code 49 码

图 2-8 PDF417 码

(1) 1987 年 Intermec 公司推出的行排式二维码 Code 49 码，可编码全部 128 个 ASCII 字符，同时获取的符号高度可变，最低 2 层符号可以容纳 9 个字母型字符或 15 个数字字符，而最高的 8 层符号可以容纳 49 个字母型字符或者 81 个数字字符。该类型条码要求检测精度高且无纠错能力。

(2) PDF417 码是 Symbol Technologies 公司美籍华人王寅君博士于 1990 年发明的。PDF 的全称是 portable data file，即便携式数据文件。因为组成条码的每一个字符都由 4 个条和 4 个空共 17 个模块构成，故称为 PDF417 码。PDF417 码在各种证件上有广泛的应用。

PDF417码可编码全部ASCII字符及扩展字符，并可编码8位二进制数据。层数可为3～90层，一个符号最多可编码1850个文本字符、2710个数字或1108个字节。可进行字符自校验，可选安全等级，具有纠错能力。

矩阵式二维码以矩阵的形式组成，每一个模块的长与宽相同，模块与整个符号通常都以正方形的形态出现。矩阵式二维码是一种图形符号自动识别处理码制，通常都有纠错功能。具有代表性的矩阵式二维码有Data Matrix码、Code One码、Quick Response码、汉信码。

（1）Data Matrix码（简称DM码）是最早被设计用于存储信息的二维码（见图2-9），由美国国际资料公司的Dennis Priddy和Robert S. Cymbalski于1988年发明。该类型条码在当时拥有标准化编码，可以通过扩展图片来扩充存储信息。

（2）Code One码是由Intermec公司的Ted Williams于1992年发明的矩阵式二维码（见图2-10），是最早作为国际标准公开的二维码，和DM码一样拥有标准化编码且可扩展。

图2-9　Data Matrix码

图2-10　Code One码

（3）Quick Response码（简称QR码，见图2-11）是在1994年9月由日本Denso公司研制出的一种矩阵式二维码。Quick Response码是最早可以对汉字进行编码的二维码，也是目前应用最广泛的二维码。Quick Response码有40个版本，4个纠错等级，除了可以编码ASCII字符、数字和8位字节外，还可以编码中国和日本汉字，而且具有扩展解释能力。Quick Response码在快速识别并解码方面具有优势，并且编码范围广泛灵活，因而适应市场潮流，得到了广泛的应用。

（4）汉信码是2005年由中国物品编码公司牵头开发完成的矩阵二维码（见图2-12）。汉信码最大的优势在于对汉字的编码，并具有扩展能力。汉信码有4个不同纠错能力的纠错等级，最多可编码4350个文本字符、7928个数字、3262个字节或2174个中文常用汉字。

图2-11　Quick Response码

图2-12　汉信码

2. 二维码的技术优势

（1）存储密度大。二维码可以在纵横两个方向存储信息，大大提高了存储密度。例如，将标准状态下的一维码 EAN 13 与纠错等级为 M 的 Quick Response 二维码相比较，相同面积情况下二维码所表示的信息约为一维码的 80 倍。

(2) 具有纠错能力。一维码只有一个或数个校验位，并不能纠错。二维码信息密集到污损时损失也较大，因此，二维码一般都具有很强的纠错机制。不同的二维码具有不同的纠错算法，同一种二维码也会有不同的纠错等级，可满足不同的应用需求。

(3) 应用广泛。二维码可与其他技术广泛结合。例如，与加密技术结合，可以用于需要保密的信息传递；与防伪技术结合，可用于证件的防伪。二维码在图像领域、文献传递领域也有着广泛的应用空间。

(4) 能存储多种信息。一维码只能表示 ASCII 表中的 128 个字符。二维码都具有自己的字符集，可以表示数字、字母、8 位字节、各种语言文字以及特殊字符等。很多二维码也提供了扩展字符集，可以自由扩展编码。

3. 二维码标识解析

要获得二维码中的内容必须对其解析。二维码特征识别的思路是：第一步，寻找二维码的三个角的定位角点，需要对图片进行平滑滤波，二值化，寻找轮廓，筛选轮廓中有两个子轮廓的特征，从筛选后的轮廓中找到面积最接近的 3 个，即是二维码的定位角点。第二步，判断 3 个角点处于什么位置，主要用来对图片进行透视校正（相机拍到的图片）或者仿射校正（对网站上生成的图片进行缩放、拉伸、旋转等操作后得到的图片）。由 3 个角点围成的三角形的最大的角的顶点就是二维码左上角的点。然后根据这个角的两个边的角度差确定另外两个角点的左下和右上位置。第三步，根据这些特征识别二维码的范围。最终使用 zbar 算法对图像中的数据进行解析。

2.1.5 生物特征技术

生物特征技术作为一种有效的身份标识技术，在过去的很短时间内得到了有效的发展，广泛应用在设备操作人员认证、员工出勤统计等任务中。传统的身份验证如工牌、磁卡等很容易伪造和丢失，难以满足安全、快捷的需求，而目前最便捷与安全的方案无疑就是生物识别技术，它不但简洁快速，而且利用它进行身份的认定较为安全、可靠、准确。同时更易于配合电脑和安全、监控、管理系统，应用前景广、社会效益高。人脸、指纹、语音等生物天然特征无须人为额外标识。因此，本节从人脸特征解析、语音特征解析和指纹特征解析三个方面对生物特征技术进行阐述。

1. 人脸特征解析技术

人脸识别，是基于人的脸部特征信息进行身份识别的一种生物识别技术。它是用摄像机或摄像头采集含有人脸的图像或视频流，并自动在图像中检测和跟踪人脸，进而对检测到的人脸进行脸部识别的一系列相关技术，通常也叫作人像识别、面部识别。目前人脸识别算法主要分为两类：特征法和基于深度学习的人脸识别算法。

特征法通常被认为是机器视觉领域内第一种有效的人脸识别算法，其核心算法是主成分分析算法，该方法首先将人脸图像集合中的图片灰度化，然后将灰度化后的图片调整到统一尺寸并完成光照归一化。该算法的优势在于可解释性强，计算速度快，但容易受到人脸角度、光照的影响。类似的方法还有费舍尔脸法及 LBPH 局部二进制编码直方图法，但都难以解决噪声问题。

基于深度学习的人脸识别算法是使用神经网络的方法，对人脸图片进行学习(见图 2-13)。目前最常用的方法为量度学习，量度学习是从数据中学习一种量度数据的方法，其目标是使得在学得的距离量度下，相似对象间的距离小，不相似对象间的距离大。通过不断对比训练达到识别不同人脸特征。经典的深度学习算法目前有 FaceNet、DeepID2 和 SphereFace。

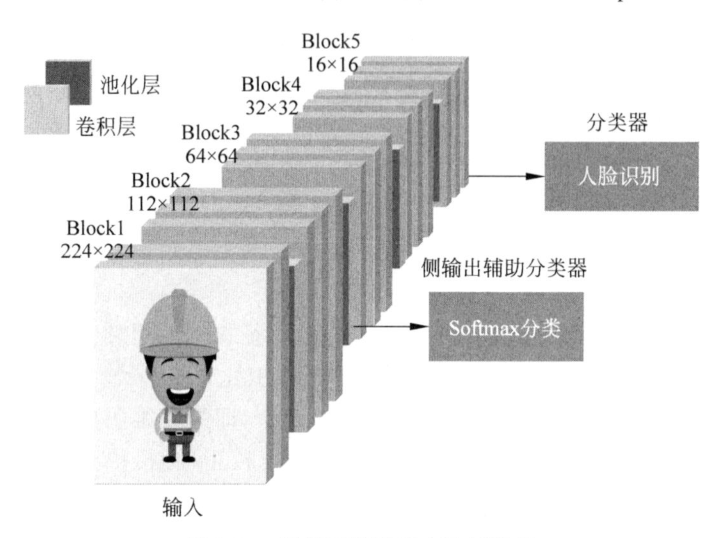

图 2-13　神经网络识别人脸网络图

2. 语音特征解析技术

语言是人类最原始、最直接的一种交流方式，通俗易懂且便于理解。随着科技的发展，语言交流不再仅限于人与人之间，如何让机器“听懂”人类的语言并做出反应是未来发展的趋势。目前现有的语音识别方法主要有动态时间规划法、隐马尔可夫模型法及深度学习的方法。

动态时间规划的方法在连续语音识别中仍是主流方法，通过对声音信号进行时间规整，将待测声音信号伸长或缩短，直到与参考模板的长度一致。动态时间规整(dynamic time warping，DTW)算法基于动态规划(dynamic programming，DP)的思想，能够将输入信号的时长与模板的时长进行动态匹配，是声音识别技术中出现较早的一种算法。

隐马尔可夫模型是声音识别中使用最普遍的统计模型之一。通过对时间结构进行有序建模，能够捕获到不平稳的声音信号瞬间特征，并通过前后信号联系提高了识别准确率。

深度学习是近年来的研究热点，以其泛用性强、鲁棒性高等特点广泛应用在各个领域。目前，在基于深度学习方法的声音识别中，逐渐开发出循环神经网络(recurrent neural network，RNN)、卷积神经网络(convolutional neural network，CNN)和深度置信网络(deep belief network，DBN)，以及双向长短期记忆(bidirectional long-short term memory，BiLSTM)等方法。深度神经网络根据其运行原理可以接收比传统神经网络大很多的输入数据维度，并且它可以自动学习数据的特征，在声音识别中显著缩短了特征提取的时间，同时伴随着图形处理器(GPU)的发展，深度神经网络的训练时间也不断减少，极大地提高了声音识别的效率。

3. 指纹特征解析技术

指纹识别技术是众多生物特征识别技术中的一种。1892年,Galton出版了*Fingerprints*一书,确定了指纹的两个重要特点,即独特性和稳定性。因此,指纹作为人类独一无二的特征被识别。

目前采集指纹的方法主要有图像采集、光学指纹采集和固态指纹传感器采集方法,其中光学指纹采集是最常用的方法。由光源发出的光线以特定角度射入三棱镜,当没有手指按上时,入射光线将在三棱镜的上表面发生全反射;在有手指按上时,因为脊线将接触棱镜表面,而光不能接触,棱镜表面与脊线的接触将破坏全反射条件,使一部分光线泄露,反射光线变弱,从而在图像传感器上形成明暗条纹相间的指纹图像。光学指纹采集技术的优点在于良好的图像质量及设备的耐用性,从而可用于大规模密集型应用。

目前指纹识别方法有图像统计法、纹线匹配法、细节特征法(Gal-ton细节)、汗孔特征法,其中主流的方法是细节特征法。细节特征法通过获取细节点如纹线端点、分叉点、交叉点、小岛等,利用细节点匹配的方式达到识别指纹的目的。

2.2 传感器技术

传感器技术是数据感知的核心技术,是数据处理与分析的源头和基础。智能传感技术在普通传感的基础上,利用微处理器对相关数据执行运算、分析等操作,从而使传感器更好地与外部环境交互以更快、更好地获取设备需要的信息。在大数据时代,传感器技术的应用已经渗透到了仓储供应、生产加工、能源保障、环境控制、楼宇办公、安全保卫等各个方面。本节根据传感的途径和介质,从光学传感技术、力学传感技术、图像传感技术、智能传感技术等方面介绍传感器技术。

2.2.1 光学传感技术

光学传感器是依据光学原理进行测量与感知的传感器件,它有许多优点,如非接触和非破坏性测量、几乎不受干扰、传输速度快以及可遥测、遥控等。本节以光纤传感技术为例,介绍光学传感技术。光纤传感器(optic fibre sensor,OFS)是20世纪70年代后期发展起来的传感技术。该技术利用外界物理量引起的光纤中传播的光的特性参数(如强度、相位、波长、偏振、散射等)变化,对外界物理量进行测量和数据传输。OFS具有体积小、质量轻、抗电磁干扰、安全性高(无电火花,可在易燃、易爆环境下工作),传感器端无须供电、耐高温,以及便于组成传感器网络、融合进物联网等优点,在极端环境下能完成传统传感器很难甚至不能完成的任务,扩展了传统传感器的功能,因此,OFS作为一种新型传感器受到了研究者的重视,并得到广泛的研究和应用。目前世界上已有各类OFS上百种,伴随着特种光纤、专用器件和新技术不断问世,其性能指标不断提高,更多的应用不断出现,展现出广阔的应用前景。

目前OFS在干涉仪、资源探测、地震波检测、信息传输、生物医学等领域有着广泛的应用,如近年来光纤表面等离子激元共振(SPR)传感、倾斜光栅等在生物学、医学、食品安全和石油化工等领域得到很好的应用。

2.2.2 力学传感技术

力传感器(force sensor)是将力的量值转换为相关电信号的器件。力是引起物体运动状态变化的直接原因。力传感器主要由三个部分组成:

(1) 力敏元件(即弹性体,常见的材料有铝合金、合金钢和不锈钢);

(2) 转换元件(最为常见的是电阻应变片);

(3) 电路部分(一般有漆包线、PCB板(印制电路板)等)。

力传感器包括力、力矩、振动、转速、加速度、质量、流量、硬度和真空度等传感器。按照用途来分,力传感器又可分为力、称重(衡器)和压力传感器。按照工作原理来分,力传感器又可分为电阻式(应变式、压阻式和电位器式)、电感式(压磁式)、电容式、磁电式(霍尔式)、压电式、表面声波(surface acoustic wave,SAW)、光纤、薄膜(连续膜)力传感器等。

电阻应变式传感器是利用金属丝在外力作用下发生机械变形时,其电阻值将发生变化这一金属的电阻应变效应,将被测量转换为电量输出的一种传感器。压阻式传感器是利用半导体材料在受到应力作用时,其电阻率会发生明显变化的压阻效应,将被测量转换为电量输出的一种传感器。电位器式传感器的基本工作原理是将电刷相对于电阻元件的运动转换为与其成一定函数关系的电阻或电压输出。电阻式传感器结构简单、性能稳定、灵敏度较高、性价比高、抗干扰能力强,在机械量和几何量测量领域应用十分广泛。

压磁式传感器是利用铁磁材料在外力作用下其内部产生的应力使铁磁材料的磁导率发生变化的压磁效应,把作用力变换成电量输出的一种传感器。压磁式传感器具有输出功率大、抗干扰能力强、过载性能好、结构与电路简单、能在恶劣环境下工作和寿命长等优点,不足之处是测量精度不高、反应速度低等,较适合于重工业行业。

电容式传感器是可将压力等被测量的变化转换成电容量变化的一种传感器。电容式传感器具有结构简单、灵敏度高、分辨率高、动态响应好、能在恶劣环境下工作、能实现非接触测量等优点,但存在抗干扰能力差和寄生电容问题。电容式传感器可用于压力测量,但更适合于位移测量。

霍尔式传感器是利用霍尔元件基于霍尔效应原理将压力等被测量转换成电动势输出的一种传感器。霍尔式传感器虽然转换效率较低、温度影响大,但其结构简单、体积小、频率响应宽、无触点、使用寿命长、可靠性高,故在测量技术(压力、位移)中得到广泛的应用。

压电式传感器是以某些物质(如石英等单晶体和人造压电陶瓷等多晶体)的压电效应为基础,将压力等被测量转换为电信号输出的一种滑动式传感器。压电式传感器的压电转换元件是一种典型的力敏元件,具有自发电和可逆两种重要性能。压电式传感器具有体积小、结构简单、工作可靠、固有频率高、灵敏度和信噪比高等优点,其主要缺点是无静态输出。

SAW传感器是基于SAW器件构成的振荡器的频率随着压力等被测量的变化来实现对被测量的检测的。SAW传感器的主要优点是高精度、高灵敏度,与微处理器相连,接口和结构工艺简单,主要用作压力传感器和加速度传感器。

近年来,根据市场的需求,力学传感器在应用性与技术集成一体性、可靠性、长期稳定性、环境适应性、新型结构设计、加工技术、质量保证体系、多维力测量传感器等方面有了长足的发展。专用传感器及结构设计、传感器材料、应变计技术、工艺技术、传感器可靠性与长期稳定性、传感器智能化等是力学传感器发展的研究热点和关键技术。

2.2.3 图像传感技术

图像传感技术是在光电技术基础上发展起来的，利用光电器件的光电转换功能，将其感光面上的光信号转换为与光信号成对应比例关系的电信号“图像”的一门技术，该技术将光学图像转换成一维时序信号，其关键器件是图像传感器。

目前获取图像的传感技术可以分为以下三类。

1. 固态图像传感器

固态图像传感器是利用光敏元件的光电转换功能将投射到光敏单元上的光学图像转换成电信号“图像”，即将光强的空间分布转换为与光强成比例的电荷包空间分布，然后利用移位寄存器功能将这些电荷包在时钟脉冲控制下实现读取与输出，形成一系列幅值不等的时钟脉冲序列，完成光图像的电转换。

固态图像传感器一般包括光敏单元和电荷寄存器两个主要部分。根据光敏元件的排列形式不同，固态图像传感器可分为线型和面型两种。根据所用的敏感器件不同，又可分为CCD、MOS线型传感器以及CCD、CID、MOS阵列式面型传感器等。

2. 红外图像传感器

遥感技术多应用于5～10μm的红外波段，现有的基于MOS器件的图像传感器和CCD图像传感器均无法直接工作于这一波段，因此，需要研究专门的红外图像传感技术及器件来实现红外波段的图像探测与采集。目前，红外CCD图像传感器有集成(单片)式和混合式两种。

集成式红外CCD固态图像传感器是在一块衬底上同时集成光敏元件和电荷转移部件而构成的，整个片体要进行冷却。目前使用的红外CCD传感器多为混合式。除了光敏部件，单片红外CCD图像传感器的电荷转移部件同样需要在低温状态工作，因实现起来有一定困难，目前尚未实用。

混合式红外CCD图像传感器的感光单元与电荷转移部件相分离，工作时，红外光敏单元处于冷却状态，而Si-CCD的电荷转移部件工作于室温条件。这克服了单片式固态红外传感器电荷转移部件需要在低温状态下工作的难点，但光敏单元与电荷转移部件的连线过长将带来其他困难。目前，正在研制光敏单元与电荷转移部件比较靠近的固态红外光电图像传感器。此外，提高光敏单元的红外光图像分辨率将提高芯片的集成度，这又会导致光敏单元与电荷转移部件的连线加长，这也是红外CCD器件发展中亟待解决的一个问题。

3. 超导图像传感器

超导图像传感器包括超导红外传感器、超导可见光传感器、超导微波传感器、超导磁场传感器等。超导图像传感器的最大特点是噪声很小，其噪声电平小到接近量子效应的极限，因此，超导图像传感器具有极高的灵敏度。

使用超导图像传感器时，还要配以准光学结构组成的测量系统。来自电磁喇曼的被测波图像，通常用光学透镜聚光，然后在传感器上成像。因此，在水平和垂直方向上微动传感器总是能够探测空间的图像。这种测量系统适用于毫米波段。利用线阵隧道结器件的图像传感器可以测量35GHz的空间电场强度分布，这种传感器已应用于生物断层检测方面，也可用于乳腺癌的非接触探测等。

2.2.4 智能传感技术

智能传感器(intelligent sensor)是具有信息处理功能的传感器。智能传感器带有微处理机,具有采集、处理、交换信息的能力,是传感器集成化与微处理机相结合的产物。与一般传感器相比,智能传感器有三个优点:通过软件技术可实现高精度的信息采集,而且成本低;具有一定的编程自动化能力;功能多样化。

智能传感器由微处理器驱动的传感器与仪表套装组成,具有通信与板载诊断等功能。智能传感器能将检测到的各种物理量储存起来,并按照指令处理这些数据,从而创造出新数据。智能传感器之间能进行信息交流,并能自我决定应该传送的数据,舍弃异常数据,完成分析和统计计算等。

现有的智能传感器保留了传统传感器中数据获取的功能,通过无线网络实现数据交互。而得益于人工智能技术的发展,海量的数据得以有发挥的空间,通过模糊逻辑、自动知识收集、神经网络、遗传算法、基于案例推理和环境智能对传感器进行优化,给予用户相关建议并协助其完成任务。

鉴于智能传感器在灵活性、可重新配置能力和可靠性方面的优势,配备了智能传感器的设备与系统在越来越多的任务中表现出超过人类的性能。智能传感器因而广泛应用于装配、建筑建模、环境工程、健康监控、机器人、遥控作业等领域。

2.3 定位技术

在以智能车间为代表的工业系统中,工件资源、人员信息与位置是自动控制、系统调度等系统运行优化业务所必需的基础信息。定位技术是指利用无线通信和传感器来感知当前资源位置的技术,是车间常用的感知技术之一。本节在传感器技术的基础上,重点介绍iGPS、基站定位、ZigBee定位、UWB定位、Wi-Fi定位等主流技术。

2.3.1 iGPS定位技术

iGPS技术又称室内GPS技术,它是一种三维测量技术,其借鉴了GPS定位系统的三角测量原理,通过在空间建立三维坐标系,并采用红外激光定位的方法计算空间待测点的详细三维坐标值。iGPS技术具有高精度、高可靠性和高效率等优点,主要用于解决大尺寸空间的测量与定位问题。

iGPS技术为大尺寸的精密测量提供了全新的思路。在iGPS技术之前,很难对飞机整机、轮船船身等大尺寸物体进行精密的测量。iGPS技术可以很方便地解决这一难题,同时具有相当高的测量精度,在39m的测量区域内其测量精度可以高达0.25mm。此外,iGPS系统可以通过建立一个大尺寸的空间坐标系,实现坐标测量、精确定位和监控装配等。

iGPS系统主要包括三个部分:发射器、接收器和控制系统。发射器分布在测量空间的不同位置,发出一束线性激光脉冲信号和两束扇形激光平面信号;接收器又称3D靶镜,即能采集激光信号的传感器,位于待测点处,负责接收发射器发出的激光信号,并根据发射器投射来的激光时间特征参数计算待测点的角度和位置,将其转换为数字脉冲信号并通过

ZigBee 无线网络传输给控制系统；控制系统负责数字脉冲信号的分析处理工作，通过解码，并根据各发射器的相对位置和位置关系计算出各待测点的空间三维坐标。

iGPS 技术作为一种先进的大尺寸测量技术，目前已经得到工业界和学界的关注。波音公司率先将 iGPS 技术用到飞机装配的精确定位中，为波音 787 建立了数字化自动对接装配平台，并使用 iGPS 测量系统实现了 POGO 柱的标定及机身与机翼的定位。F35 飞机在装配过程中采用 iGPS 测量系统精确引导 AGV 的移动。空中客车公司采用 iGPS 技术对飞机大型壁板的铆钻位置进行精确定位。

目前关于 iGPS 技术的应用主要集中在大尺度精密测量方面，但由于 iGPS 技术能够实现高精度的位置测量，因此，在生产过程的自动监控领域同样具有广阔的前景。

2.3.2 基站定位技术

基站即公用移动通信基站，是移动设备接入互联网的接口设备，也是无线电台站的一种形式，是指在一定的无线电覆盖区中，通过移动通信交换中心，与移动电话终端之间进行信息传递的无线电收发信电台。基站定位是基于基站与手机之间的通信时差来计算用户当前的大概位置（当前用户的大概位置而不是准确位置）的一种通信服务，其原理和卫星定位相似，都是利用几何三角关系计算被测物体的位置。基于三角关系和运算的定位技术可以细分为两种：基于距离测量的定位技术和基于角度测量的定位技术。其中基于距离测量的定位技术需要测量已知位置的参考点（A、B、C 三点）与被测物体之间的距离，然后利用三角知识计算被测物体的位置。基于角度测量的定位技术则是通过获取参考点与被测物体之间的角度来获取目标位置的。

在实际应用过程中，基站无法直接获得与被测目标的实际距离，而是通过场强的方式估计距离。因为基站采用全向天线，所以基站信号功率的衰减为信号传播距离的函数。因此，根据基站发射功率和移动目标接收功率，便可计算出信号的传播距离，移动目标则位于以基站为圆心、两者距离为半径的圆上。对不在同一直线上的 3 个基站进行测量，由此确定的 3 个圆的交点即为移动目标的位置。但场强定位方法是定位技术中最不可靠的一种。场强强度极易受到其他磁场的干扰，测量值的误差通常较大，加之天线有可能倾斜以及无线系统的不断调整等因素，都会对信号场强产生不同程度的影响，因此，基站定位法适用于定位精度要求不高的场合，在工业生产中一般用于人员的位置定位来保证员工安全。

2.3.3 ZigBee 定位技术

ZigBee 定位由若干个待定位的盲节点和一个已知位置的参考节点与网关形成组网，每个微小的盲节点之间相互协调通信以实现全部定位。其优点在于成本低、功耗低，但 ZigBee 的信号传输容易受到多径效应和移动的影响，而且定位精度取决于信道物理品质、信号源密度、环境和算法的准确性，定位软件的成本较高。

ZigBee 在工业场景中常用于厂内人员定位，采用新导智能的无线室内人员实时定位系统能够实现精确定位、实时跟踪、历史轨迹回放、区域准入、移动考勤、安保巡检等功能，定位最高精度可达 3m。ZigBee 的应用可以对企业员工以及进出工厂的临时人员进行有效管理，从而提高工厂人员的管理效率。

2.3.4 UWB 定位技术

UWB(ultra wide band)即超宽带,它是一种无载波通信技术,利用纳秒级的非正弦波窄脉冲传输数据,因此,其所占的频谱范围很宽。UWB 定位采用宽带脉冲通信技术,具备极强的抗干扰能力,使定位误差减小。该技术的出现填补了高精度定位领域的空白,它具有对信道衰落不敏感、发射信号功率谱密度低、截获能力低、系统复杂度低、能提供厘米级的定位精度等优点,但实施成本相对较高,主要用于重要产品和资产的定位跟踪。

2.3.5 Wi-Fi 定位技术

Wi-Fi 定位的原理和基站定位相似,每一个无线接入点(access point,AP)都有一个全球唯一的媒体存取控制(media access control,MAC)地址,同时无线 AP 在通常情况下不会移动。目标设备在开启 Wi-Fi 的情况下,即可扫描并收集周围的 AP 信号,无论是否加密,是否已连接,甚至信号强度不足以显示在无线信号列表中,都可以获取到 AP 广播出来的 MAC 地址。设备将这些能够标识 AP 的数据发送到位置服务器,服务器检索出每一个 AP 的地理位置,并结合每个信号的强弱程度,计算出设备的地理位置并返回到用户设备。

目前 Wi-Fi 定位技术有两种,一种是通过移动设备和 3 个无线网络接入点的无线信号强度,通过差分算法,来比较精准地对移动设备进行三角定位;另一种是事先记录巨量的确定位置点的信号强度,通过用新加入的设备的信号强度对比拥有巨量数据的数据库,来确定位置。在工业生产中,Wi-Fi 定位在厂区巡查、移动作业和参观引导方面有相关应用。

2.4 群智感知技术

群智感知是指通过人们已有的移动设备形成交互式的、参与式的感知网络,并将感知任务发布给网络中的个体或群体来完成,从而帮助专业人员或公众收集数据、分析信息和共享知识。受生物集群活动的启发,国内外研究者们提出了群智感知(crowd-sensing)技术,它是结合众包思想和移动设备感知能力的一种新的数据获取模式,通过多传感器之间的协同,实现大规模场景下的低成本数据感知。围绕多传感器之间的协同架构与感知任务的众包过程,本节从群智感知的架构、实现过程和应用三方面展开介绍。

2.4.1 群智感知架构

群智感知主要涉及两个关键因素,即用户与数据,可以提供高质量的感知与计算服务。根据关注因素不同,可将群智感知划分为移动群智感知和稀疏群智感知。其中,移动群智感知主要关注用户,强调利用移动用户的广泛存在性、灵活移动性和机会连接性来执行感知任务;而稀疏群智感知则更加关注数据,通过挖掘和利用已感知数据的时空关联,来推断未感知区域的数据。

移动群智感知的典型架构如图 2-14 所示,主要划分为应用层、网络层和感知层。应用层主要处理任务发起者自身需求及网络层获得的数据。应用层向所有用户发布任务,移动用户携带着智能设备执行任务并上传数据至网络层,以向任务发起者提供感知与计算服务。

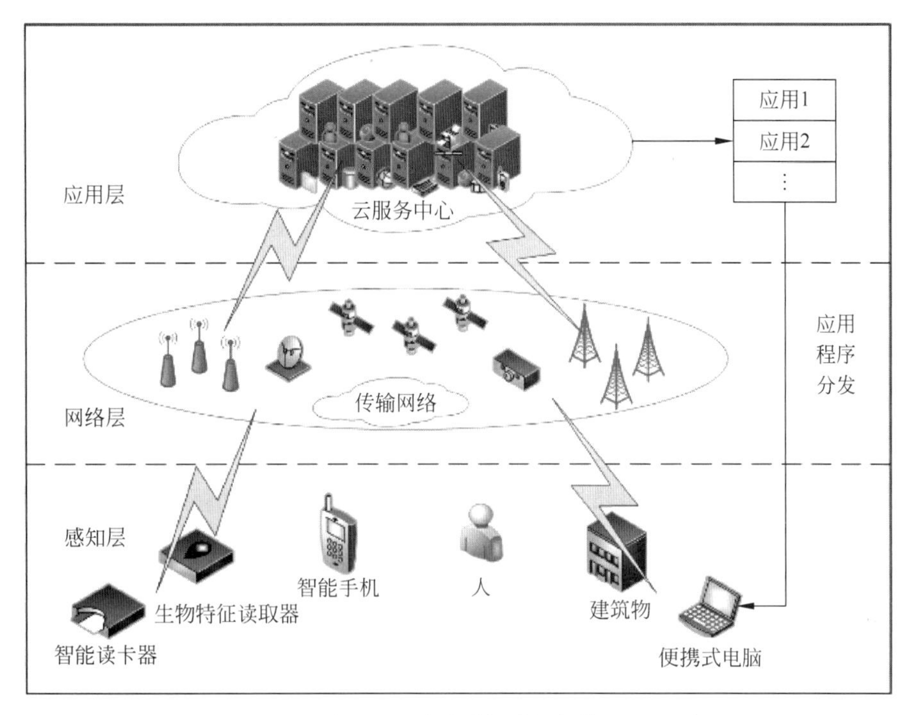

图 2-14 移动群智感知架构

如图 2-15 所示，典型的稀疏群智感知系统通常由少量的参与用户利用其随身携带的智能设备采集其所在区域的感知数据；接下来，通过挖掘和利用已采集感知数据中存在的时空关联，推断其他未感知区域的数据。以这种方式，稀疏群智感知可以大幅减少需要感知的区域数量，从而减少感知消耗；同时，利用感知数据的时空关联，可以由稀疏的感知数据准确地推断完整感知地图，为大规模且细粒度的感知任务提供了一个更为实际的感知范例。

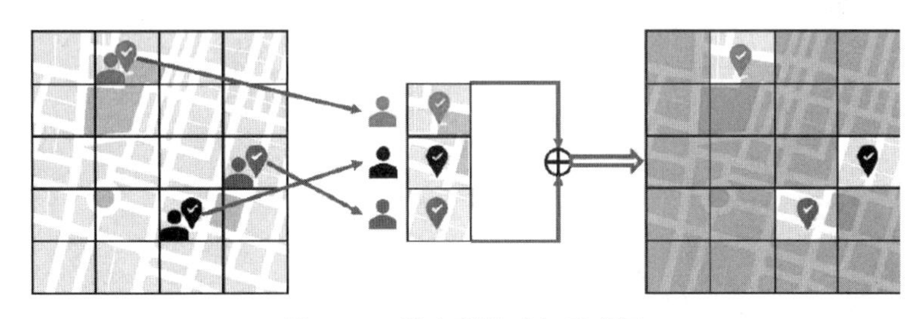

图 2-15 稀疏群智感知示意图

2.4.2 群智感知的实现过程

相比于传统的数据收集方式(雇用专职人员、布置专业传感器)，群智感知系统不需要雇用专业数据采集人员或部署传感器，而是以移动设备用户作为感知节点，收集用户生成的数据或传感器的读数，从而具有数据收集成本低廉、数据收集规模大和数据类型多样的优点。但与此同时，群智感知也面临着数据质量问题的挑战，因为其收集的数据的质量受到用户工作意愿、用户工作状态、设备状态和用户所处环境等多方面因素影响。为了获得更可靠的数据，一种常用的方法是采用数据冗余策略。该策略通过将同一份任务分发给多位用户来完成并收集多份数据，并在冗余数据的基础上筛选出高质量的数据。

因此，在感知之前首先搭建通用群智感知平台，该平台用于连接感知参与者并向消费者提供数据服务。然后需要考虑将获得的任务分配给哪些用户，任务的优劣将直接决定所收集到的数据的质量。同时为了保证用户所提供数据的高质量性，感知平台还需要为用户所做出的数据分享行为提供激励。最终，需要对群智感知获得的数据进行筛选和评估，对采集到的嘈杂、冲突数据进行预处理。将获得的感知数据或将分析得到的结果反馈给任务发起者，实现群智感知的商业价值。

2.4.3 群智感知的应用

群智感知结合了众包思想和智能设备的感知能力，是物联网的一种表现形式，其主旨是利用广泛存在的人群和他们所携带的智能设备，通过移动互联网进行有意识或无意识的协作，以完成大规模且细粒度的感知与计算任务。本节以车联网为例介绍群智感知在交通运输中的应用。

车联网是物联网和移动互联网在交通运输领域应用后的衍生概念，它借助新一代通信与信息处理技术，实现车与人、车、路、服务平台的全方位网络连接与智能信息交换，可以提升汽车智能化水平，是实现自动驾驶、智能交通和智慧城市的重要途径。车辆通过车联网进行群智协作，可以改善单辆车感知精度、感知范围、通信能力、计算能力和存储能力方面的局限性。通过利用车与车、车与云端、车与边缘协作来提高车联网中“车-网-环境”感知与信息服务的质量，同时降低对车联网中感知与通信资源的开销。如图 2-16 所示，车辆通过联网通信将自身信息汇聚至云端分析，实现高效构建城市多维度高分辨率动态图像，支持车辆在全局环境的宏观把握下进行中长期行动规划，提升用户行动的效率。

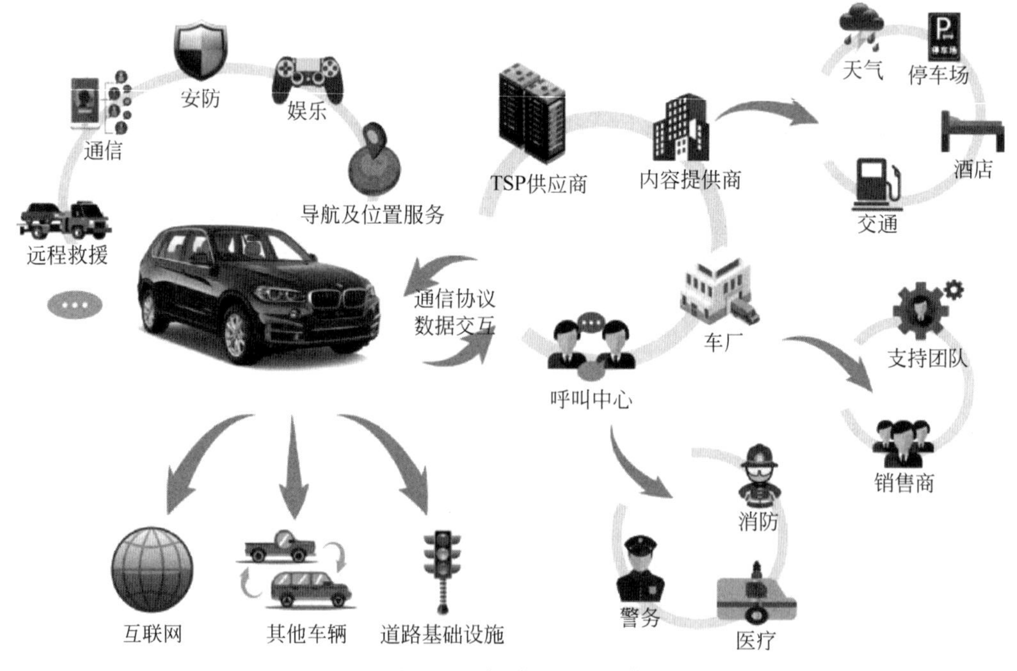

图 2-16 车联网群智感知与服务信息流转

2.5 应用案例

1. 基于 RFID 技术的在制品自动识别管理

在工业总装生产线中，保证各个工装设备定检的质量和工装设备的规范使用成为安全生产管理的一个重要环节，高质量的设备定检工作是设备安全运行的根本保障。但长期以来，在传统的定检管理工作中，采用纸质签到、铭牌钢印等手段，这些手段的弊端是容易发生早检、晚检、漏检甚至不检等不按定检规定进行定检的情况，管理者如不亲临现场根本无法掌握检验人员的检验情况，无法知道检验人员是否按照规定的定检计划进行按时、按点定检，这样就无法保证定检工作的质量，也就很难保障生产设施的安全。同时由于缺乏统一的管理，相应的工装设备的借出与归还的流程不规范，致使工装设备在使用中往往难以追溯，导致了一些不必要的时间浪费。因此，通过 RFID 技术实现对工装设备的管理与追溯是非常有必要的。

以水平尾翼装配生产线为例，在水平尾翼生产的过程中存在以下需求：

(1) 工装设备资产盘点；

(2) 工装设备清查记录；

(3) 工装物流位置监控。

为实现对工装设备的管控，首先需要对每一个装备进行标识，需要用到标签管理模块对 RFID 进行管理。其主要功能包括：将工装和工具的唯一标识写入 RFID 用户区，将 RFID 标签中的数据抹除。

(1) RFID 数据写入。RFID 数据写入中需要将工装和工具中的唯一标识提取出来，转换成 16 进制之后写入 RFID 标签内。同时还需要将 TO 号、EPC 号码、标签的激活状态写入数据表中。

(2) RFID 数据抹除。RFID 数据抹除中需要将 RFID 标签内部的数据抹去。同时，将数据表中该标签的激活状态设置为未激活。

利用 RFID 电子标签对工装进行标识后，通过手持终端或 RFID 天线可以实现对标签信息的解码和任务的创建、查看、修改、删除管理，记录当前流程情况。当手持终端或 RFID 连接到互联网后，还可以将各个工装的任务、位置、使用者等信息上传云端，实现对工装信息的流动管理及清查盘点。

2. 二维码技术在制造业大数据感知中的应用

结合装配车间物流的特点和存在的问题，采用基于二维码技术的装配周转控制实现物料库存、物料准备及现场确认方面的有效协调，可以实现车间大量复杂物料配送及时、快速、准确的信息录入。

该装配车间物流系统采用 QR 代码(Quick Response Code)、对象的唯一标识符和描述信息进行编码，实现对象的扫描确认和信息查看。系统中主要使用二维码标识的地方有三个，如表 2-1 所示。

二维码编码采用键值对的形式存储对象的唯一标识符和内容，例如图号为 Draw-No10010、质量为 25kg，来自“第三车间”的物料，编码为{SN＝Draw-No10010；Weight＝25；Source＝第三车间}。

表 2-1 二维码标识的对象

对　象	编码标识	编码内容	附着位置
工人	工号	姓名、工种、班组	工作牌
物料	图号	质量、来源	仓库货架
托盘	编号	最大载重量	托盘明显位置

在对二维码定义与准备的基础上，装配周转控制流程具体描述如下：

(1) 工序齐套、物料托盘准备及车间物料周转。齐套请求审核通过后，库存管理员根据齐套清单的物料编号在仓库中采集所需的物料，然后扫描二维码，建立托盘和齐套物料的编号关联，实现快速的齐套托盘物料准备工作。同时实现数据库和仓库之间的协调统一，达到出/入库数量精确记录，物料周转过程透明可见。

(2) 物料抵达及现场确认。托盘物料抵达车间装配现场，通过扫描二维码确认实际领得物料和齐套请求中的物料清单一致，并提交反馈给库存管理。托盘在完成一次物料周转任务后返回库存端，并将其二维码关联的物料信息重置清空。

(3) 车间物料追溯和统计。物料从入库、出库、配送到达确认都执行现场扫描操作，同时配送过程都与具体装配工序任务挂接，这些数据包含物料周转的全方位信息，保证车间管理人员可以实时了解各装配工序所需物料的准确情况，也可以从车间库存的角度了解物料在库情况与离库去向，从而及时发现问题、追溯源头，促进生产过程的严格管理。

本章小结

本章主要从标识与解析技术、智能传感器技术、定位技术和群智感知技术四个方面对数据感知技术进行阐述，并通过 RFID 和二维码技术的应用案例阐述数据感知在工业生产中的应用，目的在于帮助读者更好地了解现有感知技术以及该技术的应用场景。在标识与解析技术中，着重介绍了条码、磁卡、RFID、二维码与生物特征技术；在定位技术中，介绍了 iGPS、卫星定位、基站定位、ZigBee 定位、UWB 定位、Wi-Fi 定位等技术；在智能传感技术中，主要介绍了光学传感、力学传感、图像传感、无线传感等技术；在群智感知技术中，介绍了群智感知的总体架构与应用；最后通过 RFID 和二维码技术的应用案例帮助读者更好地了解相关技术的应用。

习题

1. 加快建设制造强国，加快发展先进制造业，必须推动互联网、大数据、人工智能和(　　)进行深度融合。

A. 制造业　　B. 农业　　C. 实体经济　　D. 服务业

2. 物联网、大数据、云计算、人工智能等新一代信息通信技术与制造业融合最终的目的在于(　　)。

A. 实现技术创新与突破　　B. 对制造资源的优化配置
C. 实现数据的自动流动　　D. 打造企业专用工业软件

3. 下列关于物联网与大数据的关系说法错误的是(　　)。
   A. 物联网是大数据的重要基础
   B. 物联网与大数据关系不大
   C. 物联网是大数据的主要数据来源
   D. 物联网平台的发展进一步整合大数据和人工智能
4. 工业互联网的关键要素是(　　)。
   A. 智能机器　　B. 高级分析　　C. 工作人员　　D. 互联网
5. 简答题:简述智能传感器的定义。
6. 对于RFID技术与EPC系统,下列说法错误的是(　　)。
   A. RFID标签是EPC编码的载体
   B. RFID的使用,使得EPC系统大大降低了人工对数据采集过程的干预
   C. EPC信息存储在RFID标签中,通过RFID读写器识读出来
   D. 只有特定的低成本的RFID标签才适合EPC系统
7. (　　)技术催生了RFID技术,并且为RFID技术的发展奠定了理论基础。
   A. 网络技术　　B. 计算机技术　　C. 微电子技术　　D. 雷达技术
8. 根据电子标签内是否装有电池为其供电,RFID设备又可分为(　　)两大类。
   A. 有源系统和无源系统
   B. 低频系统和高频系统
   C. 现场有线改写式和现场无线改写式
   D. 倍频式和反射调制式
9. 简答题:在物品溯源应用中,基于RFID的定位必须具备什么条件?
10. 传感器信息融合研究的活跃点主要包括(　　)。
   A. 多层次传感器融合　　B. 微传感器和智能传感器
   C. 自适应多传感器融合　　D. 单一层次传感器

参考文献

[1] 孙其博,刘杰,黎羴,等.物联网:概念、架构与关键技术研究综述[J].北京邮电大学学报,2010,33(3):1-9.
[2] 郝行军.物联网大数据存储与管理技术研究[D].合肥:中国科学技术大学,2017.
[3] 高帆,王玉军,杨露霞.基于物联网和运行大数据的设备状态监测诊断[J].自动化仪表,2018,39(6):5-8.
[4] 彭博.基于物联网和大数据的工厂能耗分析平台的研究[D].北京:北京交通大学,2017.
[5] 刘彬,张云勇.基于数字孪生模型的工业互联网应用[J].电信科学,2019,35(5):120-128.
[6] 罗军舟,何源,张兰,等.云端融合的工业互联网体系结构及关键技术[J].中国科学:信息科学,2020,50(2):195-220.
[7] 任栋,董雪建,曹改改,等.物联网技术在统计数据采集中的应用探索[J].调研世界,2020(4):62-65.
[8] 崔硕,姜洪亮,戎辉,等.多传感器信息融合技术综述[J].汽车电器,2018(9):41-43.
[9] 郭洪杰,王碧玲,赵建国.iGPS测量系统实现关键技术及应用[J].航空制造技术,2012(11):46-49.

第3章 数据预处理技术

在实际生产活动中，由于工业环境的开放性，通过数据感知技术所采集的数据往往存在噪声干扰，其质量和形态可能不满足数据分析、数据挖掘、数据存储等业务活动需求，需要采用数据预处理技术对数据质量和形态进行调整。数据预处理技术作为数据技术中不可或缺的一环，其目的在于提高数据质量，并使数据形态更加符合某一算法需求，进而帮助提升数据计算效果并降低其复杂度。

具体来说，为保障某一算法的数据分析或挖掘效果，数据应满足数据质量要求和数据算法要求。在数据质量要求方面，避免因为原始数据的质量问题，导致出现数据相关业务活动"垃圾进、垃圾出"(garbage in garbage out)的现象。在数据算法要求方面，避免因为原始数据的形态不合规，导致相关算法无法直接在原始数据上得到很好的表现。因此，需要在建立数据质量分析手段的基础上，利用审计、清洗、转换、集成、标注、脱敏、规约、排序、抽样、离散化、分解处理等一系列方法，对数据质量问题进行数据预处理操作。

3.1 数据质量分析

数据质量控制与数据质量管理是数据科学的重要研究内容之一，数据质量关系着最终实验结果的好坏和可靠程度。一般情况下，数据质量可采用三个基本属性(指标)进行描述，即正确性、完整性和一致性，如图 3-1 所示。

(1) 数据正确性(correctness)是指数据是否实事求是地记录了客观现象。

(2) 数据完整性(integrity)是指数据是否被未授权用户篡改或者损坏，或授权用户的合法修改工作是否缺少必要的日志信息。

(3) 数据一致性(consistency)是指数据内容之间是否存在自相矛盾现象，当同一个客观事物或现象被多次(或多视角)记录时可能导致数据不一致性的问题。由于测量精度不同或数据未能及时更新等原因，看似正确且完整的数据可能存在交叉或相互矛盾现象。例如，某地区的城市建设档案数据库中对同一个建筑的某个属性储存有多个不同数据。

除了正确性、完整性、一致性等基本指标之外，数据质量还与数据的形式化程度、时效性、精确性和自描述性有关。

(1) 形式化程度(formalization)是指数据的形式化表示程度。形式化表示是指基于数

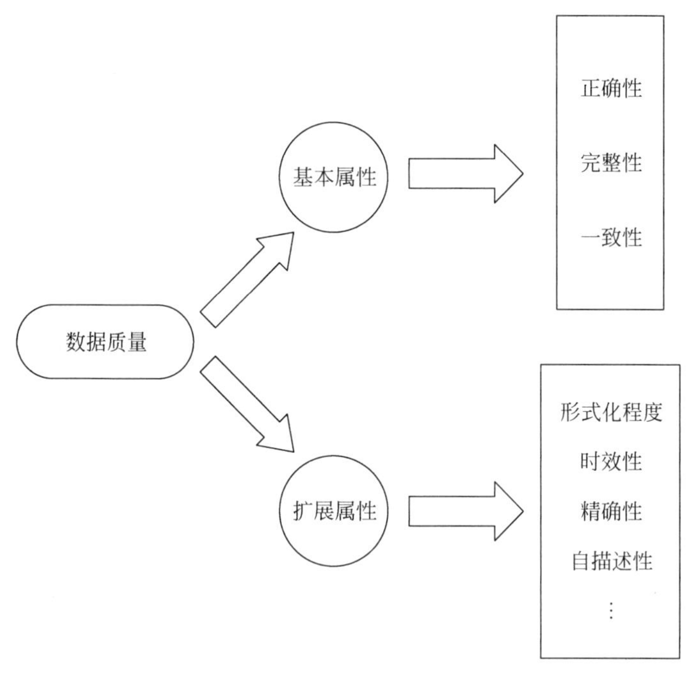

图 3-1 数据质量的属性

学、逻辑学理论和规则系统理论，将数据的元数据和语义信息尽量用规范化表达方法进行表示，以便计算机自动化理解。形式化程度越高，数据越容易被计算机自动理解和自动处理。

(2) 时效性(timeliness)是指数据是否被及时记录下来，且反映客观世界的最新状态，确保数据与客观世界之间的同步性。

(3) 精确性(accuracy)是指数据的精度是否满足后续处理的要求，例如客户提交订单时间的精确度可以为年、月、日、时、分、秒等多种。如果精确性不够高(如只记录提交订单的月份)，则会影响数据的粒度和数据分析的准确度。

(4) 自描述性(self-description)是指数据是否带有一定的自描述信息，如数据的模式信息、有效性验证方法(如数据类型、值域或定义域)等。如果缺乏自描述信息，则很难评价数据质量的高低，也难以确保后续分析结果的正确性。

数据质量的高低将直接影响数据分析结果的准确性。因此，为了保证数据分析的准确性，还需要掌握一些判断数据质量高低的基本理论，例如统计学规律、语言学规律、数据连续性理论、探索性数据分析等。

3.1.1 统计学规律

在长期研究和实践经验中，人们发现了一些数据的统计学规律，可以用于数据质量的初步评价。其中，第一数字定律和小概率原理是常用的基于统计学的数据质量评价方法。

1. 第一数字定律

第一数字定律(First-Digit Law)描述的是自然数 1～9 的使用频率，公式如下：

$$P(d)=\lg(d+1)-\lg(d)=\lg\left(\frac{d+1}{d}\right)=\lg\left(1+\frac{1}{d}\right) \tag{3-1}$$

式中，$d \in \{1,2,3,4,5,6,7,8,9\}$。

根据公式(3-1)可以计算得出数字 1 的使用频率最高，接近三分之一；数字 2 的使用频率为 17.6%，数字 3 的使用频率为 12.5%，……依次递减，数字 9 的使用频率是 4.6%。

第一数字定律的主要奠基人 Frank Benford 通过对人口出生率、死亡率、物理和化学常数、素数数字等各种数据进行统计分析后发现，由量度单位制获得的数据都符合第一数字定律，且第一数字定律不但适用于个位数字，而且适用于多位数字。但是，第一数字定律成立有以下两个前提条件：

(1) 数据不能经过人为修饰；

(2) 数据不能是规律排序的，比如发票编号、身份证号码等。

因此，通过分析某一数据是否满足数字第一定律，可以检测该数据是否有造假的可能。但是，通过第一数字定律只能发现数据存在的"可疑现象"，而不能肯定数据质量确实有问题。若想确认数据是否存在造假或其他可能的数据质量问题，还需要在第一数字定理分析的基础上，采用领域知识、其他数据质量评价方法、机器学习和统计分析等方法核实。

2. 小概率原理

小概率原理的基本思想是如果一个事件发生的概率很小，那么它在一次试验中是几乎不可能发生，但在多次重复试验中几乎是必然发生的。在统计学中，把小概率事件在一次试验中看成实际不可能发生的事件，一般认为等于或小于 0.05 或 0.01 的概率为小概率。

假设检验是统计学中一种以小概率原理为依据，用于判断样本与样本、样本与总体的差异是由抽样误差引起还是本质差别造成的统计推断方法。其基本步骤是先对总体做出某种假设，然后通过抽样研究的统计推理，判定接受或拒绝此假设。在假设检验中，先设定原假设，再设定与其相反的备择假设。接下来随机抽取样本，若在原假设成立的情况下，样本中原假设发生的概率非常小，则说明原假设不成立，备择假设成立，拒绝原假设并接受备择假设。反之，接受原假设。

通过依据小概率原理的假设检验可以判断他人提供的数据是否正确。如根据历史经验假设数据应在某一区间内，以数据不在该区间为备择假设，通过随机抽样计算在区间内的概率，判断假设是否成立。若假设不成立，则备择假设成立，认为数据不收敛于区间内，存在异常数据，在进行数据预处理时考虑采用数据清洗技术对数据进行预处理，去除异常数据。

3.1.2 语言学规律

每种自然语言都有其自身的语言学特征，如频率特征、连接特征、重复特征等，这些语言特征为人们提供了数据甄别的重要依据。

(1) 频率特征。在各种语言中，各个字母的使用次数是不一样的，有的偏高，有的偏低，这种现象叫偏用现象。以英文为例，虽然每个单词由 26 个字母中的几个字母组成，但每个字母在英文单词中出现的频率不同，且每个字母在英文单词中不同位置上出现的频率不同。

(2) 连接特征。包括语言学中的后连接(如字母 q 后总是 u)、前连接(如字母 x 的前面总是字母 i，字母 e 很少与 o 和 a 连接)以及间断连接(如在 e 和 e 之间，r 的出现频率最高)。

(3) 重复特征。两个字符以上的字符串重复出现的现象叫作语言的重复特征。例如，在英文中字符串"th""tion""tious"的重复率很高。

对于某些特定数据集，如现代汉语语料库，通过分析可以发现其内部数据的规律，如某些词汇的出现频率很高，而某些词汇的出现频率很低甚至几乎不出现。找到其中词汇的出现频率分布，运用语言学规律判断其合理性，进而考虑在数据预处理阶段是否采取合适的策略调整其出现频率分布，如在数据清洗时适当删除某些出现频率特别高的词汇数据，适当增加出现频率特别低的词汇数据，使数据样本均衡。

3.1.3 数据连续性理论

数据的传播、阅读和利用行为呈现出了"碎片化趋势"。数据分析工作者收集到的或需要分析处理的数据往往是"碎片数据"，而不是"完整数据"。数据连续性理论为一种以进行数据的碎片化处理、碎片数据的复原以及碎片数据的再利用为主要研究目标的新兴科学理论。其中，数据连续性是指由数据的可关联性、可溯源性、可理解性及其内在联系组成的一整套数据保护措施。数据连续性理论的主要研究内容如下：

(1) 碎片数据的生成：将原始数据(A)分解成多个碎片数据($a_1, a_2, \cdots, a_i, \cdots$)的过程，包括数据元的识别、抽取、转换和加载活动。

(2) 碎片数据的传播、演化与跟踪：每个碎片数据(如碎片数据 a_1)在传播过程中不断增加新的元数据(如访问次数、用户标注等)，甚至其内容发生变化。因此，数据分析工作者需要掌握跟踪和分析碎片数据的方法，如版本控制、元数据管理、数据溯源和数据封装等。

(3) 碎片数据的关联：是碎片数据预处理工作的主要难点之一，即将每个碎片数据与其他相关碎片数据、历史版本数据、相关主体及其他数据集(如知识库、规则库等)进行关联，以便于进行碎片数据的可信度评估以及提升后续数据处理活动的效率和效果。目前，碎片数据关联方法可以借鉴关联数据、语义 Web、数据映射和数据匹配等多种理论。

(4) 碎片数据的分析、集成与利用：在碎片数据的关联处理基础上，进一步进行数据分析、集成和利用工作。

对于收集到的"碎片数据"，通过数据连续性理论可以研究各"碎片数据"之间的关联，对数据的可信度进行评估，进而选用对应的数据预处理方法进行处理，如对不同碎片数据中存在的冗余数据进行过滤等数据清洗操作，提高数据的可用性、可信性和可控性，降低数据失用、失信和失控的风险。

3.1.4 探索性数据分析

探索性数据分析(exploratory data analysis，EDA)是指对已有的数据(特别是调查或观察得来的原始数据)在尽量少的先验假定下进行探索，并通过作图、制表、方程拟合、计算特征量等手段探索数据的结构和规律的一种数据分析方法，主要目的是发现数据分布规律和提出新的假设。当数据分析人员对数据中的信息没有足够的经验，且不知道该用何种传统统计方法进行分析时，经常采用探索性数据分析方法进行数据分析。

验证性数据分析技术类似于基于小概率原理的假设验证，是一种以抽样统计为主导的数据分析方法，数据分析人员对数据做出某种假设，通过收集与假设相关的具体信息，对数据进行抽样统计分析来推翻该假设，分析该假设是真或假的程度。

因此，EDA 方法与传统统计学中的验证性分析方法不同，二者的主要区别如下：

(1) EDA 不需要事先假设,而验证性分析需要事先提出假设。

(2) EDA 中采用的方法往往比验证性分析简单,可运用简单且直观的茎叶图、箱线图、残差图、字母值、数据变换、中位数平滑等进行探索性研究,相对于传统验证性分析方法,EDA 更为简单、易学和易用。

(3) 在一般数据科学项目中,探索性分析在先,而验证性分析在后。通常,基于 EDA 的数据分析工作可分为探索性分析和验证性分析两个阶段,即先作探索性数据分析,然后根据 EDA 得出的数据结构和模式特征提出假设,并选择合适的验证性分析方法作验证性分析。

探索性数据分析主要关注的是以下 4 个主题:

(1) 耐抗性(resistance)。耐抗性是指对于数据的局部不良行为的非敏感性,它是探索性分析追求的主要目标之一。对于具有耐抗性的分析结果而言,当数据的一小部分被新的数据代替时,即使它们与原来的数值很不一样,分析结果也只会有轻微的改变。人们关注耐抗性,主要是因为“好”的数据也难免有差错甚至是重大差错,因此,数据分析应具备对数据中错差造成负面影响的预防措施。EDA 强调数据分析的耐抗性,其分析结果具有较强的耐抗性。

(2) 残差(residuals)。残差是指实际数据减去一个总括统计量或模型拟合值时的残余部分,即残差=实际值-拟合值。

如果对数据集 Y 进行分析后得到了拟合函数 $\hat{y}=a+bx$,则在 x 处对应了两个值,分别是实际值(y)和拟合值($\hat{y}$),相对应的 x 处的残差可表示为 $e_i=y_i-\hat{y}_i$。

一般情况下,一个完全的数据分析过程应包括考察残差。通过残差分析可以把数据中的异常点与正常点区分开来,分析出数据的可靠性、周期性或其他干扰。

(3) 重新表达(re-expression)。重新表达是指找到合适的尺度或数据表达方式进行一定的转换,使数据有利于简化分析。重新表达也称变换(transformation),一批数据 x_1,x_2,…,x_n 的变换是一个函数 T,它把每个 x_i 用新值 $T(x_i)$来代替,使得变换后的数据值成为 $T(x_1)$,$T(x_2)$,…,$T(x_n)$。EDA 强调的是,尽早考虑数据的原始尺度是否合适的问题。如果尺度不合适,则重新表达成另一个可能更有助于促进对称性、变异恒定性、关系直线性或效应的可加性等的尺度。

(4) 启示(revelation)。启示是指通过探索性分析,发现新的规律、问题和启迪,进而满足数据预处理和数据分析的需要。

通过探索性分析,可以发现数据分布规律和提出新的假设,再通过验证性假设,检测假设的可靠性。例如,通过对数据某一参数进行探索性分析,可以得到其最大值、最小值、标准差等属性,对其进行观察,可以初步判断是否需要对数据进行缺失值处理或标准化等数据预处理操作。综合探索性分析和验证性分析,可以发现数据可能存在的问题,对数据质量进行评估。

3.2 基于数据质量分析的数据预处理过程

利用统计学规律、语言学规律、数据连续性理论等数据质量分析方法,可以发现数据感知技术采集得到的数据中存在的数据质量问题。例如,若数据不满足统计学规律,或者不满足频率特征、连接特征、重复特征等语言学特征,则可初步认定该数据为“可疑数据”,需要进行错误值判定与清洗；若在碎片数据关联过程中，发现一些冗余数据或自相矛盾的数据，则需要利用数据清洗操作来剔除冗余数据，或利用数据集成操作来保障数据之间的一致性；若在探索性数据分析过程中，发现数据的完整性假设不通过，则需要利用数据的转换集成操作，来形成更加符合数学分布、便于特征提取的数据集合。

因此，以数据质量分析为基础，通常需要利用数据预处理方法的审计、清洗、转换、集成、标注、脱敏、规约、排序、抽样、离散化、分解处理等一系列操作，如图3-2所示。

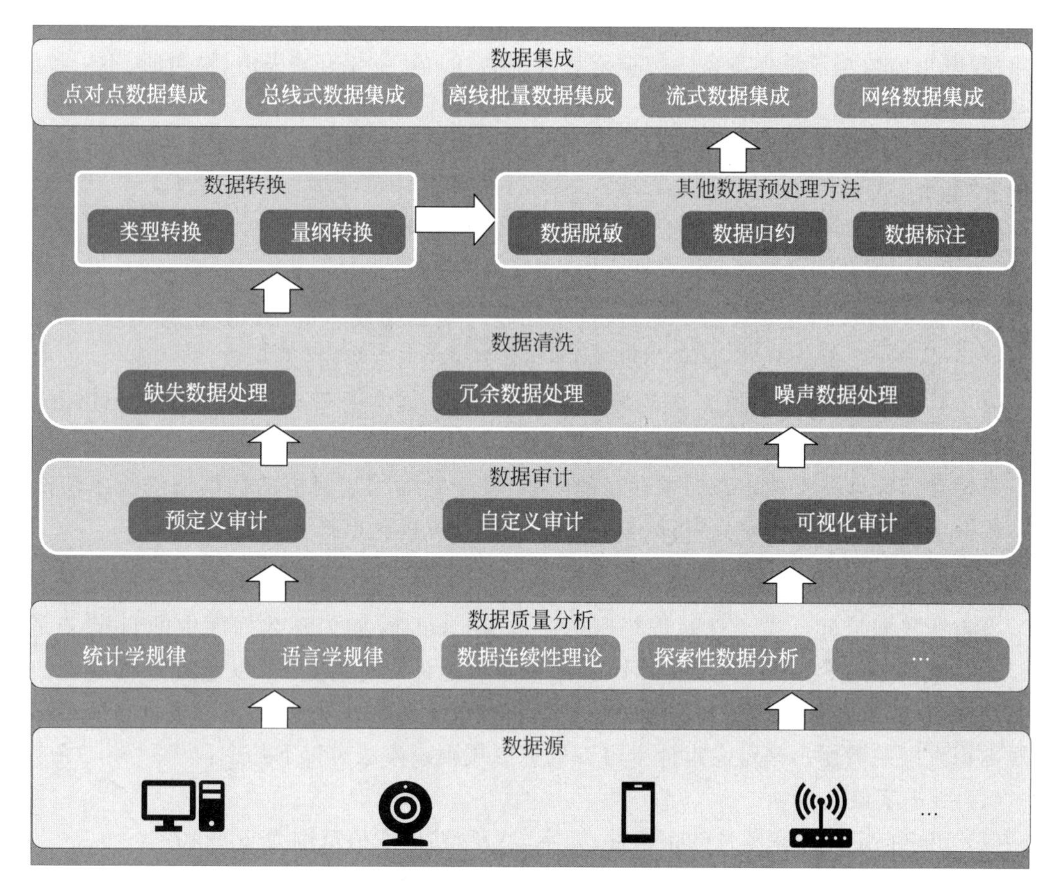

图3-2　数据预处理过程

(1) 数据审计是根据数据质量分析中的相关规律性和连续性准则，建立预定义、自定义和可视化等审计机制，发现数据存在的缺失值、噪声值、不一致值、不完整值等具体问题。

(2) 数据清洗是根据数据审计得到的具体问题，采用插值、补缺、剔除等清洗操作，将“脏数据”清洗为“干净数据”。

(3) 数据转换是指考虑数据分析活动中对数据形态的具体要求，进行平滑处理、特征构造等数据转换操作，使数据满足后续数据分析、数据挖掘等算法要求。

(4) 数据集成是指将数据按照业务场景、时间阶段、计算节点等进行融合交汇，形成后续数据分析挖掘所需的数据集。

此外，在一些特殊情况下，当数据计算和传输能力不能应对当前数据体量时，还需要进行数据归约操作；当数据中包含用户隐私时，需要对数据进行数据脱敏操作；当后续数据分析业务需要进行监督性分析与学习时,需要进行数据标注操作。

3.3 常用数据预处理技术

3.3.1 数据审计

数据审计是指按照数据质量的一般规律与评价方法,对数据内容进行审计,发现其中存在的"问题",为数据清洗做准备。数据审计发现的"问题"主要有缺失值、噪声值、不一致值、不完整值。

(1) 缺失值(缺少数据)。例如,一张存储学生信息的表中缺少第10条记录的字段"出生年份"的值。

(2) 噪声值(异常数据)。例如,一张存储学生信息的表中第10条记录的字段"出生年份"的值为120。

(3) 不一致值(相互矛盾的数据)。这个问题一般在集成多个原始数据时出现。例如,两张不同的存储学生信息的表中记录的同一名学生的"出生年份"不一致。

(4) 不完整值(被篡改或无法溯源的数据)。当数据本身带有校验信息(如Hash值、MAC值等)时,可判断、校验其完整性。

通过数据审计技术找出数据中存在的问题,便于之后采用对应的数据清洗技术清洗数据。数据审计主要分为预定义审计、自定义审计以及可视化审计三种。

1. 预定义审计

当来源数据带有自描述性验证规则(validation rule)(如关系数据库中的自定义完整性、XML数据中的Schema定义等)时,通常采用预定义审计方法,可以通过查看系统的设计文档、源代码或测试方法找到这些验证规则。在数据预处理过程中,可以依据这些自描述性规则识别问题数据。预定义审计中可以依据的规则或方法有以下几个:

(1) 数据字典;

(2) 用户自定义的完整性约束条件,如字段"年龄"的取值范围为20~40;

(3) 数据的自描述性信息,如数字指纹(数字摘要)、校验码、XML Schema定义;

(4) 属性的定义域与值域;

(5) 数据自包含的关联信息。

2. 自定义审计

当来源数据中缺少自描述性验证规则或自描述性验证规则无法满足数据预处理需要时,通常采用自定义审计方法。自定义审计时,数据预处理者需要自定义规则。数据验证(validation)是指根据数据预处理者自定义验证规则来判断是否为"问题数据"。自定义审计与预定义审计方法的不同之处在于预定计审计的验证规则来源于数据本身,自定义审计的验证规则是数据预处理者自定义的。自定义审计的验证规则一般可以分为以下两种。

(1) 变量规则。在单个(多个)变量上直接定义的验证规则。例如,离群值的检查。最简单的实现方式有以下两种:

① 给出一个有效值(或无效值)的取值范围,例如,大学生信息表中的年龄属性的取值

范围为[18,28]。

② 列举所有有效值(或无效值),以有效值(或无效值)列表形式定义。例如,大学生信息表中的性别属性为"男"或"女",不存在其他属性。

(2) 函数规则。相对于简单变量规则,函数规则更为复杂,需要对变量进行函数计算。例如,设计一个函数 f,并定义规则 $f(\text{age})=\text{TRUE}$。

3. 可视化审计

一般情况下,采用统计学和机器学习等方法能够发现数据中存在的问题。但有些时候,数据中存在的问题很难用统计学和机器学习等方法发现,针对这种情况,采用数据可视化是一种好的解决方法。数据可视化是数据审计的重要方法之一,用数据可视化的方法很容易发现问题数据。图 3-3 中用可视化方法显示了某数据表中的各字段(属性)中缺失值的个数。

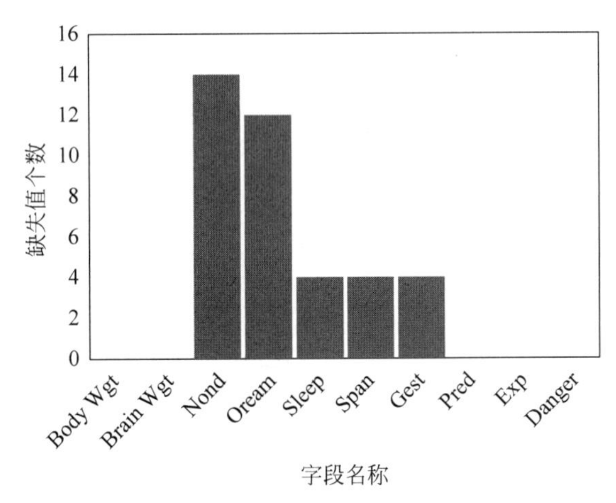

图 3-3　数据表可视化审计结果

3.3.2　数据清洗

数据清洗是指在数据审计活动的基础上,将"脏数据"清洗成"干净数据"的过程。"脏数据"是指数据审计活动中发现有问题的数据。例如,含有缺失值、冗余内容(重复数据、无关数据等)、噪声数据(错误数据、虚假数据和异常数据等)。数据清洗与数据审计是两个相互联系的数据预处理环节,其关系如图 3-4 所示。

对于一些维度较高且数据量大的数据,一次"清洗"很难得到期望的"干净数据",需要多轮"清洗"才能"清洗干净"。也就是说,一次数据清洗操作之后得到的往往是"中间数据",而不一定是"干净数据",须对这些可能含有"脏数据"的"中间数据"再次进行"审计工作",进而判断是否需要再次清洗。

1. 缺失数据处理

缺失数据的处理主要涉及三个关键活动:识别缺失数据、分析缺失数据、处理缺失数据,如图 3-5 所示。

(1) 缺失数据的识别:主要采用数据审计(包括数据的可视化审计)的方法发现缺失数据。

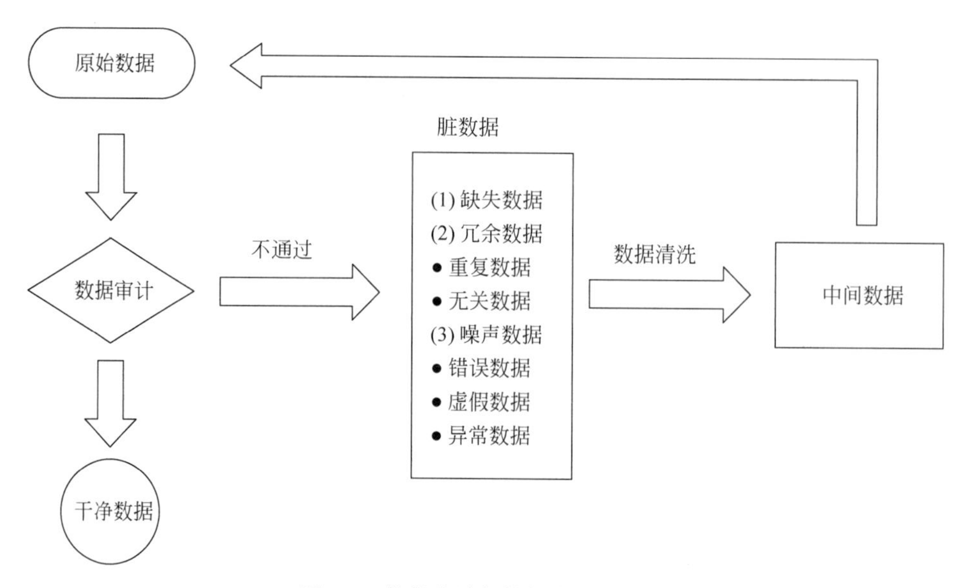

图 3-4　数据审计与数据清洗的关系

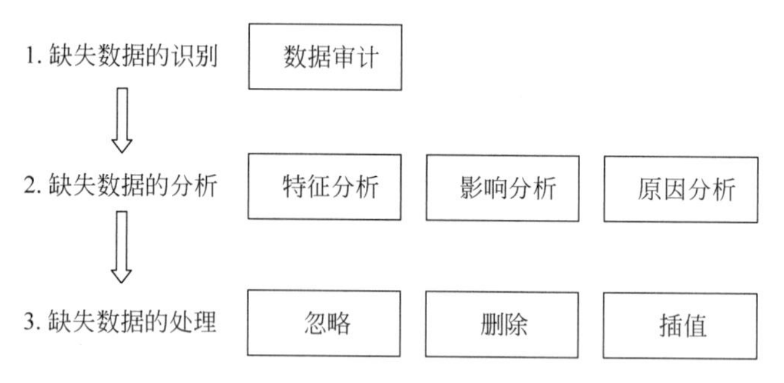

图 3-5　缺失数据的处理步骤

(2) 缺失数据的分析：主要包括缺失数据的特征分析、影响分析及原因分析。缺失数据可分为三种，即完全随机缺失、随机缺失和非随机缺失。完全随机缺失，指的是数据的缺失是随机的，数据的缺失不依赖于任何不完全变量或完全变量；随机缺失，指的是数据的缺失不是完全随机的，即该类数据的缺失依赖于其他完全变量；非随机缺失，指的是数据的缺失依赖于不完全变量自身。针对不同的缺失数据类型，在数据清洗中应采用不同的应对方法。另外，缺失数据对后续数据处理结果的影响也是不可忽视的重要问题，当缺失数据的比例较大，并且涉及多个变量时，缺失数据的存在可能影响数据分析结果的正确性。在对缺失数据及其影响分析的基础上，还需要利用数据所属领域的领域知识进一步分析其背后原因，为应对策略(删除或插补缺失数据)的选择与实施提供依据。

(3) 缺失数据的处理：根据缺失数据对分析结果的影响及导致数据缺失的影响因素，选择具体的缺失数据处理策略——忽略、删除或插值处理。

2. 冗余数据处理

数据审计可能发现一些冗余数据。冗余数据的表现形式可以有多种，如重复出现的数据以及与特定数据分析任务无关的数据(不符合数据分析者规定的某种条件的数据)。需要采用数据过滤的方法处理冗余数据。例如，分析某高校男生的成绩分布情况，需要从该高校全体数据中筛选出男生的数据（即过滤掉“女生”数据），生成一个目标数据集（“男生”数据集）。

从总体上看，冗余数据的处理也需要三个基本步骤：识别、分析和过滤，如图3-6所示。对于重复类冗余数据，通常采用重复过滤方法；对于“与特定数据处理不相关”的冗余数据，一般采用条件过滤方法。

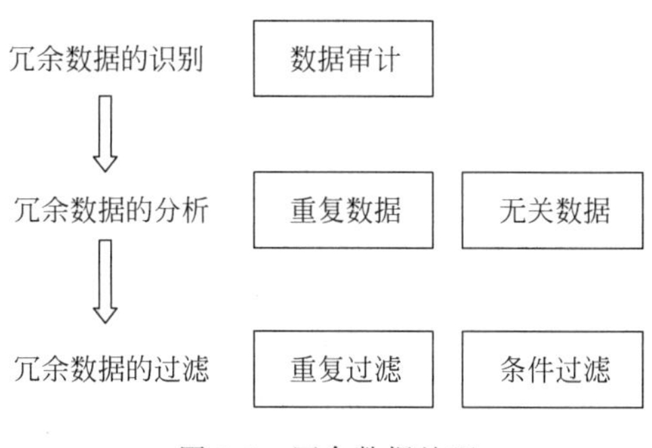

图3-6　冗余数据处理

1）重复过滤

重复过滤是指在识别来源数据集中的重复数据的基础上，从每个重复数据项中选择一项记录作为代表保留在目标数据集之中。重复过滤需要进行两个关键活动：识别重复数据和过滤重复数据。

识别重复数据即找出重复记录。重复记录是相对概念，并不要求记录中的所有属性值均完全相同。判断两条记录是否重复的方法有很多种，一般需要根据来源数据的具体结构本身来确定。例如，在关系表中，可以考虑属性值的相似性来确定；在图论中，根据计算记录之间的距离的方法确定。

过滤重复数据即在识别出重复数据的基础上，对重复数据进行过滤操作。根据操作复杂度，重复数据的过滤可以分为以下两种。

（1）直接过滤，即对重复数据进行直接过滤操作，选择其中的任何数据项作为代表保留在目标数据集中，过滤掉其他冗余数据。这种操作比较简单。

（2）间接过滤，即对重复数据进行一定校验、调整、合并操作之后，形成一条新记录。这种操作比直接过滤活动更为复杂，需要领域知识和领域专家的支持。

2）条件过滤

条件过滤是指根据某种条件进行过滤，如过滤掉年龄小于15岁的学生记录（或筛选年龄大于等于15岁的学生记录），条件过滤不仅可以对一个属性设置过滤条件，还能对多个属性同时设置过滤条件，符合条件的数据将放入目标数据集，不符合条件的数据将被过滤掉。从严格意义上讲，重复过滤属于条件过滤的一种特殊形式。

3. 噪声数据处理

“噪声”是指测量变量中的随机错误或偏差。噪声数据的主要表现形式有三种：错误数据、虚假数据以及异常数据。其中，异常数据是指对数据分析结果具有重要影响的离群数据或孤立数据。噪声数据的处理方法如下：

1）分箱

分箱处理的基本思路是将数据集放入若干个"箱子"之中，用每个箱子的均值(或边界值)替换该箱内部的每个数据成员，进而达到噪声处理的目的。根据具体实现方法的不同，数据分箱可分为多种具体类型。根据对原始数据集的分箱策略，分箱方法可以分为两种：等深分箱(每个箱中的成员个数相等)和等宽分箱(每个箱的取值范围相同)；根据每个箱内成员数据的替换方法，分箱方法可以分为均值平滑技术(用每个箱的均值代替箱内成员数据)、中值平滑技术(用每个箱的中值代替箱内成员数据)和边界值平滑技术("边界"是指箱中的最大值和最小值，"边界值平滑"是指每个值被最近的边界值替换)。

2）聚类

可以通过聚类分析方法找出离群点/孤立点(outliers)，并对其进行替换/删除处理。离群点/孤立点就是当用户将原始数据集聚类成几个相对集中的子类后发现的那些不属于任何子类、落在聚类集合之外的异常数据，如图 3-7 所示。

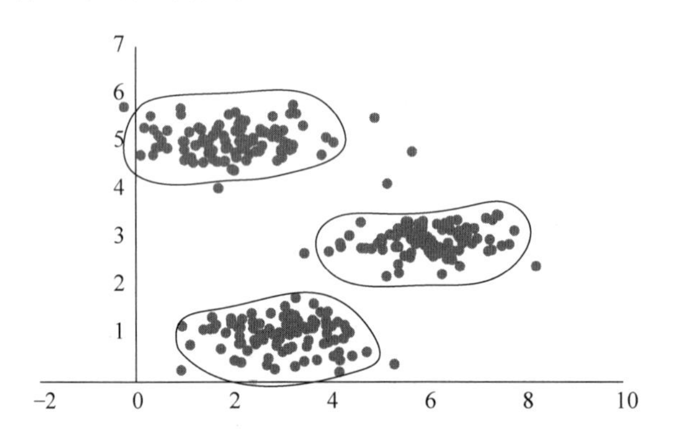

图 3-7 聚类分析的离群点/孤立点

3）回归

还可以采用回归分析法对数据进行平滑处理，识别并去除噪声数据，如图 3-8 所示。

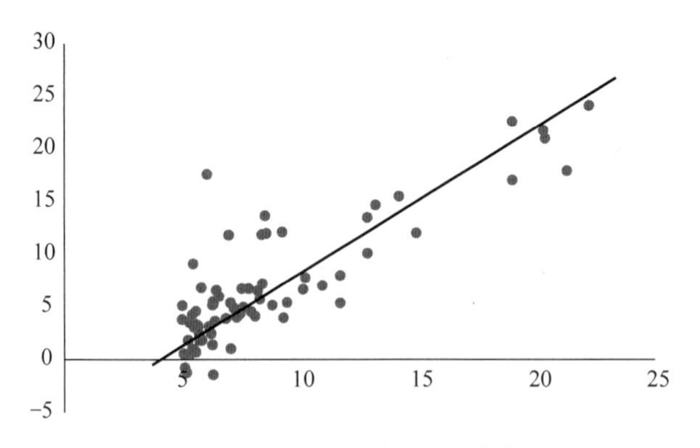

图 3-8 回归分析中的噪声数据

除了离群点、孤立点等异常数据外，错误数据和虚假数据的识别与处理也是噪声处理的重要任务。错误数据或虚假数据的存在也会影响数据分析与洞见结果的信度。相对于异常类噪声的处理，错误数据和虚假数据的识别与处理更加复杂，需要将领域实务知识与经验相结合。一般情况下，对错误数据的识别方法有简单统计分析、3σ 原则、箱形图分析等。

(1) 简单统计分析

对属性值进行描述性的统计，从而查看哪些值是不合理的。比如对年龄这个属性进行规约：年龄的区间在[0,200]，如果样本中的年龄值不在该区间范围内，则表示该样本的年龄属性属于错误值。

(2) 3σ 原则

当数据服从正态分布时，根据正态分布的定义可知，样本距离平均值 3σ 之外的概率为 $P(|x-\mu|>3\sigma)\leqslant 0.003$，这属于极小概率事件，在默认情况下我们可以认定，距离超过平均值 3σ 的样本是不存在的。因此，当样本距离平均值大于 3σ 时，则认定该样本为异常值，如图 3-9 所示。

当数据不服从正态分布时，可以通过远离平均距离多少倍的标准差来判定，当样本距离大于设定倍数的标准差时，则认定该样本为异常值。这个倍数的取值需要根据经验和实际情况来确定。

(3) 箱形图分析

箱形图提供了一个识别异常值的标准，即大于或小于箱形图设定的上下界的数值即为异常值。箱形图如图 3-10 所示。

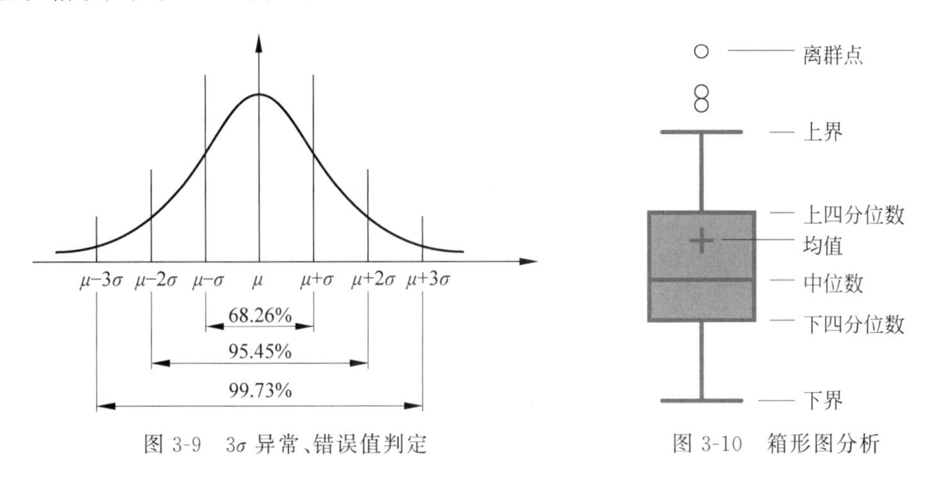

图 3-9　3σ 异常、错误值判定

图 3-10　箱形图分析

首先定义上四分位数和下四分位数。将上四分位数设为 U，表示所有样本中只有 1/4 的数值大于 U。同理，将下四分位数设为 L，表示所有样本中只有 1/4 的数值小于 L。那么，上下界又是什么呢？设上四分位数与下四分位数的插值为 IQR，即 $\mathrm{IQR}=U-L$，则上界为 $U+1.5\mathrm{IQR}$，下界为 $L-1.5\mathrm{IQR}$。利用箱形图选取异常值比较客观，在识别异常值方面有一定的优越性。对于识别出来的错误数据，常用的处理方法有以下四种：

① 删除含有错误值的记录；

② 将错误值视为缺失值，采用缺失值处理方法来处理；

③ 用平均值进行修正；

④ 不处理。

在处理错误数据时，要结合实际情况，选用合适的处理方法。

与缺失数据和冗余数据的处理方法不同，噪声数据的处理对领域知识和领域专家的依赖程度很高，不仅需要审计数据本身，还需要结合数据的生成与捕获活动等进行审计，噪声数据的处理在一定程度上与数据科学家丰富的实战经验和敏锐的问题意识相关。

3.3.3 数据转换

当原始数据的形态不符合目标算法的要求时，需要进行数据转换处理。数据转换通常包含以下处理内容：

(1) 平滑处理(smoothing)：去掉数据中的噪声，常用方法有分箱、回归和聚类等。例如，某日商家活动导致日销售数据暴涨，在处理数据时将其用平均值替代。

(2) 特征构造(又称属性构造)：采用一致的特征(属性)构造出新的属性，用于描述客观现实。例如，根据已知质量和体积特征计算出新的特征(属性)——密度，而后续数据处理直接用新增的特征(属性)。

(3) 聚集：对数据进行汇总或聚合处理，从而进行粗粒度计算。例如可以通过日销售数据计算出月销售量。

(4) 标准化(又称规范化)；将特征(属性)值按比例缩放，使之落入一个特定的区间，如0.0～1.0。常用的数据规范化方法有 Min-Max 标准化和 Z-score 标准化等。

(5) 离散化：将数值类型的属性值(如年龄)用区间标签(例如0～18、19～44、45～59和60～100等)或概念标签(如儿童、青年、中年和老年等)表示。可用于数据离散化处理的方法有很多种，例如分箱、聚类、直方图分析、基于熵的离散化等。

具体来说，数据转换可以分为数据类型转换、数据语义转换、数据值域转换、数据粒度转换、行列转换、数据离散化、提炼新字段、属性构造、数据压缩等。在实际工程中，数据预处理中的数据转换主要是对数据的类型、量纲进行转换，使数据符合算法要求。

1. 类型转换

在数据预处理过程中，经常需要将来源数据集中的类型转换为目标数据集的类型。例如，当来源数据集中存在以字符串形式存储的变量"出生日期"时，需要将其转换为"日期类型"的数据。根据变量类型转换中的映射关系，可分为一对一转换和多对一转换两种。

(1) 一对一转换是指将来源数据集中的变量数据类型直接转换为目标数据集所需要的数据类型，类型转换之后目标数据与来源数据之间存在一对一的对应关系，例如上述例子中将变量"出生日期"的类型由字符串转换为日期类型。

(2) 多对一转换是指当来源数据中的多个不同变量数据类型映射为同一种数据类型时，目标数据项与来源数据项之间进行多对一的映射。

2. 量纲转换

量纲(dimension)是指物理量的基本属性。物理学的研究可定量地描述各种物理现象，描述中所采用的各类物理量之间有着密切的关系，即它们之间具有确定的函数关系。量纲转换是指改变数据单位之间的不统一现象，将数据统一变换为无单位(统一单位)的数据集，使各特征具备可比性，便于后续的加权计算。

数据的无量纲化可以是线性的，也可以是非线性的。线性的无量纲化包括中心化(zero-centered 或者 mean-subtraction)处理和缩放(scale)处理。中心化的本质是将所有记录减去一个固定值，即让样本数据平移到某个位置。缩放的本质是通过除以一个固定值，将数据固定在某个范围之中，取对数也算是一种缩放处理。在实际应用中，数据预处理的量纲转换主要采用数据标准化和数据归一化。

1）数据标准化

基于原始数据的均值（mean）和标准差（standard deviation）进行数据的标准化，也称为Z-score标准化。这种方法将数据中原始值 x 使用Z-score标准化到 z，经过处理的数据符合标准正态分布，即均值为0，标准差为1。Z-score标准化方法适用于数据的最大值和最小值未知的情况，或有超出取值范围的离群数据的情况。其转化函数为

$$z=\frac{x-\mu}{\sigma} \tag{3-2}$$

式中，μ 为平均数；σ 为标准差；z 与 x 分别表示标准化处理前的值和标准化处理后的值。

2）数据归一化

（1）MinMax归一化。

利用边界值信息进行区间缩放，将属性缩放到[0,1]。转换函数如下：

$$x^{*}=\frac{x-\min}{\max-\min} \tag{3-3}$$

式中，max和min分别为样本数据的最大值和最小值；x 与 x^{*} 分别表示标准化处理前的值和标准化处理后的值。

（2）MaxAbs归一化。

单独地缩放和转换每个特征，使得训练集中的每个特征的最大绝对值为1.0，将属性缩放到[−1,1]。它的优点是会保持原有数据分布结构，因此不会破坏任何稀疏性。其公式如下：

$$x^{*}=\frac{x}{|\max|} \tag{3-4}$$

式中，max为样本数据的最大值；x 与 x^{*} 分别表示归一化处理前的值和归一化处理后的值。

该方法有一个缺陷，就是当有新数据加入时，可能导致max和min（样本数据的最小值）发生变化，需要重新定义。MaxAbs归一化与先前的MinMax归一化不同，它是将绝对值映射在[0,1]范围内。在仅有正数据时，MaxAbs归一化的行为与MinMax归一化类似。

（3）正态分布化。

正态分布化（normalization）的过程是将每个样本缩放到单位范数（每个样本的范数为1），当使用如二次型（点积）或者其他核方法计算两个样本之间的相似性时，这种方法很有用。其公式如下：

$$x'=\frac{x}{\sqrt{\sum_{j}^{d}(x_{j})^{2}}} \tag{3-5}$$

式中，j 代表样本个数，分母即为总样本的2-范数：x 与 x' 分别表示正态分布化处理前和处理后的值。

3.3.4　数据集成

在数据处理过程中，有时需要对来自不同数据源的数据进行集成处理，并在集成后得到

的数据集之上进行数据处理。

1. 数据集成的基本类型

数据集成的基本类型有两种：内容集成与结构集成。数据集成的实现方式可以有多种，不仅可以在物理上（如生成另一个关系表）实现，还可以在逻辑上（如生成一个视图）实现。

1）内容集成

当目标数据集的结构与来源数据集的结构相同时，则进行合并处理。内容集成的前提是来源数据集中存在相同的结构或可通过变量映射等方式视为相同结构。在实际工作中，内容集成还涉及模式集成、冗余处理、冲突检测与处理等数据清洗操作。

2）结构集成

与内容集成不同的是，结构集成中目标数据集的结构与来源数据集不同。在结构集成中，目标数据集的结构为对各来源数据集的结构进行合并处理后的结果，目标表的结构是对来源表的结构进行了"自然连接"操作后得出的结果。因此，结构集成的过程可以分为两个阶段：结构层次的集成和内容层次的集成。在结构集成过程中可以进行属性选择操作，目标数据集的结构并不一定是各来源数据集结构的简单合并。

2. 数据集成多源问题

数据集成（包括内容集成和结构集成）时各数据来源不同，在集成时需要注意以下三个方面的问题。

1）模式集成

模式集成（schema integration）主要涉及的问题是如何使来自多个数据源的现实世界的实体相互匹配，即实体识别问题（entity identification problem），例如，确定两个不同的数据中姓名均为"张三"的个案是否代表同一个实体。一般情况下，数据库与数据仓库以元数据为依据进行实体识别，从而避免模式集成时发生错误。

2）数据冗余

若其中一个来源数据中的某一属性可以从其他来源数据中的属性推演出来，那么这个属性就是冗余属性。例如，一个顾客数据表中的"平均月收入"属性可以根据其他表中月收入属性计算出来，"平均月收入"属性就是冗余属性。此外，属性命名规则的不一致也会导致集成后的数据集中出现数据冗余现象。

可以利用相关分析的方法来判断是否存在数据冗余问题。例如，已知两个属性的数值，则根据这两个属性的数值可以分析出它们之间的相关度。属性 A 和属性 B 之间的相关度可根据以下计算公式分析获得：

$$r_{A,B}=\frac{\sum(A-\bar{A})(B-\bar{B})}{(n-1)\sigma_A\sigma_B} \tag{3-6}$$

式中，$\bar{A}$ 和 $\bar{B}$ 分别表示属性 A、B 的平均值，即

$$\bar{A}=\frac{\sum A}{n}$$

$$\bar{B}=\frac{\sum B}{m}$$

σ_A 和 σ_B 分别表示属性 A、B 的标准方差，即

$$\sigma_A=\sqrt{\frac{\sum(A-\bar{A})^2}{n-1}}$$

$$\sigma_B=\sqrt{\frac{\sum(B-\bar{B})^2}{n-1}}$$

若 $r_{A,B}>0$，则属性 A、B 之间是正关联，$r_{A,B}$ 的值越大，属性 A，B 的正关联关系越密切；若 $r_{A,B}=0$，则属性 A，B 相互独立，两者之间没有关系；若 $r_{A,B}<0$，则属性 A，B 之间是负关联，$r_{A,B}$ 的绝对值越大，属性 A，B 的负关联关系越密切。

3）冲突检测与消除

对于一个现实世界中的实体来讲，可能存在来自不同数据源的属性值不同的问题。产生这种问题的原因可能是表示的差异、比例尺度不同或编码的差异等。例如，质量属性在一个系统中采用公制，而在另一个系统中却采用英制。

3. 关键技术

数据集成的五大关键技术如下：

1）点对点数据集成

点对点集成采用点对点的方式开发接口程序，把需要进行信息交换的系统一对一地集成起来，从而实现整合应用的目标。

一般情况下，点对点集成在连接对象少的时候使用。点对点连接方式的技术要求低，开发时间短，当连接对象比较少的时候，能够很快搭建好连接架构。然而，其缺点也很明显，即不适用于连接对象较多的场合。采用点对点连接时，连接的路径会随着连接对象的增加呈指数型增长，且由于各接口仅支持一对一的数据交换，一个连接方可能需要同时支持和维护多种连接方式，当一个连接变化时，所有与其相关的接口程序都需要重新开发和调试。在这种情况下，当连接对象较多时，维护者很难对搭建好的集成架构进行集中管理。

2）总线式数据集成

总线式数据集成采用总线结构，利用中间件定义和执行集成规则。与点对点连接方式相比，采用总线结构通过中间件来连接各连接对象，连接的路径随连接对象的增加呈线性增加，且当一个连接变化时，仅需开发和调试连接对象与中间件之间的连接，极大地提升了集成接口的拓展性和管理性。具体而言，总线式数据集成可分为以电子数据交换系统（EDI）为代表的总线式数据集成一代和以企业服务总线（ESB）为代表的总线式数据集成二代。

3）离线批量数据集成

离线批量数据集成通常是指基于 ETL 工具的离线数据集成，即将业务系统的数据经过抽取、清洗转换之后加载到数据仓库的过程，其目的是将企业中分散、零乱、标准不统一的数据整合到一起，以便于对数据进行集中管理。

ETL 即数据的提取（extract）、转换（transform）和加载（load），其主要分为以下三种实现方法：

（1）借助 ETL 工具（DTS、Informatic、OWB、kettle 等）实现，该方法技术要求低、易于操作、减少了编写代码的工作量，从而能够快速建立 ETL 工程，但该方法在灵活性方面有所

欠缺；

（2）采用SQL编码实现，该方法具有灵活的优点，能够提高ETL的运行效率，但是该方法技术要求高且编码工作量大；

（3）采用ETL工具和SQL组合实现，此方法综合了前面两种方法的优点，能够兼顾ETL开发速度和效率。

4）流式数据集成

流式数据集成也称流式数据实时处理，即对企业数据进行实时连续收集和移动，以高吞吐量和低延迟大规模地处理大量数据。在流式数据集成中，数据的处理、分析、关联和传递是在流动中进行的，能够以可靠且可验证的方式提供数据价值和可见性。一般情况下，流式数据集成的实现方式是采用Flume、Kafka等流式数据处理工具对NoSQL数据库进行实时监控和复制，然后根据业务场景采用对应的处理方法（例如去重、去噪、中间计算等），之后再写入到对应的数据存储中。由于该集成方式采用流式的处理方式而非定时的批处理任务，在搭建集成架构时要求NoSQL数据库采集工具均采用分布式架构，以满足每秒数百MB的日志数据采集和传输需求。

5）网络数据集成

网络数据集成是在网络数据采集基础上实现的，指将通过网络爬虫或网站公开API等方式从网站上获取的数据信息采用对应的处理方法（例如去重、去噪、中间计算等）进行处理和存储的过程。不同于传统的网络数据采集，网络数据集成是一种全新的获取和管理网络数据的方式，它不仅涵盖了网络数据采集的目标，而且更为复杂，能够为管理网络数据全生命周期提供端到端的解决方案。

3.4 其他数据预处理技术

除了上述数据预处理方法外，还有很多预处理活动和方法。例如，数据的抽样、排序、拆分、标注、脱敏、归约和离散化处理等，考虑到多数读者熟悉数据抽样、排序、拆分和离散化处理的相关知识，接下来重点介绍三种较为特殊的数据预处理方法。

1. 数据脱敏

数据脱敏（data masking）是在不影响数据分析结果的准确性的前提下，对原始数据进行一定的变换操作，对其中的个人（或组织）敏感数据进行替换、过滤或删除操作，以降低信息的敏感性，减少相关主体的信息安全隐患和个人隐私风险。数据脱敏操作必须满足以下三个要求：

（1）单向性。由原始数据容易得到脱敏数据，但无法由脱敏数据推导出原始数据。例如，如果字段“月收入”采用每个主体均加3000元的方法处理，用户可能通过对脱敏后的数据的分析推导出原始数据的内容。

（2）无残留。用户无法通过其他途径还原敏感信息。除了确保数据替换的单向性之外，还需要考虑是否可能有其他途径来还原或估计被屏蔽的敏感信息。例如，对于一组用户信息数据，仅对字段“家庭住址”进行脱敏处理是不够的，还需要同时脱敏处理“邮寄地址”。再如，仅屏蔽“姓名”字段的内容也是不够的，因为可以采用“用户画像分析”（user profiling）

技术，识别且定位到具体个人。

(3) 易于实现。数据脱敏操作涉及的数据量大，所以应该采用宜于计算的简单数据脱敏方法，而不是具有高时间复杂度和高空间复杂度的计算方法。例如，如果采用加密算法（如RSA算法）对数据进行脱敏处理，那么不仅计算过程复杂，而且也无法保证无残留信息。

数据脱敏可以分为静态数据脱敏（SDM）和动态数据脱敏（DDM）。静态数据脱敏对数据中的敏感数据进行变换、替换或屏蔽处理后，将数据从生产环境导入其他非生产环境中使用。动态数据脱敏对数据进行多次脱敏，并直接用于数据生产的环境中。常见的数据脱敏方法有数据替换、掩码屏蔽、泛化、偏移取整等。

(1) 数据替换：使用一个虚拟值替换真实值，常用的虚拟值有常值、平均值、随机值等。如设置一个常数替换年龄、体重等敏感个人信息。

(2) 掩码屏蔽：使用符号“*”对敏感数据进行屏蔽，如屏蔽用户的手机号、证件号等。

(3) 泛化：对某些精确信息进行泛化处理，如将年龄、账户余额等精确数据用区间来代替，使数据特征模糊化。

(4) 偏移取整：将数据中的数字随机位移，打乱原来的数字排序，改变原数据，从而隐藏敏感信息。如将用户出生年月日数据位置随机偏移，产生新的年月日数据。

2. 数据归约

数据归约（data reduction）是指在不影响数据的完整性和数据分析结果的正确性的前提下，通过减少数据规模的方式达到提升数据分析的效果与效率的目的。因此，数据归约工作不应对后续数据分析结果产生影响，基于已归约处理后的新数据的分析结果应与基于原始数据的分析结果相同或没有本质性区别。常用的数据归约方法有两种：维归约和值归约。

(1) 维归约（dimensionality reduction）：为了避免“维数灾难”的产生，在不影响数据的完整性和数据分析结果的正确性的前提下，尽量减少所考虑的随机变量或属性的个数。一般情况下，维归约采用线性代数方法，如主成分分析（principal component analysis，PCA）、奇异值分解（singular value decomposition，SVD）和离散小波转换（discrete wavelet transform，DWT）等。

(2) 值归约（numerosity reduction）：在不影响数据的完整性和数据分析结果的正确性的前提下，使用参数模型（如简单线性回归模型和对数线性模型等）或非参数模型（如抽样、聚类、直方图等）的方法近似表示数据分布，进而实现数据归约的目的。

除了上述两种数据归约方法，还可采用其他类型的归约方法。例如，数据压缩（data compression）——一种通过数据重构方法得到原始数据的压缩表示方法。

3. 数据标注

数据标注是指通过分类、画框、标注、注释等，对图片、语音、文本等数据进行处理，标记对象的特征，其主要目的是通过对目标数据补充必要的词性、颜色、纹理、形状、关键字或语义信息等标签类元数据，提高其检索、洞察、分析和挖掘的效果与效率。按标注活动的自动化程度，数据标注可以分为手工标注、自动化标注和半自动化标注。从标注的实现层次看，数据标注可以分为语法标注和语义标注两种。

(1) 语法标注：主要采用语法层次上的数据计算技术，对文字、图片、语音、视频等目标数据给出语法层次的标注信息。例如，文本数据的词性、句法、句式等语法标签，以及图像数据的颜色、纹理和形状等视觉标签。语法标注的特点是：标签内容的生成过程并不建立在语义层次的分析处理技术上，且标签信息的利用过程并不支持语义层次的分析推理。

（2）语义标注：主要采用语义层次上的数据计算技术，对文字、图片、语音、视频等目标数据给出语义层次的标注信息——语义标签。例如，对数据给出其主题、情感倾向、意见选择等语义信息。与语法标注不同的是，语义标注的过程及标注内容应均建立在语义 Web 和关联数据技术上，并通过 OWL/RDF 语言连接到领域本体及其规则库，支持语义推理、分析和挖掘工作。语义 Web 中常用的技术有：知识表示技术（如 OWLRDF 等）、规则处理技术（如 SWRL、RDF Rule Language 等）、检索技术（如 SPARQL、RDF Query Language 等）。

从标注的数据类型看，数据标注可以分为图像标注、语音标注和文本标注三种。

（1）图像标注：对于人脸识别、目标检测等以图像作为输入的机器学习算法，将图像输入算法前需要对图像数据进行标注，便于算法学习。主要的图像标注方法有点标、框标、区域标注、3D 标注和分类标注等。

（2）语音标注：对于语音识别、声纹识别、语音合成等以语音作为输入的机器学习算法，将语音输入算法前需要对语音数据进行标注，如发音人角色标注、环境场景标注、语种标注、情感标注、噪声标注等。

（3）文本标注：自然语言处理是人工智能的分支学科，其算法以文本输入为主，将文本输入算法前需要对文本数据进行标注，且文本数据标注质量对算法质量有极大的影响。常用的文本标注方法有语句分词标注、语义判定标注、文本翻译标注、情感色彩标注等。

3.5 应用案例

本例以晶圆允收测试记录的 WAT 参数数据为例，介绍数据预处理的主要步骤。晶圆允收测试是指在被测芯片切割刀器件上施加一定大小和方向的电流或电压，并监控被测器件的电压或电流情况，以反映被测器件的电学特性，从而达到监控工艺情况和产品质量的目的。设备停机、电流冲击等原因，使得所记录的 WAT 参数中存在缺失值、异常值等，对于此类问题，考虑到数据集本身体量大的特点，需要对 WAT 参数中存在的缺失值、异常值以及各参数间存在的量纲差异等进行预处理，从而获得便于后期进行数据分析、预测建模所需要的输入参数。

1. 缺失数据处理

针对晶圆电性测试，在实际工况下由于设备故障、电流过大等原因，会造成部分晶圆电性测试参数缺失。实际晶圆 WAT 参数缺失情况如图 3-11 所示。通过对采集到的数据进行统计分析可知，仅存在少数的缺失情况，因而在考虑到对整体晶圆良率值影响不大的情况下，将该部分晶圆的电性测试参数与其对应的良率值进行剔除。

利用 pandas 库对 WAT 参数缺失值进行剔除，其步骤如下：

1）查看缺失值位置

```
position = data.isnull()
```

data.isnull()语句返回一个 shape 和 data 相同的矩阵，其中每个值为 bool 类型，True

B	C	D	E	F	G	H
4.03	4.01	4.05	0.014142	8.966	8.94	8.99
4.018	4.01	4.02	0.004472	8.974	8.95	9.02
4.012	4	4.02	0.008367	8.982	8.95	9.02
4.016	4	4.03	0.011402	8.994	8.97	9.02
4.024	4.01	4.03	0.008944	8.944	8.9	8.98
4.006	3.99	4.02		8.97	8.94	9.02
	4.02	4.04	0.008367	8.932	8.9	8.96
4.008	4	4.01	0.004472	8.988	8.95	9.02
4.008	3.99		0.013038	8.97		9.01
4.022	4.01	4.04	0.010954	8.944	8.91	8.97
4.022	4.01	4.03	0.008367	8.952	8.92	8.99
4.028	4.02	4.04	0.008367	8.982	8.94	9.03

图3-11　WAT参数缺失值

表示data中该位置缺失数据，False表示data中该位置含有数据。

2）删除缺失值

```
data = data.dropna(how = 'any')
```

其中，data.dropna(how='any')语句返回删除缺失值所在行后的data。

2. 异常数据处理

常见数据异常点的处理方法有：通过对属性值进行描述性统计的统计分析法、统计数据分布的3σ原则法以及通过百分比计算统计分析的箱形图法。其中，箱形图法是一种用作显示一组数据分散情况的统计图，能提供有关数据位置和分散情况的关键信息，在比较不同数据时可表现数据之间的差异。箱形图主要包含六个数据节点，将一组数据从大到小排列，分别计算其上界、上四分位数Q3、中位数、下四分位数Q1、下界和异常值。其中，超过上下界的数据通常被认定为异常值，如图3-12所示。该方法不受数据分布的限制，能直观地表

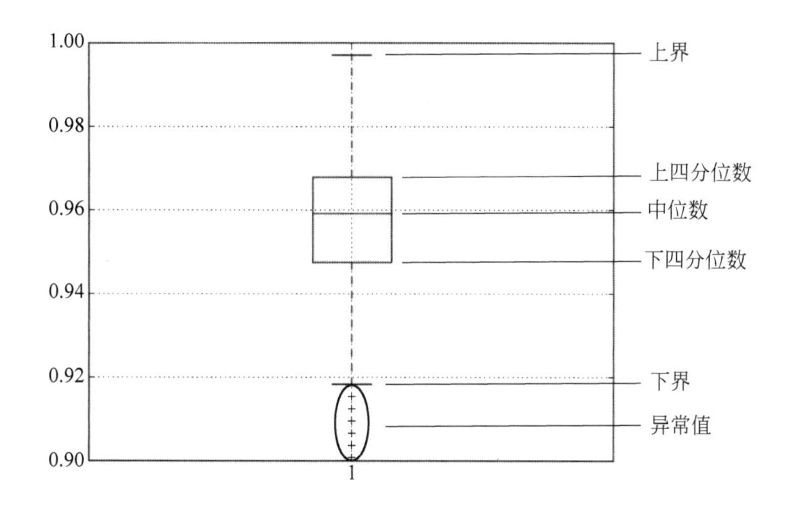

图3-12　箱形图示意图

现数据分布的本来面貌，具有较强的鲁棒性特点。故对各 WAT 参数中存在的异常点，利用箱形图法进行筛选、剔除。

以 WAT 参数中第二个参数为例，利用 matplotlib 库绘制箱形图，利用 pandas 库将异常值数据删除，其步骤如下：

1）绘制箱形图

```
plt.boxplot(data.iloc[:,1])
plt.show()
```

通过 plt.boxplot(data.iloc[:,1])语句对 data 第二个参数的数据绘制箱形图，plt.show()显示绘制好的箱形图，观察显示的箱形图可以发现确实存在异常值。

2）删除异常值

```
Q1 = data.iloc[:,1].quantile(q = 0.25)
Q3 = data.iloc[:,1].quantile(q = 0.75)
Top = Q3 + 1.5 * (Q3 - Q1)
Bottom = Q1 - 1.5 * (Q3 - Q1)
data = data[data.iloc[:,1]< Top]
data = data[data.iloc[:,1]> Bottom]
```

利用上面的代码删除第二个参数中异常值所在的行，其他参数的异常值处理的操作和上述代码相同。

3. 量纲差异数据处理

考虑到晶圆电性测试过程中的各项参数指标之间的量纲差异大，如电性测试中晶圆漏电流参数的测试单位仅有 10^{-9}A，而部分电阻参数的测试量级则有几百欧姆，因此需要对所有的电性测试参数值进行标准化处理。实际晶圆量纲差异数据如图 3-13 所示。

B	C	D	E	F	G	H
0	1	2	3	4	5	6
0.520408	0.55	0.5	0.322329	0.67364	0.854962	0.642857
0.377551	0.4	0.35	0.301511	0.405858	0.770992	0.285714
0.612245	0.6	0.6	0.410891	0.615063	0.839695	0.547619
0.836735	0.85	0.8	0.394771	0.468619	0.78626	0.357143
0.234694	0.3	0.15	0	0.619247	0.839695	0.619048
0.306122	0.3	0.3	0.410891	0.527197	0.824427	0.452381
0.397755	0.4	0.35	0.360375	0.502092	0.80916	0.404762
0.540816	0.55	0.5	0.254824	0.263598	0.725191	0.142857
0.295918	0.3	0.25	0.301511	0.635983	0.870229	0.547619
0.285714	0.3	0.25	0.254824	0.535565	0.816794	0.47619
0.22449	0.2	0.2	0.394771	0.468619	0.80916	0.357143
0.653061	0.65	0.6	0.394771	0.523013	0.832061	0.404762

图 3-13 晶圆量纲差异数据

根据式(3-3)，利用 pandas 库，对 WAT 参数进行 MinMax 归一化，其步骤如下：

```
data = (data - data.min())/(data.max() - data.min())
```

其中，data.min()返回data中每一列的最小值，data.max()返回每一列的最大值，最终实现data数据中每一列数据的MinMax归一化。

本章小结

本章从数据质量分析、常用数据预处理技术、其他数据预处理技术等方面阐述了数据预处理技术的相关内容，目的在于介绍数据预处理技术的必要性和数据预处理的实现手段。在数据质量分析部分，重点介绍了基于统计学规律、语言学规律、数据连续性理论和探索性数据分析的数据质量分析手段，并在此基础上提出了基于数据质量的数据预处理过程。然后重点介绍了数据审计、数据清洗、数据转换、数据集成等常用数据预处理技术，以及数据归约、数据脱敏等其他数据预处理技术。最后在应用案例部分，介绍了如何应用Python语言的pandas库进行晶圆允收测试数据预处理工作。

习题

1. 结合自己的专业领域，调研自己所属领域常用的数据预处理方法、技术与工具。
2. 调查研究两三个数据预处理工具(产品)，并探讨其关键技术和主要特征。
3. 调查分析关系数据库中常用的数据预处理方法。
4. 调查一项具体的数据科学项目，分析其数据预处理活动。
5. 阅读本章所列出的参考文献及扩展阅读资料，并撰写数据预处理领域的研究综述。

参考文献

[1] 霍格林 D C，图基，等. 探索性数据分析[M]. 陈忠琏，郭德媛，译. 北京：中国统计出版社，1998.

[2] GARCIA S，LUENGO J，HERRERA F. Data preprocessing in data mining[M]. New York：Springer，2015.

[3] AXELSON D E. Data preprocessing for chemometric and metabonomic analysis[M]. First Choice Books，2010.

[4] OSBORNE J W，OVERBAY A. Best practices in data cleaning[J]. Best practices in quantitative methods，2018(1)：205-213.

[5] TAN P N，STEINBACH M，KUMAR V. 数据挖掘导论[M]. 范明，范宏建，译. 北京：人民邮电出版社，2011.

[6] 韩家炜，坎博，等. 数据挖掘：概念与技术[M]. 范明，孟小峰，译. 北京：机械工业出版社，2012.

[7] WILLIAM S，STALLINGS W. Cryptography and Network Security：Principles and Practice[M]. Upper Saddle River：Pearson，2012.

[8] 王昭，袁春，等. 信息安全原理与应用[M]. 北京：电子工业出版社，2010.

[9] KOTSIANTIS S B，KANELLOPOULOS D，PINTELAS P E. Data preprocessing for supervised leaning[J]. International Journal of Computer Science，2006，1(2)：111-117.

[10] DUCKWORTH J. Mathematical data preprocessing[J]. Near-Infrared Spectroscopy in Agriculture，2004，44：113-132.

[11] SURESH R M, PADMAJAVALLI R. An overview of data preprocessing in data and web usage mining[C]. 2006 1st International Conference on Digital Information Management, 2006.

[12] JONES K. Exploratory data analysis[M]. Pearson: Sage, 2004.

[13] HAIR J F, BLACK W C, BABIN B J, et al. Multivariate data analysis[M]. Upper Saddle River, NJ: Pearson Prentice Hall, 2006.

[14] EVANS P. Scaling and assessment of data quality[J]. Acta Crystallographica Section D, Biologica Crystallography, 2006, 62(1): 72-82.

[15] RAHM E, DO H H. Data cleaning: Problems and current approaches[J]. IEEE Data Eng. Bull., 2000, 23(4): 3-13.

[16] PIPINO L L, LEE Y W, WANG R Y. Data quality assessment[J]. Communications of the ACM, 2002, 45(4): 211-218.

[17] VAN DEN BROECK J, CUNNINGHAM S A, EECKELS R, et al. Data cleaning: detecting, diagnosing, and editing data abnormalities[J]. PLoS medicine, 2005, 2(10): 966.

[18] OSBORNE J W, OVERBAY A. Best practices in data cleaning[J]. Best pratices in quantitative methods, 2018(1): 205-213.

[19] CHU X, ILYAS I F, KRISHNAN S, et al. Data cleaning: Overview and emerging challenges[C]// Proceedings of the 2016 international conference on management of data. 2016: 2201-2206.

第4章

数据分析技术

工业是一个强机理、高知识密度的技术领域，在工业领域，先验知识不再局限于概率关系(联合、条件概率)，还存在大量体系化的因果关系和很多非系统化的经验知识。随着数据感知技术和数据预处理技术的发展，工业数据不再只是系统运行的部分表征，数据的质量和形态也可以满足数据分析的要求。在此基础上，数据分析技术能够以隐性或显性手段，利用大量行业知识(包括而不限于问题定义、数据筛选、特征加工、模型调优等环节)，将统计学习算法与机理模型算法融合，以分析数据之间的相互关系，发现其中蕴含的数据价值。

数据分析是指使用适当的分析方法及工具，对收集来的数据进行统计、相关、回归、分类等一系列分析操作，从而提取有价值的信息。数据分析方法可以从数据分析的目的与思考方式出发，包括描述统计和推断统计；也可以从数据分析的方法论角度出发，包括基本分析方法和元分析方法。本章将重点介绍描述统计方法、推断统计方法、基本分析方法、元分析方法等数据分析方法，以及相关应用案例。

4.1 描述统计方法

在数据分析中，掌握概率分布知识对于描述性统计，尤其是正确理解数据的分布特征及选择恰当的数据处理方法具有重要意义。概率分布用以描述随机变量取值的概率规律——随机变量所有可能的取值以及取每个值所对应的概率。需要注意的是，离散型随机变量和连续型随机变量的概率分布的描述方法不同。

1. 离散型随机变量及其概率分布

有些随机变量，其全部可能取到的值是有限个或可列无限多个，这种随机变量称为离散型随机变量。离散型随机变量中常见的概率分布有两种：二项分布和泊松分布，如表4-1所示。

2. 连续型随机变量及其概率分布

如果对于随机变量 X 的分布函数 $F(x)$，存在非负函数 $f(x)$，使对于任意实数 x 有

$$F(x)=\int_{-\infty}^{x} f(t)\,\mathrm{d}t \tag{4-1}$$

则称 X 为连续型随机变量，其中函数 $f(x)$ 称为 X 的概率密度函数，简称概率密度。

表 4-1 常见离散型随机变量的概率分布

项目	分布	
	二项分布	泊松分布
用途	用来描述类似伯努利试验的只有两种对立结果的随机事件所服从的概率分布	用来描述在一定时空范围内某一事件出现次数的分布
举例	抛硬币；产品是否合格	某一医院在一天内的急症病人数；某地区一个时间间隔内发生交通事故的次数
公式	设 X 为 n 次重复实验中事件 A 出现的次数，X 取 x 的概率为 $P_X=x=\mathrm{C}_n^x p^x q^{n-x}, x=0,1,2,\cdots,n$ 式中，$\mathrm{C}_n^x=\dfrac{n!}{x!(n-x)!}$	假设条件同二项分布，概率为 $P_X=x=\dfrac{\lambda^x \mathrm{e}^{-\lambda}}{x!}, x=0,1,2,\cdots,n$ 式中，λ 为给定的时间间隔、长度、面积、体积内"成功"的平均数；e=2.71828；x 为给定的时间间隔、长度、面积、体积内"成功"的次数
期望值	$E(X)=np$	$E(X)=\lambda$
方差	$D(X)=npq$	$D(X)=\lambda$

连续型随机变量的期望值 $E(X)$ 的计算方法为

$$E(X)=\int_{-\infty}^{\infty} x f(x)\mathrm{d}x=\mu \tag{4-2}$$

连续型随机变量的方差 $D(X)$ 的计算方法为

$$D(X)=\int_{-\infty}^{\infty}[x-E(x)]^2 f(x)\mathrm{d}x=\sigma^2 \tag{4-3}$$

下面将详细介绍描述统计方法中经常使用的正态分布、χ^2 分布、t 分布和 F 分布等概率分布。

4.1.1 正态分布

在实际生产与科学实验中很多随机变量的概率分布都可以近似地用正态分布来描述，如同一种生物体的身长、体重等指标，同一种种子的质量，测量同一物体的误差，弹着点沿某一方向的偏差，某个地区的年降水量，理想气体分子的速度分量等。在工件加工过程中，当工件不存在明显的变值系统误差时，加工后零件的尺寸近似服从正态分布曲线。如在生产条件不变的情况下，产品的抗压强度、口径、长度等指标。一般来说，如果一个量是许多微小的独立随机因素影响的结果，那么就可以认为这个量具有正态分布。

正态分布是描述连续型随机变量的最重要的分布，也是许多统计方法的理论基础。检验、方差分析、相关和回归分析等多种统计方法均要求分析的指标服从正态分布。正态分布的定义如下：

$$f(x)=\frac{1}{\sqrt{2\pi}\sigma}\mathrm{e}^{-\frac{(x-\mu)^2}{2\sigma^2}}, \quad -\infty<x<\infty \tag{4-4}$$

正态分布曲线如图 4-1 所示。正态分布曲线下的面积 $F(x)=\int_{-\infty}^{\infty} y\,\mathrm{d}x=1$ 代表了全部零件数，当 $x-\mu=\pm 3\sigma$ 时得 $2F(3)=99.73\%$，即 99.73%的工件尺寸落在 $\pm 3\sigma$ 范围内，仅

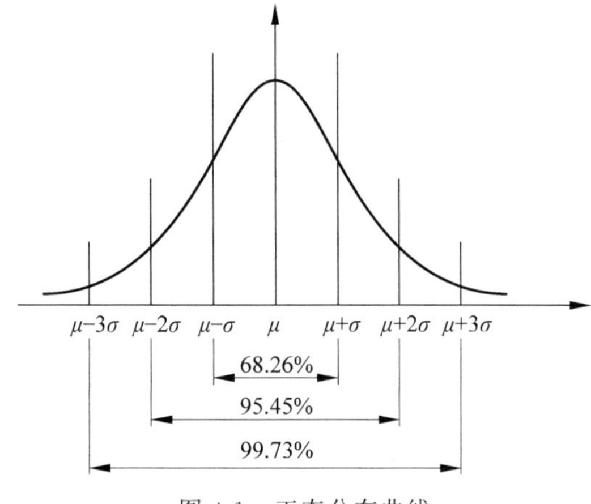

图 4-1　正态分布曲线

有 0.27%的工件在此范围之外。$\pm 3\sigma$ 的概念在研究加工误差时应用很广，6σ 的大小代表某加工方法在一定条件下所能达到的加工精度。

但工件实际尺寸的分布情况有时并不符合正态分布。例如，将在两次调整下加工出的工件混在一起测定，尽管每次调整时加工的工件都接近于正态分布，但由于常值系统误差不同，相当于两个正态分布中心位置不同，叠加在一起就会得到如图 4-2(a)所示的双峰曲线。

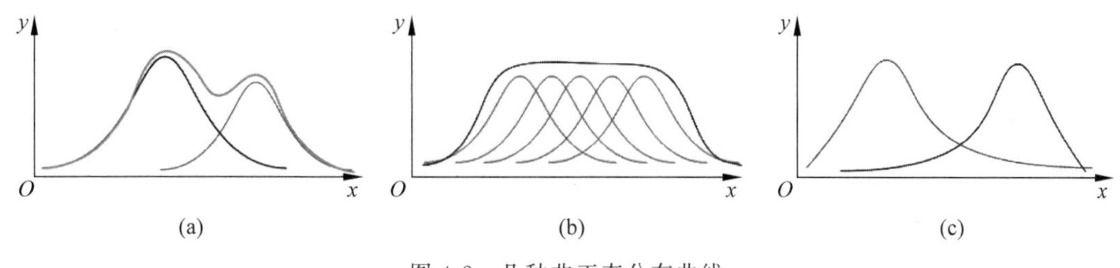

图 4-2　几种非正态分布曲线

(a) 双峰分布；(b) 平顶分布；(c) 偏态分布

又如磨削细长孔时，如果砂轮磨损较快且没有自动补偿，则工件的实际尺寸分布将成平顶分布，如图 4-2(b)所示。它实质上是正态分布的分散中心在不断地移动，即在随机性误差中混有变值系统误差。

再如，用试切法加工轴颈或孔时，由于操作者为了避免产生不可修复的废品，主观地(而不是随机地)使轴颈加工得宁大勿小，使孔径加工得宁小勿大，则它们的尺寸是偏态分布，如图 4-2(c)所示。当用调整法加工，刀具热变形显著时，也会出现偏态分布。

4.1.2　χ^2 分布

χ^2 分布(即卡方分布)是由正态分布构造而成的一个新的分布，当自由度 n 很大时，χ^2 分布近似为正态分布，主要刻画的是一个总体为正态分布时，所对应的样本方差的分布情况，通常用于检验及比较期望结果和实际结果之间的差别。

设 $X_1,X_2,\cdots,X_n \sim N(0,1)$，令 $X=\sum_{i=1}^{n} X_i^2$，则称 X 是自由度为 n 的 χ^2 变量，其分布

称为自由度为 n 的卡方分布，记为 $X \sim \chi^2(n)$。

$\chi^2(n)$分布的概率密度为

$$f(x)=\begin{cases}\dfrac{1}{2^{\frac{n}{2}}\Gamma\left(\dfrac{n}{2}\right)}x^{\frac{n}{2}-1}\mathrm{e}^{-\frac{x}{2}}, & x>0\\ 0, & \text{其他}\end{cases} \tag{4-5}$$

4.1.3 *t* 分布

在数据分析中，当总体标准差 σ 为未知数时，可以采用 t 分布——用样本标准差 S 代替总体标准差 σ，由样本平均数推断总体平均数，以及两个小样本均值之间的差异显著性检验。

设 $X \sim N(0,1)$，$Y \sim \chi^2(n)$，且 X、Y 相互独立，则称随机变量

$$t=\frac{X}{\sqrt{Y/n}} \tag{4-6}$$

服从自由度为 n 的 t 分布，记为 $t \sim t(n)$。

$t(n)$分布的概率密度函数为

$$f(t)=\frac{\Gamma[(n+1)/2]}{\sqrt{\pi n}\,\Gamma(n/2)}\left(1+\frac{t^2}{n}\right)^{-(n+1)/2}, \quad -\infty<t<\infty \tag{4-7}$$

4.1.4 *F* 分布

F 分布也建立在正态分布的概念之上，刻画的是两个总体均为正态分布时，这两个总体的两个样本方差(s_1 和 s_2)之间的比例分布情况，主要用于方差分析和回归方程的显著性检验。

设 $U \sim \chi^2(n_1)$，$V \sim \chi^2(n_2)$，且 U、V 相互独立，则称随机变量

$$F=\frac{U/n_1}{V/n_2} \tag{4-8}$$

服从自由度为(n_1，n_2)的 F 分布，记为 $F \sim F(n_1,n_2)$。

$F(n_1,n_2)$分布的概率密度函数为

$$f(x)=\begin{cases}\dfrac{\Gamma[(n_1,n_2)/2](n_1/n_2)^{n_1/2}x^{(n_1/2)-1}}{\Gamma(n_1/2)\Gamma(n_2/2)[1+(n_1x/n_2)]^{(n_1+n_2)/2}}, & x>0\\ 0, & \text{其他}\end{cases} \tag{4-9}$$

4.2 推断统计方法

在数据分析中，有时需要通过"样本"对"总体"进行推断分析。常用的推断统计方法有参数估计和假设检验。

参数估计是指根据"样本的统计量"来估计"总体的参数"。例如，利用样本均值估计总体均值。

假设检验是先对"总体的某个参数"进行假设，然后利用"样本统计量"去检验这个假设

是否成立。例如,先对总体参数的值提出一个假设,然后利用样本统计量来检验这个假设是否成立。

4.2.1 参数估计

在实际工程中,经常存在需要通过“样本”对“总体”进行推断分析的问题,如:

(1) 历史数据表明铜质零部件的平均硬度是49.95,一个新的设计声称有更高的硬度。有新设计下的样本共61个零部件,其平均硬度为54.62。新设计实际上是否会导致不同的硬度?

(2) 有两种类型的火花塞,需要检验其耐久性。设计一:有规模为10的样本,表现出平均持久性为0.0049in(0.0124cm);设计二:有规模为8的样本,表现出平均持久性为0.0064in(0.0163cm)。这些数据是否足以表明设计一比设计二好?

(3) 在由一个制造商供应的1050个电阻器中,有3.71%是有缺陷的。在由另一个制造商供应的1690个类似电阻器中,有1.95%是有缺陷的。是否有理由断言一个工厂的产品比另一个差?

使用参数估计可以有效地解决通过“样本”对“总体”进行推断分析的问题。参数估计是一种利用样本信息推断未知的总体参数的方法,例如用样本均值估计总体均值。参数估计有点估计和区间估计两种方法。

(1) 点估计。设总体的分布函数的形式已知,但它的一个或多个参数未知,借助于总体X的一个样本来估计总体未知参数的值的问题称为参数的点估计问题。常用的构造估计量的方法有矩估计法和最大似然估计法。点估计中有两大类优良性准则用于评价估计量:①小样本准则,是在样本大小固定时的优良性准则;②大样本准则,是在样本大小趋于无穷时的优良性准则。

(2) 区间估计。对于一个未知量,人们在测量或计算时,常不以得到近似值为满足,还需估计误差,即要求知道近似值的精确程度(亦即所求真值所在的范围)。区间估计是在点估计的基础上,给出总体参数落在某一区域的概率,此区间是根据一个样本的观察值给出的总体参数的估计范围,可通过样本统计量加减抽样误差的方法计算。

在参数估计中,用于估计总体某一参数的随机变量称为“估计量”。例如,样本均值是总体均值的一个估计量。判断估计量的优良性的基本准则有:①无偏性:估计量的数学期望等于被估计的总体参数。②有效性:一个方差较小的无偏估计量称为一个更有效的估计量。例如,与其他估计量相比,样本均值是一个更有效的估计量。③一致性:随着样本容量的增大,估计量越来越接近被估计的总体参数。

4.2.2 假设检验

除了参数估计之外,假设检验是另一种通过“样本”对“总体”进行推断分析的方法。它先对总体参数提出假设,再利用样本信息推断该假设是否成立。假设检验的基本步骤有:

(1) 提出假设,确定检验水准。提出原假设H_0和备择假设H_1(H_0和H_1相互对立),预先设定的检验水准为0.05;将检验假设为真,但被错误地拒绝的概率记作α,通常取$\alpha=0.05$或$\alpha=0.01$。

(2) 确定用于假设检验问题的统计量——检验统计量。由样本观察值按相应的公式计算出统计量的大小,如 χ^2 值、t 值等。根据资料的类型和特点,可分别选用 Z 检验、T 检验、秩和检验或卡方检验等。

(3) 根据统计量的大小及其分布确定检验假设成立的可能性 P 的大小并判断结果。若 $P>\alpha$,结论为按 α 所取水准不显著,接受 H_0;若 $P\leqslant\alpha$,结论为按 α 所取水准显著,拒绝 H_0,接受 H_1。P 值的大小一般可通过查阅相应的界值表得到。

假设检验有参数检验和非参数检验两种方法。在总体的分布规律已知的情况下,通常采用参数检验的方法;在总体的分布规律未知的情况下,通常采用非参数检验。

1. 参数检验

在参数检验中,一般选择正态分布检验和 t 检验等方法。如果样本量大或样本量虽小,但总体标准差 σ 已知,那么一般采用总体标准差 σ 进行计算,即采用 z 统计量,其计算方法为

$$z=\frac{\bar{x}-\mu_0}{\sigma/\sqrt{n}} \tag{4-10}$$

如果样本量小,且总体标准差 σ 未知,那么一般只能使用样本标准差 s 进行计算,即采用 t 统计量,其计算方法为

$$t=\frac{\bar{x}-\mu_0}{s/\sqrt{n}} \tag{4-11}$$

2. 非参数检验

非参数检验最大的优点在于其应用范围的广泛性,可以用于非正态的、方差不等的、分布规律未知的数据分析工作中。非参数检验方法有很多种,比较常用的是卡方检验。卡方检验计算的是样本的实际观测与理论推断值之间的偏离程度。卡方值越大,实际观测值与理论推断值之间的偏离程度越大;卡方值越小,偏离程度越小。当卡方值为 0 时,实际观测值与理论推断值一样。卡方值的计算方法如下:

$$x^2=\sum_{i=1}^{k}\frac{(O_i-E_i)^2}{E_i}\sim x^2(k-1) \tag{4-12}$$

式中,O_i 为观测值,E_i 为期望值。

4.3 基本分析方法

本节重点介绍在工业场景中常用的相关分析、回归分析、方差分析、分类分析、聚类分析、时间序列分析和关联规则分析等基本分析方法。

4.3.1 相关分析

工业生产过程中存在很多生产要素,这些生产要素的波动最终导致了产品质量的不确定性与不稳定性。如果对每一个生产要素都加以控制,一方面随着产品制造的复杂程度提升,控制的维数急剧增加,使得控制难度较大;另一方面,并非所有要素都会对产品质量产

生重大影响，盲目的质量控制会造成人力、物力、财力的浪费。因此，首要任务是要识别出制造过程中的关键影响因素，相关分析就是一种强有力的手段。

相关分析是对总体中确实具有联系的标志进行分析，其主体是对总体中具有因果关系标志的分析。它是描述客观事物相互间关系的密切程度并用适当的统计指标表示出来的过程。相关关系最直观的表示方式是如图4-3所示的散点图。根据收集到的数据绘制散点图，当自变量取某一值时，因变量对应为一概率分布，如果对于所有的自变量取值的概率分布都相同，则说明因变量和自变量是没有相关关系的；反之，如果自变量的取值不同，因变量的分布也不同，则说明两者是存在相关关系的。

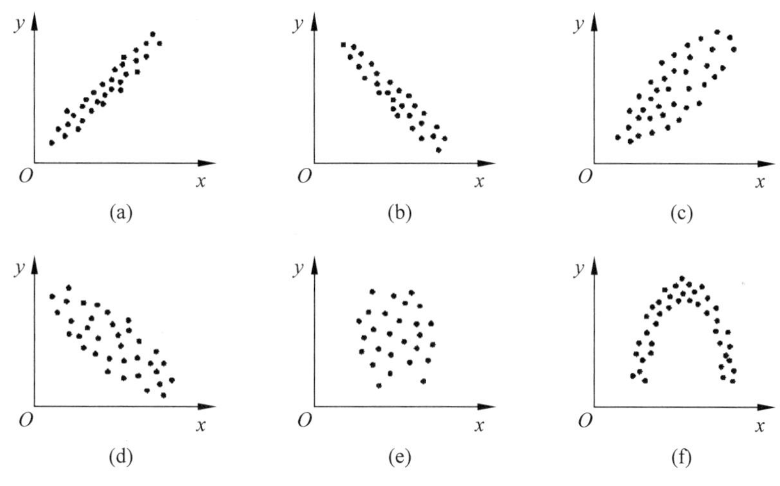

图4-3　两变量间相关关系图(散点图)

常见的相关分析方法有Pearson相关系数、秩相关系数(Spearman/Kendall)、尾部相关系数、Granger因果分析、Copula函数、互信息法和Copula熵。表4-2列举了常见的相关分析方法，及其适用的数据特点与优缺点。

表4-2　相关分析方法优缺点对比

方　法	适用数据特点	优　点	缺　点
Pearson相关系数	变量为连续变量； 近似正态分布； 线性关系	计算简单	只能描述线性关系； 使用条件多； 数据中往往具有厚尾特性，没有方差
秩相关系数(Spearman/Kendall)	离散、连续； 正态、非正态分布； 线性、非线性	可以描述简单的非线性关系	对数据排序之后，信息会失真； 变量服从正态分布，准确度不如线性相关系数
尾部相关系数	非线性； 多变量	可以描述变量极值变化的相关性	计算过于复杂，难以进行尾部相关性的分析
Granger因果分析	时间序列变量； 具有非对称特征关系	可以用于时间序列变量的相关性量度；可以捕捉非对称特征关系	不能定量地描述相关关系； 仅适用于二元序列的关联分析

续表

方　法	适用数据特点	优　点	缺　点
Copula 函数	非线性； 多变量； 正态、非正态	可反映随机变量的非线性关系； 结构建模与边缘分布无关	多元扩展较少； 需选择合适的 Copula 函数并精确估计 Copula 函数参数
互信息法	非线性； 多变量； 可量度图像与图像、文字与文字间的相关性	不易受噪声、初始化过程中数据转化的影响； 可信息量度归一化	联合概率密度估计的准确度会影响相关性的量度； 只有启发式近似算法
Copula 熵	线性、非线性； 多变量	Copula 函数在衡量非椭圆分布族的相关性方面效果优良；计算简便、不受维数限制	计算复杂

以互信息法为例，在半导体复杂的制造过程中，晶圆上的晶粒由于某些工艺制程问题导致功能异常，将直接影响最终的晶圆良率，因而晶圆良率与特定的晶圆允收测试（wafer acceptance test，WAT）参数间有着密不可分的关系，且由于半导体制程步骤的繁复以及参数间存在复杂的交互效应，使得 WAT 参数与良率之间表现出复杂的关联特性，工程师难以在短时间内有效找出异常原因，从而造成良率损失。因此设计了基于互信息的相关性分析方法，将所有 WAT 参数逐个与晶圆良率进行相关性分析，并从中预筛选出与良率具有较强相关性的 WAT 参数。

互信息是描述两个随机变量之间相互依存关系强弱的信息量度方法，对于 WAT 参数与良率值之类的连续随机变量，采用式(4-13)所示的连续随机变量互信息求取方法，分别对各 WAT 参数与晶圆良率值逐个进行单变量关联分析。

$$I_c(X_i;Y)=\int_Y\int_{X_i}p(x_i,y)\log_2\left(\frac{p(x_i,y)}{p(x_i)p(y)}\right)\mathrm{d}x\,\mathrm{d}y \tag{4-13}$$

式中 $p(x_i,y)$ 表示当前 WAT 参数 X_i 与良率值 Y 的联合概率密度函数，而 $p(x_i)$ 和 $p(y)$ 分别表示当前 WAT 参数 X_i 与良率值 Y 的边缘概率密度函数。通过互信息得到每个 WAT 参数与晶圆良率的互信息值，之后再对 WAT 参数与良率情况的互信息值进行倒序排列，得到与晶圆良率相关联的 WAT 数据。

4.3.2 回归分析

随着数据感知技术的发展，在生产过程中越来越多的生产要素数据被采集，这些数据之间存在着相互依赖的关系。通过分析数据间的依赖关系建立数学模型，我们可以对工业中的重要生产要素进行预测，如工厂用电负荷预测、发电厂功率预测、备件需求量预测、设备故障预警、寿命预测等。

回归分析是确定两种或两种以上变量间相互依赖的定量关系的一种统计分析方法，用于建立连续或离散自变量（输入变量）与连续因变量（输出变量）之间的关系。回归分析按照自变量和因变量之间的关系类型，可分为线性回归分析和非线性回归分析。在应用回归分析时需要注意：①利用定性分析判断现象之间的依存关系；②避免回归预测的任意外推；③应用合适的数据资料。

典型的回归分析方法包括最小二乘法、贝叶斯线性回归、高斯过程回归、Lasso 回归、回归决策树等。表 4-3 列举了常用的线性回归和非线性回归的工业场景应用、算法及算法特点，对于不同的数据需要结合数据特点和算法特点选择合适的算法进行回归分析。

表 4-3 常用回归分析算法及特点

类别	适用数据特点	工业场景应用	算法	算法特点
线性回归	自变量与因变量之间存在线性关系	数控机床误差补偿分析、磨削加工表面残余应力预测分析	最小二乘法	可解释性强； 计算速度快
			贝叶斯线性回归	平衡了模型的经验风险和结构风险，具有稳健性
			高斯过程回归	计算开销较大； 通常被用于低维和小样本的回归问题
			Lasso 回归	用于处理多变量高纬度数据，具备特征选择功能； 回归模型不稳定
非线性回归	自变量与因变量之间不存在线性关系	汽车锂电池寿命预测、汽车安全评分模型、刀具磨损预测	非线性最小二乘法	计算速度快； 如果自变量高度相关会导致建模结果难以解释、回归系数不稳定
			人工神经网络	具有强大的非线性拟合能力； 网络训练困难、模型可解释性低
			回归决策树	算法简单、可解释性强

以高斯过程回归算法为例，随着新能源渗透率的提升，电网运行的不确定性显著增加，电网运行方式的组合数大大增加。在制定电网运行方式过程中，通过传统方法对运行点进行评价的效率往往不能满足调度实际需求，不利于相应部门快速制订运行计划。高斯过程回归算法在年运行负荷数据先验分布以及各设备额定运行范围内进行随机抽样，共抽取 N 组样本，生成样本集 $X(x_1, x_2, x_3, \cdots)$，样本特征对应目标值 Y，训练回归模型为：

$$\tilde{y} = x^{\mathrm{T}}\xi + \varepsilon \tag{4-14}$$

式中，ξ 为回归系数，ε 为预测误差。引入基函数 $\phi(x)$将 x 投影到高维特征空间中，以提升线性模型表征能力，使得线性模型残差可控，得到高斯过程回归模型：

$$\begin{cases} f(x) = \phi^{\mathrm{T}}(x)\xi + g(x) \\ \tilde{y} = f(x) + \varepsilon \end{cases} \tag{4-15}$$

式中，$g(x)$为贝叶斯线性回归函数。高斯过程回归基于独立正态分布和最大似然估计能够直接挖掘历史数据模式，给出运行点与综合指标间的直接数值关系，进而能够辅助相应部门快速评价运行方式、快速修正运行计划，使得编制人员能够更快速地根据方式变化判断运行优劣状态，提升编制的灵活性和效率。

4.3.3 方差分析

在产品的设计阶段有大量的设计参数需要选择，如尺寸、材料、工艺参数等。要在满足产品设计标准的前提下选择合适的设计方案使产品的利益最大化，产品工程师须进行大量的生产试制。利用试验观测数据（试验指标）的总偏差的可分解性，将不同条件引起的偏差与试验误差分解开来，按照一定的规则进行比较，以确定条件偏差的影响程度及其相对大小，从而优化产品的各个参数。

方差分析是通过检验各个总体均值是否相等来判断分类型自变量对数值型自变量是否有显著影响。在利用方差分析对数据进行分析时，一般假设：①每个总体都符合正态分布；②不同分组的数据都来自同一个数据总体，方差相同；③每个因素水平下得到的样本值都是独立的。在遵从上述三条假设的情况下，需针对不同的样本数据选择合适的方差分析方法，常用的方差分析方法有：单因素方差分析、多因素方差分析、协方差分析、多因变量线性模型的方差分析、重复测量的方差分析和方差成分分析。表 4-4 对这 6 种方差分析方法进行了描述并列举了其适用范围。

表 4-4 常用方差分析方法及适用范围

方　法	方法描述	适用范围
单因素方差分析	用于检验一个因素变量（自变量）的不同水平是否给一个（或几个相互独立的）因变量造成了显著的差异或变化	在实验中，只有一个自变量在改变，其他变量保持不变
多因素方差分析	检验两个或两个以上因素变量的不同水平是否给一个（或几个相互独立的）因变量造成了显著的差异或变化	在实验中，有两个或两个以上的自变量
协方差分析	在分析自变量对因变量的影响时，消除协变量对因变量的影响	在实验中存在与因变量高度相关、与自变量的变化无关、可以测量但在实验中不可控的变量
多因变量线性模型的方差分析	有多个自变量和多个因变量的方差分析	实验中，因变量之间互相联系，需检验各个自变量的主效应和几个自变量之间的交互作用
重复测量的方差分析	针对某个指标对每个被试量在不同的时间内进行多次重复测量	检验实验前、后样本均值之间差异的显著性，从而考察实验过程中的不同处理或不同条件对实验结果的影响
方差成分分析	计算在混合效应模型中各种随机效应对因变量变异贡献的大小	通过对方差成分的计算，找出减小方差的方向，确定如何减小方差

以多因素方差分析为例，继电器的触头弹跳对于开关电器来说是无法避免的，它通常是引起电气磨损和材料侵蚀的主要原因。继电器机械系统的动作过程具有刚柔耦合的特点，且其多种影响因素相互作用。为了分析影响继电器弹跳的多种因素，对簧片长度、簧片宽度、簧片厚度、触头规格、推动杆位置、驱动力大小和簧片材料各取三组数据进行正交试验，其各因子的重要性大小可通过离差平方和 S_j 的比较给出判断：

$$S_j = \frac{r}{n}\sum_{i=1}^{r} M_{ij}^2 - \frac{1}{n}T^2 \tag{4-16}$$

式中 r 为水平数，n 为实验数，M_{ij} 为第 j 列中相应于表中水平号为 i 的各实验结果的总和，T 为所有实验结果的总和。

4.3.4　分类分析

在工业生产调度中，实际生产存在多种运作模式，需对大规模历史生产数据进行分类来实现对生产系统的准确分析。分类分析是解决这一类问题的有效手段，其他常见的工业应用场景还有故障检测、故障诊断、故障分类等，通过对历史生产数据进行分类分析可以有效地辨别设备是否故障及其故障类型，在设备维护时大幅提高效率。

分类分析是先将复杂问题简单化之后，再进行分析和处理的一种数据分析方法。分类分析的基本思想是将大量数据分为若干个类别，分别分析每个类别的统计特征，通过类别的特征反映数据总体的特征。从统计分析角度看，分类和预测是两个相互关联和转化的概念：当目标值的类型为“分类型”时，称之为分类；当目标值的类型为“连续型”时，称之为预测。

分类算法常见的有朴素贝叶斯、逻辑回归、决策树、k近邻算法、支持向量机等，表4-5列出了常用的分类算法及其特点。

表4-5　常用分类算法及其特点

算　　法	适用数据特点	优　　点	缺　　点
朴素贝叶斯	文本分类； 训练集较小	逻辑简单易于实现； 所需估计的参数少； 对缺失数据不敏感	在属性个数比较多或者属性之间相关性较强时，分类效果相对较差
逻辑回归	需要得到分类结果的概率信息	对数据中小噪声的鲁棒性好	非线性特征需要转换； 特征空间较大时，性能较差
决策树	需要清洗的决策规则	规则性强	易产生过拟合
k近邻算法	类域的交叉或重叠较多的待分样本集； 数据集规模较大	算法简单、效果好	计算量较大； 可解释性差； 小样本下性能差
支持向量机	准确度需求高； 训练集比较小	小样本下效果好； 泛化性能高	对缺失数据敏感； 解决非线性问题时，不同的核函数对结果影响大

但在实际工业场景中，不同场景下的数据具有不同的特性，需要针对工业数据的特点选择合适的分类算法并进行改进以适应各问题的特点。例如在工业故障检测中，样本不均衡是工业故障检测场景中经常出现的问题，严重的不均衡会使分类器预测偏向样本多的类别，从而使简单的模型评价指标（如准确率等）失去意义。解决方法有：欠采样，减少数量较多的样本的样本量，如 KNN 欠采样法等；过采样，增加数量较少的样本的样本量，如 SMOTE 方法等；评价指标调整，如在训练模型时对样本点权重进行调整或在设定二分类阈值时考虑类别训练样本的类别比例等。

以 KNN 算法为例，齿轮箱作为旋转机械设备的核心部件，长期工作在恶劣的工况条件下，容易发生机械故障，如果不及时诊断维护，会给旋转设备造成较大的运行风险和经济损失。KNN 算法可以对齿轮箱建立快速而有效的故障诊断机制，减少设备停机时间，提高经济效益。KNN 算法通过提取齿轮的振动信号特征对各信号进行分类，其基本步骤为：①计算待分类样本 x 与所有样本的欧氏距离；②选择最近邻参数 k，根据计算出的欧氏距离寻找出 x 的 k 个最近邻样本；③根据最近邻样本集合中的 k 个样本类别信息进行分类，通过分类将异常信号特征提取出来，从而实现故障诊断。

4.3.5 聚类分析

在工业场景中，通常把工业设备、过程工况或制造任务聚类成多个子集，再对各个子集“分而治之”。在港口调度中，可以根据港口企业的船舶数量、种类使用聚类分析的方法对船舶进行分群，从而优化港口的管理、提高港口效率。此外，在真实的工业系统中，由于设备坏损、传感器测量误差以及外界环境对生产过程的干扰等因素，采集到的设备现场数据会混有异常数据，基于聚类的异常检测模型作为一种行之有效的检测异常数据的方法被广泛地应用到现场设备异常数据的检测中。

聚类分析是指将数据对象的集合分为由类似的对象组成的多个类的分析过程。聚类把全体数据实例组织成一些相似组，这些相似组被称作簇。处于相同簇中的数据实例彼此相同，处于不同簇中的实例彼此不同。

目前存在大量的聚类算法，算法的选择取决于数据的类型、聚类的目的和具体应用。常见的聚类算法有 3 种：原型聚类、密度聚类和层次聚类，表 4-6 列举了常用的聚类算法及其特点。

表 4-6 常用聚类算法及其特点

类别	方法概述	常见算法	优点	缺点
原型聚类	此类算法假设聚类结构能够通过一组原型刻画。通常情形下，算法先对原型进行初始化，然后对原型进行迭代更新求解	k 均值	原理简单，易于实现，收敛速度快； 算法可解释性强	需要事先确定分类的簇数； 得到的结果只是局部最优
		高斯混合聚类	收敛速度快；能扩展以用于大规模的数据集	倾向于识别凸形分布、大小相近、密度相近的聚类； 中心选择和噪声聚类对结果影响大

续表

类　别	方法概述	常见算法	优　点	缺　点
密度聚类	此类算法从样本密度的角度来考察样本之间的可连接性，并基于可连接样本的不断扩展聚类簇以获得最终的聚类结果	DBSCAN	可以对任意形状的稠密数据集进行聚类； 可以在聚类的同时发现异常点，对数据集中的异常点不敏感	样本集的密度不均匀、聚类间距差相差很大时，聚类质量较差； 样本集较大时，聚类收敛时间较长； 调参复杂
		Mean-Shift	不用事先确定分类的个数； 对数据中的异常点不敏感	受初始值影响较大
层次聚类	此类算法试图在不同的层次上对数据集进行划分，从而形成树形的聚类结构	AGNES	不需要预先制定聚类数； 可以发现类的层次关系； 可以聚类成其他形状	计算复杂度高； 奇异值产生的影响大； 算法很可能聚类成链状
		BIRCH	聚类速度快； 可以识别噪声点，还可以对数据集进行初步分类的预处理	对高维特征的数据聚类效果不好； 如果数据集的分布簇不是类似于超球体，或者不是凸的，则聚类效果不好

以k均值算法为例，无人驾驶汽车通过激光雷达发射出的激光束对周围环境进行旋转扫描形成点云图，每个点都会有相应的坐标位置信息，k均值算法的任务就是将点云图中的各个点云聚类成若干个整体，具有相似程度的对象构成一组，从而降低后续计算的计算量。通过聚类将点云中的点划分为障碍物、道路、行人等，为无人驾驶提供了环境感知。

k均值算法以k为参数，把点云图中的各个点云分成k个簇，通过迭代使簇内具有较高的相似度，簇间具有较低的相似度。其基本步骤为：①选择k个聚类的初始中心；②对任意一个样本点，求其到k个聚类中心的距离，将样本点归类到距离最小的中心的聚类，如此迭代n次；③每次迭代过程中，利用均值等方法更新各个聚类的中心点；④对k个聚类中心，利用第②③步迭代更新后，如果位置点变化很小，则认为达到稳定状态，迭代结束，对不同的聚类块和聚类中心可选择不同的颜色标注。

4.3.6　时间序列分析

工业时序数据是指在完整的产业链或产品的全生命周期中通过物联网、互联网等技术采集到的在逻辑上有先后序列关系的数据的总称。工业时序数据不只以时间为特征点，任何逻辑上呈序列分布的数据都属于工业时序数据的范畴。

工业时序数据主要来源于企业管理类时序数据、装备物联类时序数据和外部时序数据。工业时序数据在不同工业场景中具有不同特性，其对应的分析算法也不同。例如，周期性短序列(如生物发酵周期中的生化指标)有明确的批次、时长、变量,且不同批次序列的时长通常相等,在进行时序再表征和相似度评价时,与长序列相比,周期性短序列的便捷性更强。例如,风速是长序列,没有明确的业务语义能将其自然分割,需要利用算法或启发式规则进行分割。另外,长序列中常常存在多尺度效应,需要利用其在不同时间尺度上的变化趋势。具有不同特性的时间序列对应的分析算法如表4-7所示。

表4-7 不同特性的时间序列对应的分析算法

维度	类别	描述及示例	分析算法需求
长度	长序列	自然环境的传感数据:风速 持续生产的过程数据:长周期化工过程	时序分割 多尺度分解
	周期性短序列	周期性运行设备:往复式设备的力矩或位移 周期性生产:周期性生产过程数据	时序再表征 时序聚类
形态	周期性或趋势	季节性数据:零配件需求曲线 振动数据:轴承振动应力曲线	时序模式分解 频域分析算法
	已知模态	单变量的时序模态:心电图 双变量的相位模态:示功图、轴心运动轨迹	时序再表征 时序相似度匹配
	未知模态	风速	频繁模式挖掘 聚类
	动力学驱动关系	风速、发电机输出功率	ARIMA或动力学建模
数据质量	数值准确	电流、电压数据	只需进行少量的质量预处理(如线性滤波等)
	零星强噪声	风速测量、工程机械中的压力测量	需要采用非线性滤波(如中值滤波等)或STL等半参数化方法
	趋势可信	化工过程中的流量、工程机械中的油位	时序分解 时序再表征

可以将时间序列分析算法分为8类:时序分割、时序分解、时序再表征、序列模式、异常检测、时序聚类、时序分类和时序预测,如表4-8所示。时序分割从时间维度将长序列切分为若干子序列,不同子序列对应不同工况类别;时序分解按照变化模式,将时间序列分解为若干分量;时序再表征用于进行时间序列简化或特征提取,为时序分类提供支持;序列模式主要用于发现长序列中常见的子序列模式或事件间的时序模式关系;异常检测用于发现时间序列中的点异常、子序列异常或多变量间的模式异常;时序聚类将若干时间序列聚类,为基于时序片段的时序分类和时序预测提供支持。这里的时序分类和时序预测与机器学习算法中的分类和回归问题类似,唯一的不同在于如何融入时序特征。

表4-8 时间序列分析算法

算法分类	描　述	时间序列分析
时序分割	将长序列切分为若干子序列	HMM(隐马尔可夫模型) HOG-ID(方向梯度直方图)

续表

算法分类	描　　述	时间序列分析
时序分解	按照变化模式，将时间序列分解为若干分量	STL(标准模板库) SSA(麻雀搜索算法) EMD(经验模态分解) Wavelet Transform(小波变换)
时序再表征	构建时间序列特征库	统计特征 时域特征(趋势、形状) 频域特征 多变量序列相似度
序列模式	用于发现长序列中的常见子序列模式	Motif(功能域) Sequential pattern(序列模式)
异常检测	用于发现时间序列中的异常	点异常 子序列异常 多变量间的模式异常
时序聚类	短序列聚类	Model-free Model-based Complexity-based Prediction-based
时序分类	将时间序列作为分类变量	SAX(符号集合近似法)
时序预测	对数值的预测	ETS(指数平滑法算法) ARIMA(差分自回归移动平均模型)

以ARIMA算法为例，高炉煤气是钢铁企业产量最大的一种副产煤气，是重要的能源燃料。由于其产生量和需求量的波动性，高炉煤气的供需关系难免处于不平衡状态，由此存在高炉煤气的放散现象，这就造成了能源浪费和环境污染，情况严重时还会威胁到设备的安全运行，因此需要对高炉煤气产生量进行准确预测。ARIMA算法预测是将预测对象的时间序列数据看作随机时间序列，用数据模型来拟合这个序列，就是找出时间序列的过去值和现在值之间的相关关系，然后根据这个相关关系来预测未来某个时刻的值。ARIMA算法主要利用3个参数 p、d、q 来分析时间序列，公式为

$$\mathrm{ARIMA}(p,d,q)=\mathrm{AR}(p)+\mathrm{Difference}(d)+\mathrm{MA}(q) \tag{4-17}$$

式中，AR为自回归模型，p 为自回归项数，Difference为差分模型，d 为差分阶数，MA为移动平均模型，q 为移动平均项数。

4.3.7　关联规则分析

近年来，统计学领域广泛使用另一种重要方法——跨学科研究方法。例如，统计学与计算机学科中的数据挖掘、人工智能和机器学习等之间出现了高度融合的趋势，而最有代表性的是“关联规则分析方法”的提出。“关联规则分析”最初运用在商业领域，例如著名的沃尔玛“尿布与啤酒”案例。

在传统生产中，生产要素之间的关联关系靠经验的积累隐性地存在相关人员的头脑中，

以传统的师徒传授方式传承。但依赖专家经验存在不同专家的判断具有差异，专家判断成本高、效率低等问题，在工业场景中引入“关联规则分析”可以解决传统专家经验的不足，通过关联规则分析挖掘复杂制造系统中潜在的关联规则，如用于挖掘生产过程中的高频工况(控制变量和状态变量的强关联组合)，还用于挖掘工单文本中的高频共现词，从而发现与故障现象相关的故障原因和需要更换的备件。如在智能电网调度技术支持系统中，利用调度运行数据的时空特性，建立了一个层次化、分阶段的关联分析模型，可以为电网控制提供辅助决策，一定程度上避免电网安全事故的发生。

在关联规则分析中，“关联”是指形如 $X \rightarrow Y$ 的蕴涵式，支持度为 X 和 Y 在数据集中出现的频率，用于判断该规则是否有利用价值；置信度为当 X 出现时 Y 出现的频率，用于判断该规则的正确度。

通常，关联规则分析过程主要包含以下两个阶段：①从数据中找出支持度不小于最小支持度的规则，称为频繁项集；②从频繁模式中找出置信度不小于最小置信度阈值的强关联规则。常用的关联规则分析方法有：Apriori 算法、FP-growth 算法和 Ecalt 算法。表 4-9 对这三种方法进行了描述并列举了其优缺点，其余的算法大多在这三种基本算法基础上结合数据集自身的特点改进而来。

表 4-9 基本关联规则分析算法及其特点

算法名称	算法描述	优点	缺点
Apriori 算法	逐层搜索的迭代方法，使用候选项集找频繁项集	算法流程简单、易于实现； 适合稀疏数据集	产生庞大的候选项集； 需多次遍历数据集
FP-growth 算法	采用分而治之的策略，不产生候选项集	不产生候选项集； 只遍历数据集 2 次	需要载入内存
Ecalt 算法	利用基于前缀的等价关系将搜索空间划分为较小的子空间，使用垂直数据格式挖掘频繁项集	优化了支持度的计算； 只需遍历数据集 1 次	数据集大时，算法效率低下、内存占用大

以 Apriori 算法为例，在实际生产过程中，电力变压器的状态信息繁多，如果考虑所有状态信息，故障诊断体系将极为复杂，而且有些状态信息比较模糊，不宜定量地描述，不利于对变压器进行全面而准确的评估。当电力变压器发生某一故障时，往往伴随有多个故障征兆的出现；同样地，一个故障征兆有可能对应多个故障类型。因此，需要分析故障类型与故障征兆之间的关联性，建立故障类型集合。

通过采集运行环境近似且足够多的历史试验数据作为样本，分析故障类型与故障征兆之间的关联性，记关联规则 $S_n \Rightarrow F_m$。第 m 个故障类型 F_m 发生记为事务数据库 D_m，该故障类型故障例总数记为 $|D_m|$。总样本中，各故障征兆 S_n 发生的次数为 $f(S_n)$；在 $|D_m|$ 例中，各故障征兆 S_n 发生的次数为 $f(S_n \cup F_m)$，则由式(4-18)可求得关联规则 $S_n \Rightarrow F_m$ 的支持度，当支持度大于 70% 时，就认为关联规则是有实用意义的。

$$\text{support}(S_n \Rightarrow F_m) = P(S_n \cup F_m) = \frac{f(S_n \cup F_m)}{|D_m|} \times 100\% \tag{4-18}$$

4.4 元分析方法

在数据分析任务中，并不是所有的统计分析工作都由自己完成。有时需要在他人的统计结果上进行二次分析。在这种情况下，需要使用另一种统计分析方法——元分析(meta-analysis)方法。元分析方法是一种在已有统计分析的结果基础上进一步分析的方法。元分析方法可以用于对“已有研究结果”进行集成性的定量分析，如加权平均法和优化方法等。

4.4.1 加权平均法

实际生产中广泛存在多目标优化问题具有多个彼此冲突的优化目标的情况，如物流调度、产品优化设计、生产优化控制、生产调度、车辆路径规划等。以生产调度为例，投入最少的生产资源以最短时间完成所有生产任务就需要兼顾两个存在矛盾的目标。但不同的目标在生产系统中具有不同的重要程度，因此在进行数据分析时需要运用加权平均法，可以权衡各个目标在生产系统中的重要程度，得到一个合理的分析结果。

加权平均法主要用于对同一个样本的同类研究结果的元分析。加权平均法是指将各数值乘以相应的权数，然后求和得到总体值，再除以总的单位数的一种元分析方法。在加权平均法中，平均数的大小不仅取决于总体中各单位的变量值的大小，而且取决于各变量值的权重。

在加权平均法中，权重计算是关键。权重计算可以采用等同权重和区别权重方法。通常，根据数据来源的精确性和可靠性来确定权重高低。

(1) 较高精确性(或可靠性)的数据赋予较高的权重；

(2) 较低精确性(或可靠性)的数据赋予较低的权重。

具体地讲，元分析中常用的权重计算方法有以下两种。

(1) 样本大小加权方法。此种方法一般以样本大小为依据进行加权，具体公式如下：

$$\omega_i = \frac{x_i}{\sum_{j=1}^{k} x_j} \tag{4-19}$$

式中，ω_i 表示第 i 个变量 x_i 的权重，k 为变量个数。

(2) 逆方差加权方法，具体计算公式如下：

$$\omega_i = \frac{\sum_i \frac{y_i}{\sigma_i^2}}{\sum_i \frac{1}{\sigma_i^2}} \tag{4-20}$$

式中，y_i 为第 i 个分析数据集，其对应的方差为 σ_i^2。

4.4.2 优化方法

优化方法是从多个“备选方案”中挑选或推导出一个“最优方案”的方法，其主要理论基础来自于运筹学。运筹学主要研究人类对各种资源的合理使用,在满足外界各类约束的情况下,最大化资源效益,达到总体最优的目的。基于运筹学的优化方法在工业的主要应用场景包括生产调度、维修计划、库存优化、生产参数优化、生产阶段划分、产品优化设计等。将这些应用场景描述为待求解的优化模型,优化模型包括目标函数、决策变量、约束条件。常用的优化模型分类如图 4-4 所示。

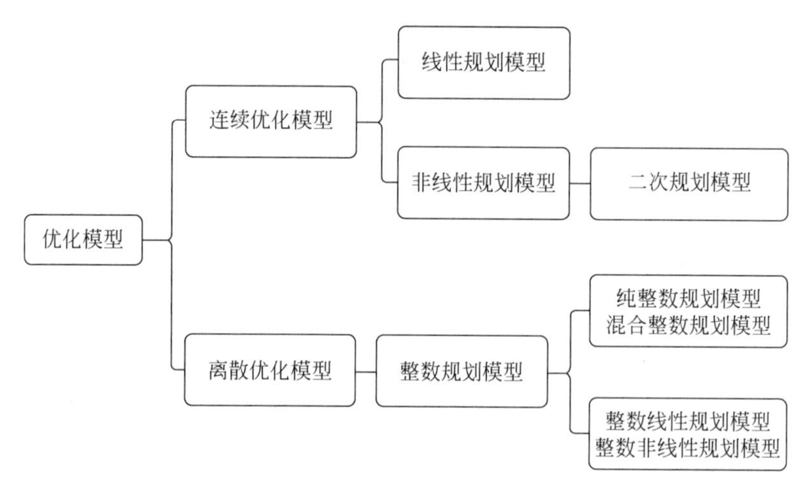

图 4-4　常用的优化模型分类

在建立了优化模型后,需要选用合适的优化算法对模型进行求解。在求解具体问题时,需要根据问题的特点选择合适的建模方法和优化算法。表 4-10 比较了三类常用的优化算法:最优化算法、元启发式算法、人工智能算法。

表 4-10　常用优化算法及其特点

类　　别	常见算法	优　　点	缺　　点	适用范围
最优化算法	牛顿法、线性规划、整数规划、动态规划	可以求得最优解	时间、空间效率低,存在维数灾难	小规模问题
元启发式算法	模拟退火算法、遗传算法、蚁群算法	可以在合理的时间内求得较优解 易于应用	算法参数多、收敛不稳定	小规模问题、大规模问题
人工智能算法	人工神经网络、强化学习	可以应用于真实世界中的复杂问题	网络模型设计复杂;计算资源消耗大	大规模问题

4.5　应用案例

本节将结合 4.3 节中介绍的基本分析方法,介绍如何运用数据分析方法,实现工业蒸汽量分析与柴油发动机功率分析等具体工业应用案例。

【例 4-1】　工业蒸汽量分析

火力发电的基本原理是:燃料在燃烧时加热水生成蒸汽,蒸汽压力推动汽轮机旋转,然后汽轮机带动发电机旋转,产生电能。在这一系列的能量转化中,影响发电效率的核心是锅炉的燃烧效率,即锅炉的燃烧效率高,发电效率也高。锅炉的燃烧效率的影响因素很多,包括锅炉的可调参数，如燃烧给量、一二次风、引风、返料风、给水水量，以及锅炉的工况，比如锅炉床温、床压，炉膛温度、压力，过热器的温度等。利用脱敏后的锅炉传感器采集的数据(采集频率是分钟级别)，根据锅炉的工况，预测产生的蒸汽量。

1. 缺失数据填补

在获取工业过程的生产数据时，因为诸多因素的影响，得到的数据往往会不同程度地存在缺失值，数据缺失会导致样本信息减少，不仅增加了分析数据的难度，而且会导致数据分析的结果产生误差，不能正确地指导工业生产。在缺失类型为随机缺失的条件下，假设模型对于完整的样本是正确的，那么通过观测数据的边际分布可以对未知参数进行极大似然估计。如图4-5所示，在通过极大似然估计填补随机缺失的数据的同时，需要保证填补完数据后样本仍然服从正态分布，以保证填补的数据对分析结果的影响尽可能地小。

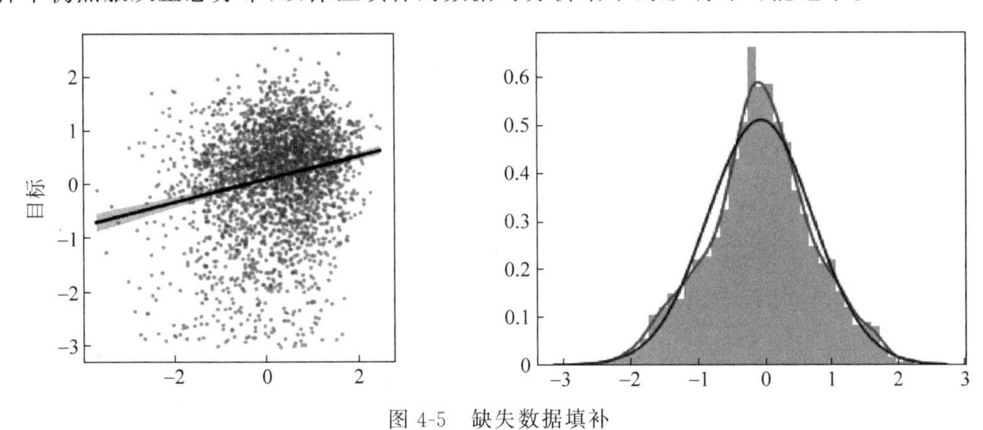

图4-5　缺失数据填补

2. 训练集与测试集的选取

训练模型的过程实际上是拟合了训练数据的分布，如果测试数据的分布与训练数据不一致，那么就会影响模型的效果。如图4-6所示，为了使模型效果好，需要保证训练集和测试集都是由服从同一个分布的随机样本组成的。

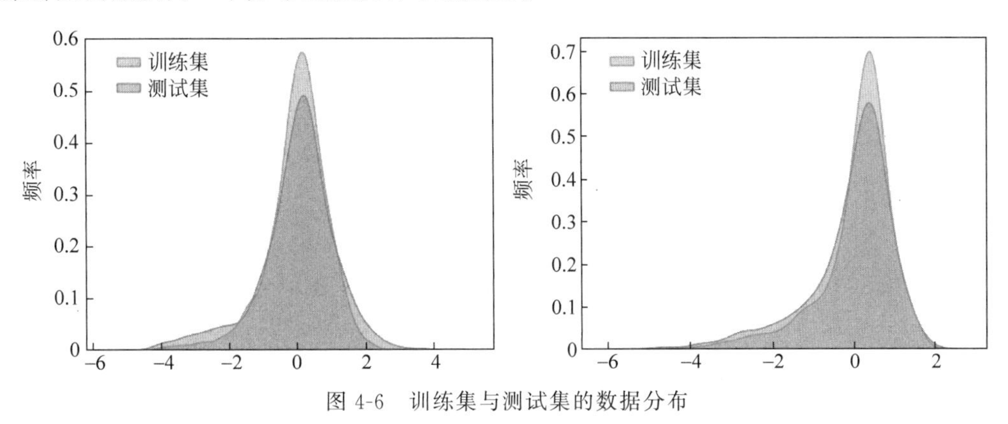

图4-6　训练集与测试集的数据分布

3. 相关分析

为了简化模型并提高模型的正确率，使用4.3.1节介绍的相关分析对各特征进行分析，提取与目标值相关性大的特征作为训练特征。如图 4-7 所示，选取相关性系数大于 0.5 的特征作为模型的输入特征。

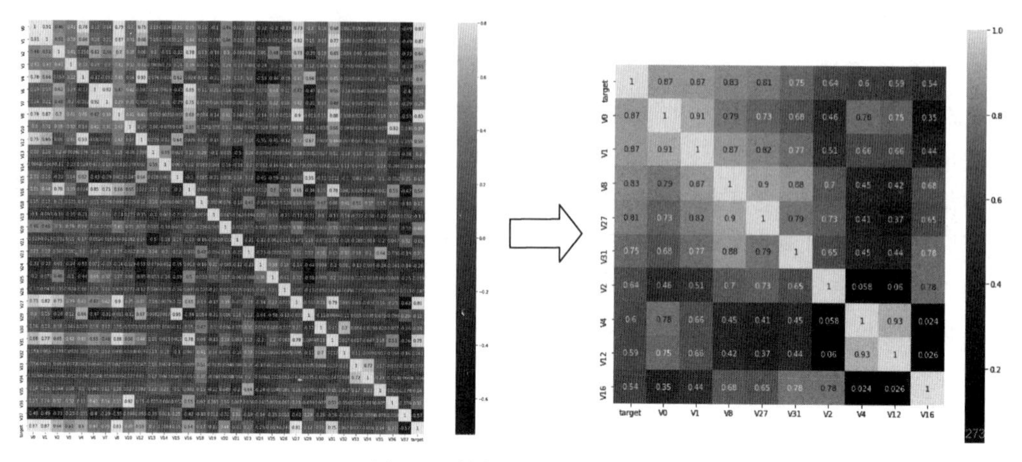

图 4-7 数据特征提取过程

4. 回归预测

基于 4.3.2 节介绍的线性回归方法，建立工业蒸汽量预测模型（结果如图 4-8 所示），以实现对工业蒸汽量的准确预测。

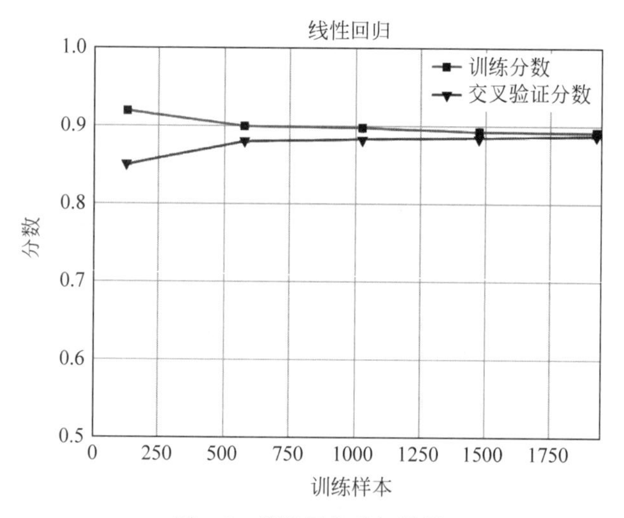

图 4-8 线性回归求解结果

【例 4-2】 柴油发动机功率分析

在柴油发动机装配线上包括 100 多个装配工位，共检测包括曲轴回转力矩、轴向间隙、活塞突出高度等在内的 172 项装配特性参数。柴油机在装配下线后进入台架测试阶段，台架测试检验包括功率、扭矩、排气温度、排气压力等在内的性能参数。图 4-9 展示了部分数据样本。

该型号柴油发动机的额定功率为 254kW。如果某一台柴油机台架测试功率偏差超过了额定功率的±3%，则认为该台柴油发动机功率质量不合格，否则认为该柴油发动机是合格品。为提升批产柴油发动机功率一致性，首要任务是挖掘柴油发动机装配生产过程中与功率直接关联的因素，指导生产过程优化控制。

发动机编号	缸套突出高度01	缸套突出高度02	缸套突出高度03	缸套突出高度04	缸套突出高度05	缸套突出高度06	运行扭矩	轴向间隙	启动扭矩	活塞突出高度01	活塞突出高度02	活塞突出高度03	活塞突出高度04	活塞突出高度05	活塞突出高度06	曲轴回转力矩	标定工况功率
L6AL1G00227	0.141	0.145	0.145	0.143	0.14633	0.15967	5.274	0.215	10.9	-0.141	-0.067	-0.12	-0.115	-0.134	-0.094	35.7	253.8
L6AL1G00347	0.125	0.12867	0.12133	0.123	0.12	0.124	4.89	0.166	17.138	-0.155	-0.097	-0.163	-0.117	-0.151	-0.075	35.302	256.4
L6AL1G00178	0.12133	0.135	0.14333	0.12767	0.123	0.13533	6.017	0.232	12.036	-0.125	-0.11	-0.13	-0.124	-0.117	-0.091	36.583	253.5
L6AL1G00259	0.14	0.131	0.146	0.138	0.14233	0.14233	6.269	0.199	13.33	-0.175	-0.08	-0.179	-0.076	-0.125	-0.032	32.22	250.3
L6AL1G00252	0.144	0.15667	0.15533	0.15133	0.16267	0.14467	5.57	0.204	11.303	-0.141	-0.087	-0.16	-0.119	-0.164	-0.118	31.13	251
L6AL1G00257	0.12167	0.124	0.12133	0.123	0.13	0.12267	6.304	0.191	13.012	0	0	0	0	0	-0.059	31.399	250.2
L6AL1G00254	0.13333	0.13467	0.13833	0.152	0.14433	0.137	6.31	0.197	16.748	-0.152	-0.095	-0.165	-0.117	-0.164	-0.082	33.262	251.3
L6AL1G00192	0.131	0.13367	0.12967	0.12767	0.12667	0.129	6.02	0.205	12.121	-0.114	-0.048	-0.119	-0.096	-0.141	-0.096	33.946	257.7
L6AL1G00261	0.139	0.14167	0.13833	0.13567	0.147	0.13233	6.073	0.168	16.809	-0.175	-0.067	-0.194	-0.109	-0.142	-0.039	33.953	257.3
L6AL1G00263	0.13633	0.132	0.13333	0.12067	0.13267	0.13933	6.188	0.196	26.917	-0.08	-0.036	-0.107	-0.066	-0.086	-0.029	32.615	249.7
L6AL1G00236	0.138	0.14567	0.15133	0.14933	0.147	0.143	5.712	0.22	11.254	-0.174	-0.129	-0.157	-0.157	-0.149	-0.106	31.287	256.9
L6AL1G00229	0.11567	0.11867	0.12	0.11767	0.11833	0.116	5.425	0.22	10.51	-0.189	-0.089	-0.177	-0.108	-0.132	-0.089	33.61	254.5
L6AL1G00361	0.131	0.13733	0.13533	0.13967	0.13833	0.13267	5.319	0.197	10.083	-0.185	-0.181	-0.194	-0.163	-0.175	-0.138	32.774	252.7
L6AL1G00322	0.127	0.12533	0.136	0.13033	0.139	0.138	5.357	0.147	17.114	-0.167	-0.096	-0.167	-0.109	-0.169	-0.075	4.108	256
L6AL1G00239	0.129	0.129	0.111	0.13133	0.11967	0.13833	5.893	0.216	18.005	-0.125	-0.075	-0.141	-0.106	-0.097	-0.066	34.991	257.1
L6AL1G00241	0.12933	0.132	0.13333	0.135	0.12567	0.12233	6.586	0.198	12.146	-0.116	-0.068	-0.139	-0.094	-0.123	-0.058	34.213	252.6
L6AL1G00271	0.10733	0.12267	0.11633	0.125	0.12533	0.11033	5.494	0.173	9.338	-0.111	-0.043	-0.131	-0.064	-0.133	-0.023	33.81	251.2
L6AL1G00275	0.134	0.15233	0.131	0.13933	0.15467	0.14333	6.298	0.191	10.754	-0.175	-0.068	-0.164	-0.09	-0.144	-0.057	31.766	254.2
L6AL1G00267	0.127	0.13067	0.132	0.141	0.14533	0.14367	6.466	0.184	9.301	0	0	0	0	0	-0.029	32.072	255.7
L6AL1G00362	0.13133	0.138	0.139	0.135	0.134	0.129	5.124	0.2	9.899	-0.165	-0.11	-0.16	-0.143	-0.141	-0.092	34.019	257.8

图 4-9 数据样本

在数据预处理的基础上，利用 Python 编程实现 4.3.1 节中介绍的基于互信息的相关分析算法，首先获得柴油发动机生产过程参数间的相关性系数，构建观察网络的邻接矩阵 $\boldsymbol{G}_{\text{obs}}$。由于观察网络的邻接矩阵维度过大，此处只给出它的一部分，如表 4-11 所示。

表 4-11 邻接矩阵 $\boldsymbol{G}_{\text{obs}}$（部分）

参数类型	运行扭矩	启动扭矩	曲轴回转力矩	功率	活塞漏气量	进气温度	扭矩	排气温度	燃油消耗率	中冷前温
运行扭矩	1.00	0.91	0.91	0.88	0.89	0.90	0.86	0.89	0.90	0.89
启动扭矩	0.91	1.00	0.90	0.84	0.85	0.88	0.81	0.85	0.89	0.88
曲轴回转力矩	0.91	0.90	1.00	0.77	0.91	0.91	0.90	0.73	0.81	0.91
功率	0.88	0.84	0.77	1.00	0.78	0.84	1.00	0.77	0.88	0.84
活塞漏气量	0.89	0.85	0.91	0.78	1.00	0.86	0.74	0.81	0.89	0.86
进气温度	0.90	0.88	0.91	0.84	0.86	1.00	0.81	0.86	0.90	0.88
扭矩	0.86	0.81	0.90	1.00	0.74	0.81	1.00	0.72	0.86	0.81
排气温度	0.89	0.85	0.73	0.77	0.81	0.86	0.72	1.00	0.89	0.85
燃油消耗率	0.90	0.89	0.81	0.88	0.89	0.90	0.86	0.89	1.00	0.90
中冷前温	0.89	0.88	0.91	0.84	0.86	0.88	0.81	0.85	0.90	1.00

由表 4-11 可以发现曲轴回转力矩、进气温度、扭矩与功率有着较强关联。同时在大多数参数间都存在较强的关联性，比如一些随机参数之间也呈现出强关联，如进气温度与曲轴回转力矩，关联性达到了 0.91。

本章小结

本章介绍了数据分析技术中的描述统计方法、推断统计方法、基本分析方法和元分析方法，旨在帮助读者了解各种数据分析方法的特点及其工业应用场景。在描述统计方法部分，介绍了正态分布、χ^2 分布、t 分布、F 分布等内容。在推断统计部分，介绍了点估计和区间估计两种参数估计方法，以及参数检验和非参数检验两种假设检验方法。在基本分析方法部分，介绍了相关分析、回归分析、方差分析、分类分析、聚类分析、时间序列分析及关联规则分析等主要分析方法。在元分析方法部分，介绍了加权平均法和优化方法两种方法。最后，介绍了数据分析技术在工业蒸汽量分析和柴油发动机功率分析中的具体应用案例。

习题

1. 常用的数据分析方法有哪些？
2. 数据挖掘和数据分析之间的区别是什么？
3. 回归分析在工业场景中有哪些应用？
4. 优化方法常见的工业应用场景有哪些？列举常见的优化算法。

参考文献

[1] 张帼奋，张奕，黄柏琴，等. 概率论与数理统计[M]. 北京：高等教育出版社，2017.

[2] 盛骤，谢式千，潘承毅. 概率论与数理统计[M]. 北京：高等教育出版社，2001.

[3] 维克托·迈尔-舍恩伯格，肯尼思·库克耶. 大数据时代：生活，工作与思维的大变革[M]. 周涛，译. 杭州：浙江人民出版社，2013.

[4] HAIR J F. Multivariate Data Analysis[M]. Prentice Hall，2009.

[5] WITTEN I H，FRANK E. Data mining：practical machine learning tools and techniques[J]. Acm Sigmod Record，2011，31(1)：76-77.

[6] MINING W I D. Data Mining：Concepts and Techniques[M]. Morgan Kaufinann：Burlington，MA，USA，2006.

[7] WANG J，ZHANG J. Big data analytics for forecasting cycle time in semiconductor wafer fabrication system[J]. International Journal of Production Research，2016，54(23)：1-14.

第5章

数据挖掘技术

在数据感知、预处理与分析的基础上,进一步从海量数据中挖掘有用的信息,是数据技术的核心内容。数据挖掘技术从大量的数据中通过实例学习、决策树和人工神经网络等诸多方法搜索隐藏于其中的有价值信息,作出归纳性的推理,从中挖掘出潜在的模式,帮助决策者挖掘潜在规律,调整策略,减少风险,做出正确的决策,来支撑数据技术的应用。近年来,数据挖掘技术受到极大的关注,逐渐成为人工智能和数据科学领域研究的热点技术。

本章将从数据挖掘的任务类型、数据挖掘过程、数据挖掘方法、典型挖掘算法及应用案例共五个方面对数据挖掘技术进行介绍。

5.1 数据挖掘的任务类型

从数据挖掘的功能视角来看,数据挖掘主要包括规律寻找和规律表示两个核心功能。规律寻找是用某种方法将数据集所含的规律找出来,规律表示是尽可能以用户可理解的方式(如可视化)将找出的规律表示出来。根据所挖掘和表示规律的不同,数据挖掘的任务可分为预测性任务和描述性任务两大类。

1. 预测性任务

预测性任务的目标是根据其他属性的值预测特定属性的值。被预测的属性一般称为目标变量(target variable)或因变量(dependent variable),而用来作预测的属性称为说明变量(explanatory variable)或自变量(independent variable)。例如在智能制造领域,使用数据挖掘方法获得加工中心在加工某一新零件时所选用的刀具种类,其中零件的材料、尺寸等属于说明变量,最终选用的刀具为目标变量。

2. 描述性任务

描述性任务的目标是导出概括数据中潜在联系的模式(相关、趋势、聚类、轨迹和异常)。本质上,描述性数据挖掘任务通常是探查性的,并且常常需要后处理技术验证和解释结果。例如在现有基于神经网络的目标分类检测算法中,最终的检测结果为某一标签和其置信度而不是直接给出检测结果,若此置信度低于某一阈值则需要后续的技术验证和处理。

5.2 数据挖掘过程

5.2.1 目标规划

目标规划是一种用来进行含有单目标和多目标的决策分析的数学规划方法，它是线性规划的一种特殊类型。它是在线性规划基础上发展起来的，多用来解决线性规划不能解决的经济、军事等实际问题。它的基本原理、数学模型结构与线性规划相同，也使用线性规划的单纯形法作为计算的基础。不同之处在于，它从试图使目标离规定值的偏差为最小入手解题，并将这种目标和为了表示与目标的偏差而引进的变量规定在表达式的约束条件之中。

为了便于理解目标规划数学模型的特征及建模思路，举一个简单的例子来说明。

【例 5-1】 某公司分厂用一条生产线生产两种产品 A 和 B，每周生产线运行时间为 60 小时，生产一台 A 产品需要 4 小时，生产一台 B 产品需要 6 小时。根据市场预测，A、B 产品每周平均销售量分别为 9 台、8 台，它们的销售利润分别为 12 万元、18 万元。在制订生产计划时，经理考虑下述 4 项目标：

第一，产量不能超过市场预测的销售量；

第二，工人加班时间最少；

第三，希望总利润最大；

第四，要尽可能满足市场需求，当不能满足时，市场认为 B 产品的重要性是 A 产品的 2 倍。试建立这个问题的数学模型。

若把总利润最大看作目标，而把产量不能超过市场预测的销售量、工人加班时间最少和要尽可能满足市场需求的目标看作约束，则可建立一个单目标线性规划模型，设决策变量 x_1、x_2 分别为产品 A、B 的产量，则有

$$\max z = 12x_1 + 18x_2$$

$$\text{s.t.}\begin{cases}4x_1 + 6x_2 \leqslant 60 \\ x_1 \leqslant 9 \\ x_2 \leqslant 8 \\ x_1, x_2 \geqslant 0\end{cases}$$

容易求得上述线性规划的最优解为 $(9,4)^T$ 到 $(3,8)^T$ 所在线段上的点，最优目标值为 $z^* = 180$，即可选方案有多种。但实际上，这个结果并非完全符合决策者的要求，它只实现了经理的第一目标，而没有达到最后一个目标。进一步分析可知，要实现全体目标是不可能的。

下面引入与建立目标规划数学模型有关的概念。

1. 正、负偏差变量 d^+、d^-

我们用正偏差变量 d^+ 表示决策值超过目标值的部分，用负偏差变量 d^- 表示决策值不足目标值的部分。因决策值不可能既超过目标值同时又未达到目标值，故恒有

$$d^+ \times d^- = 0$$

2. 绝对约束和目标约束

从约束的特性来看,可把所有等式、不等式约束分为两部分:绝对约束和目标约束。绝对约束是指必须严格满足的等式约束和不等式约束。如在线性规划问题中考虑的约束条件,不能满足这些约束条件的解称为非可行解,所以它们是硬约束。如例5-1中生产A、B产品所需原材料数量有限,并且无法从其他渠道予以补充,则构成绝对约束。

目标约束是目标规划特有的,它具有更大的弹性,我们可以把约束右端项看作要努力追求的目标值,但允许结果与所制定的目标值存在正或负的偏差,用在约束中加入正、负差变量来表示,于是称它们为软约束。

对于例5-1,可得如下目标约束:

$$x_1 + d_1^- - d_1^+ = 9$$

$$x_2 + d_2^- - d_2^+ = 8$$

$$4x_1 + 6x_2 + d_3^- - d_3^+ = 60$$

$$12x_1 + 18x_2 + d_4^- - d_4^+ = 252$$

5.2.2 目标函数

目标规划的目标函数是通过各目标约束的正、负偏差变量和赋予各目标相应的优先等级来构造的。当每一目标值确定后,决策者的要求是尽可能从某个方向缩小偏离目标的数值。于是,目标规划的目标函数应该是求极小:$\min f = f(d^+, d^-)$。其基本形式有三种:

(1) 要求恰好达到目标值,即使相应目标约束的正、负偏差变量都要尽可能小。这时取$\min(d^+ + d^-)$。

(2) 要求不超过目标值,即使相应目标约束的正偏差变量要尽可能小。这时取$\min(d^+)$。

(3) 要求不低于目标值,即使相应目标约束的负偏差变量要尽可能小。这时取$\min(d^-)$。

目标规划的目标函数中包含了多个目标,决策者可以将具有相同重要性的目标合并为一个目标,如果同一个目标中还想分出先后次序,可以赋值不同的权系数,按系数大小再排序。因此我们得到目标规划的一般形式:

$$\text{目标函数:} \min z = \sum_{l=1}^{L} P_l \sum_{k=1}^{K} (w_{lk}^- d_k^- + w_{lk}^+ d_k^+)$$

$$\text{s. t.} \begin{cases} \sum_{j=1}^{n} c_{kj} x_j + d_k^- - d_k^+ = g_k, & k = 1,2,\cdots,K \\ \sum_{j=1}^{n} c_{ij} x_j \leqslant (=, \geqslant) b_i, & i = 1,2,\cdots,m \\ x_j \geqslant 0, & j = 1,2,\cdots,n \\ d_k^-, d_k^+ \geqslant 0, & k = 1,2,\cdots,K \end{cases}$$

建立目标规划的数学模型时,需要确定目标值、优先等级、权系数等,它们都具有一定的主观性和模糊性,可以使用专家评定法给以量化。

5.2.3 训练算法

对只具有两个决策变量的目标规划的数学模型,我们可以用图解法来分析求解。通过图解,可以理解目标规划中优先因子,正、负偏差变量及权系数等的几何意义。

5.3 数据挖掘方法

5.3.1 实例学习方法

实例学习是一种归纳学习方法,从大量的学习样本中归纳总结出相应的规则、概念。如图 5-1 所示,实例学习的过程即在实例空间和规则空间中搜索、匹配的过程。

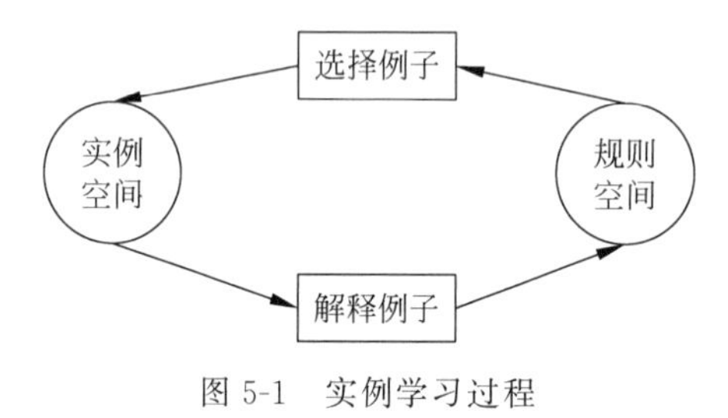

图 5-1 实例学习过程

1. 适用场景

实例学习适用于在拥有大量实例和对应规则的基础上通过搜索和匹配来挖掘数据的深层规律,主要适用于需要对数据进行聚类操作来得到隐含规律的场景。

以工业场景中齿轮表面缺陷检测为例,齿轮表面缺陷的种类包括点蚀、胶合、断裂、磨损等,同一种缺陷的形状和大小不尽相同,从大量的图像数据中挖掘出缺陷所属的类型就是典型的聚类操作的例子。

2. 基本原理

实例学习方法的核心在于实例空间和规则空间的搜索与匹配,下面对一些不同的空间搜索、匹配方法的基本原理进行介绍。

1) 变形空间法(version-space method)

其基本原理为:对规则和实例采用同一种表示形式。初始的假设规则集 H 包括满足第一个示教例子的全部假设规则,在得到下一个示教例子时,对集合 H 进行一般化或特殊化处理,使其满足全部正例,不覆盖全部范例,最后使集合 H 收敛为仅含要求的规则。

2) 改进假设法(hypothesis-refinement method)

其基本原理为:表示规则和实例的形式不一定统一,系统根据输入的例子选择一种操作,用该操作去改进假设规则集 H 中的规则。

3) 产生与测试法(generate and test)

其基本原理为:针对示教例子反复产生和测试假设的规则,在产生假设规则时,使用基于模型的知识,以便只产生可能合理的假设。

4) 方案示例法(schema instantiation)

其基本原理为:使用规则方案的集合来约束可能合理的规则的形式,其中最符合示教例子的规则方案被认为是最合理的规则。

3. 实现过程

首先示教者给实例空间提供一些初始示教例子，由于示教例子的形式往往不同于规则的形式，程序必须对示教例子进行解释，然后再利用被解释的示教例子去搜索规则空间。并且要寻找一些合适的新的示教例子以解决规则空间中某些规则的歧义性。

选择例子：根据规则空间，选择满足要求且效率高的例子。在选择例子的过程中，示教正确例子的同时间隔地示教一些错误的例子，可以及时检验并纠正学习过程中规则的偏移。

解释例子：用选择的例子去产生或完善规则。

学习过程：不断循环选择例子和解释例子的过程，直到得到满足要求的规则。

5.3.2 决策树方法

决策树是一种通过对历史数据进行测算实现对新数据进行分类和预测的算法。简单来说，决策树方法就是通过对已有明确结果的历史数据进行分析，寻找数据中的特征，并以此为依据对新产生的数据结果进行预测。

1. 适用场景

决策树方法适用于通过数据挖掘来帮助决策者做出更合理的决策的场景，适用于决策者有明确的期望目标，存在两个及以上可行的备选方案，存在决策者无法控制的两个以上的不确定因素且决策者可以估计不确定因素发生的概率，不同方案在不同因素下的收益或损失可以计算出来的场景。

2. 基本原理

如图5-2所示，决策树由3个主要部分组成，分别为决策节点、分支和叶子节点。其中决策树最顶部的决策节点是根决策节点。每一个分支都有一个新的决策节点。决策节点下面是叶子节点。每个决策节点表示一个待分类的数据类别或属性，每个叶子节点表示一种结果。整个决策的过程从根决策节点开始，从上到下。根据数据的分类在每个决策节点给出不同的结果。构造决策树采用的是自顶而下的贪婪算法，在每个节点选择分类效果最好的属性对样本分类，然后重复该过程，直至树结构能够准确分类训练样本，或者所有的属性都已被用过。决策树算法的核心是对每个节点进行测试后，选择最佳的样本数属性，并对决策树进行剪枝处理。常用的节点属性选择方法（标准）有信息增益、信息增益率、Gini指数、卡方检验等。常用的剪枝方法有先剪枝（prepruning）和后剪枝（postpruning）两种。

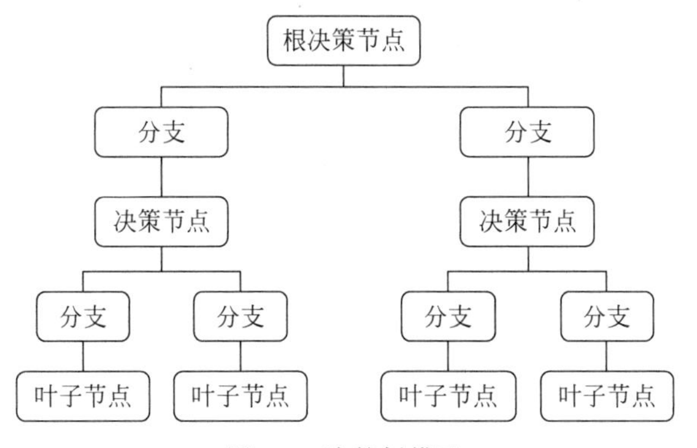

图5-2　决策树模型

3. 实现过程

决策树作为非线性模型，可用于分类或回归；作为一种树形结构，可以认为是 if-then 规则的延续，是以实例为基础的归纳学习，属于监督学习。它有三个重要的步骤：

1）特征选择

常用的选择方法有信息增益、信息增益率等。信息增益基于信息熵而定义，所以先给出信息熵的定义式：

$$H(D)=-\sum_{k=1}^{k}p_k\ln p_k \tag{5-1}$$

式中，D 表示当前数据集合；k 表示当前数据集合中的第 k 类，即目标变量的类型。将分类前后的信息熵作差，即可以得到信息增益，如式(5-2)、式(5-3)所示：

$$\text{Gain}(D,A)=H(D)-H(D\mid A) \tag{5-2}$$

$$H(D\mid A)=-\sum_{i=1}^{n}\frac{|D_i|}{|D|}\sum_{k=1}^{k}\frac{|D_{ik}|}{D_i}\ln\frac{|D_{ik}|}{|D_i|} \tag{5-3}$$

为了消除信息增益的弊端，即偏向选择可选特征数值较多的特征，可以采用信息增益率对该现象进行修正。通过引入一个分裂信息(split information)来惩罚取值较多的特征，增加特征分类数据的广度和均匀性。信息增益率的定义如式(5-4)、式(5-5)所示：

$$\text{Gainratio}(D,a)=\frac{\text{Gain}(D,A)}{\text{Split-information}(D,A)} \tag{5-4}$$

$$\text{Split-information}(D,A)=-\sum_{i=1}^{n}\frac{|D_i|}{D}\ln\frac{D_i}{D} \tag{5-5}$$

当特征取值数量越多时，Split-information 越大，信息增益率越小。因此可以认为信息增益率偏向取值数量较少的特征。

2）决策树生成

通过计算信息增益或其他指标，选择最佳特征。使用满足条件的分类特征，从根节点开始，不断地向下构建决策树节点，递归地产生决策树，不断地将数据集划分为纯度更高、不确定性更小的子集，不断选取局部最优特征。

3）决策树剪枝

决策树容易发生过拟合，这是因为在没有限制的情况下，它会穷尽所有特征进行生长，直到停止条件出现。叶子节点越多，越容易发生过拟合，导致缺少泛化能力。通过优化损失函数(正则化)进行剪枝。通过计算删除该节点的子树，在损失不变的情况下，利用正则系数的值来判定节点剪枝。该值越小，越说明该子树没有存在的必要；依次选取剪枝系数最小的节点剪枝，交叉验证得到最优子树。

5.3.3 人工神经网络方法

人工神经网络(artificial neural network，ANN)是 20 世纪 80 年代以来人工智能领域兴起的研究热点。它从信息处理角度对人脑神经元网络进行抽象，建立某种简单模型，按不同的连接方式组成不同的网络。在工程与学术界也常直接简称为神经网络或类神经网络。

1. 适用场景

人工神经网络主要适用于解决分类和回归的问题，由于“大数据”支持和电脑硬件(如图形处理器(GPU))的计算能力不断提高,人工神经网络和深度学习在分类和回归问题上都取得了空前的成效。人工神经网络在数据挖掘、计算机视觉、自然语言处理等领域均得到了广泛应用。

2. 基本原理

神经网络是一种运算模型,由大量的节点(或称神经元)相互连接构成。每个节点代表一种特定的输出函数,称为激励函数(activation function)。每两个节点间的连接都具有一个通过该连接信号的加权值,称之为权重,这相当于人工神经网络的记忆。网络的输出则依网络的连接方式、权重值和激励函数的不同而不同。而网络自身通常都是对自然界中某种算法或者函数的逼近,也可能是对一种逻辑策略的表达。人工神经网络是由大量处理单元互连组成的非线性、自适应信息处理系统。它是在现代神经科学研究成果的基础上提出的,试图通过模拟大脑神经网络处理、记忆信息的方式进行信息处理。人工神经网络具有四个基本特征:

(1) 非线性。非线性关系是自然界的普遍特性。大脑的智慧就是一种非线性现象。人工神经元处于激活或抑制两种不同的状态,这两种状态的联系在数学上表现为一种非线性关系。具有阈值的神经元构成的网络具有更好的性能,可以提高容错性和存储容量。

(2) 非局限性。一个神经网络通常由多个神经元广泛连接而成。一个系统的整体行为不仅取决于单个神经元的特征,而且可能主要由单元之间的相互作用、相互连接所决定。通过单元之间的大量连接模拟大脑的非局限性。联想记忆是非局限性的典型例子。

(3) 非定常性。人工神经网络具有自适应、自组织、自学习能力。不但神经网络处理的信息可以有各种变化,而且在处理信息的同时,非线性动力系统本身也在不断变化。经常采用迭代过程描述动力系统的演化过程。

(4) 非凸性。一个系统的演化方向在一定条件下将取决于某个特定的状态函数。例如能量函数,它的极值相应于系统比较稳定的状态。非凸性是指这种函数有多个极值,故系统具有多个较稳定的平衡态,这将导致系统演化的多样性。

人工神经网络的优越性主要表现在三个方面:

(1) 具有自学习功能。例如实现图像识别时,只要先把许多不同的图像样板和对应的应识别的结果输入人工神经网络,网络就会利用自学习功能,慢慢学会识别类似的图像。自学习功能对于预测有特别重要的意义。预期未来的人工神经网络计算机将为人类提供经济预测、市场预测、效益预测功能,其应用前景很广阔。

(2) 具有联想存储功能。用人工神经网络的反馈网络就可以实现这种联想。

(3) 具有高速寻找优化解的能力。寻找一个复杂问题的优化解往往需要很大的计算量,利用一个针对某问题而设计的反馈型人工神经网络,发挥计算机的高速运算能力,可能很快找到优化解。

3. 实现过程

和人的认知过程一样,人工神经网络存在学习的过程。在神经网络结构中,信号的传递过程中要不断进行加权处理,即确定系统各个输入对系统性能的影响程度,这些加权值是通过对系统样本数据的学习确定的。给定神经网络一组已知的知识,在特定的输入信号下,反复运算网络中的连接权值,使其得到期望的输出结果,这一过程称为学习过程。

对于前馈型神经网络而言，它是从样本数据中取得训练样本及目标输出值，然后将这些训练样本当作网络的输入，利用最速下降法反复调整网络的连接权值，使网络的实际输出和目标输出值一致。当输入一个非样本数据时，已学习的神经网络就可以给出系统最可能的输出值。典型的前馈型神经网络是 BP 神经网络，其结构如图 5-3 所示。

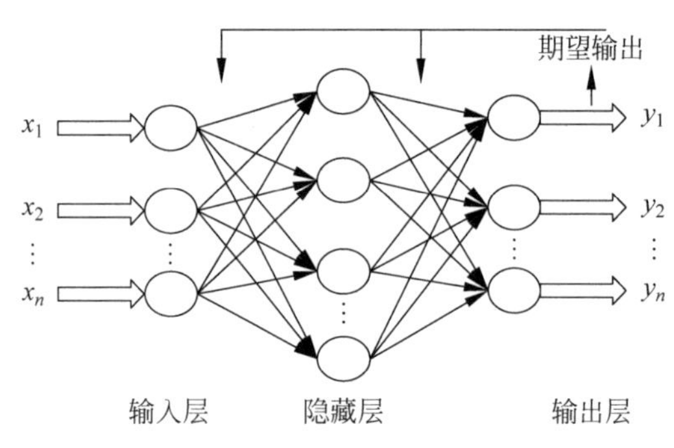

图 5-3　BP 神经网络结构图

5.3.4　贝叶斯网络方法

贝叶斯网络是结合概率论和图论的概率模型，它结合了数据信息和真实世界的信息（先验信息），能很好地解释系统的结构和行为。作为概率模型，一个基本的假设就是事件的转移取决于概率分布，最优决策可以通过对它们的概率与观测数据进行推理得到。贝叶斯网络不仅有严密的概率基础，还有直观上很有吸引力的界面，所以在数据挖掘与机器学习的算法设计与分析中起着越来越重要的作用。近年来，贝叶斯网络也被广泛应用于数据挖掘领域。

1. 适用场景

贝叶斯网络使用概率理论处理由于不同因素之间的条件关联程度低而带来的不确定性，适用于不确定性和不完备对象，运用贝叶斯定理计算出后验概率，可应用于有条件地依赖多种控制因素的决策，因此贝叶斯网络广泛应用在产品的故障诊断、系统性能预测等复杂不确定问题中。

2. 基本原理与实现过程

一个贝叶斯网络由一个结构模型和一组条件概率组成。其中结构模型是一个有向无环图，图中的节点代表随机变量，有向边代表变量间的信息或者因果依赖关系。这种依赖关系用网络中每个节点在给定其父亲节点前提下的条件概率来量化。下面给出贝叶斯网络的正式定义：

【定义 5-1】 一个贝叶斯网络由一个有向无环图 $G\langle N,E\rangle$ 和一组概率分布 P 组成，其中 $N=\{A_1,A_2,\cdots,A_n\}$，为节点的集合，E 为边的集合，P 为每一个节点 A_i 的局部条件分布的集合。A_i 的局部条件分布用 $P(A_i|\mathrm{pa}_i)$ 表示，其中 pa_i 表示 A_i 的父亲。

随机变量分为两种类型：名词（或离散）变量和数字（或连续）变量。名词（或离散）变量取值于一个有限的集合，而数字（或连续）变量取值于一组连续的实数。因此，贝叶斯网络也相应地分为两类：离散贝叶斯网络和连续贝叶斯网络。本书仅讨论离散贝叶斯网络。图 5-4 示出了一个离散贝叶斯网络的例子。

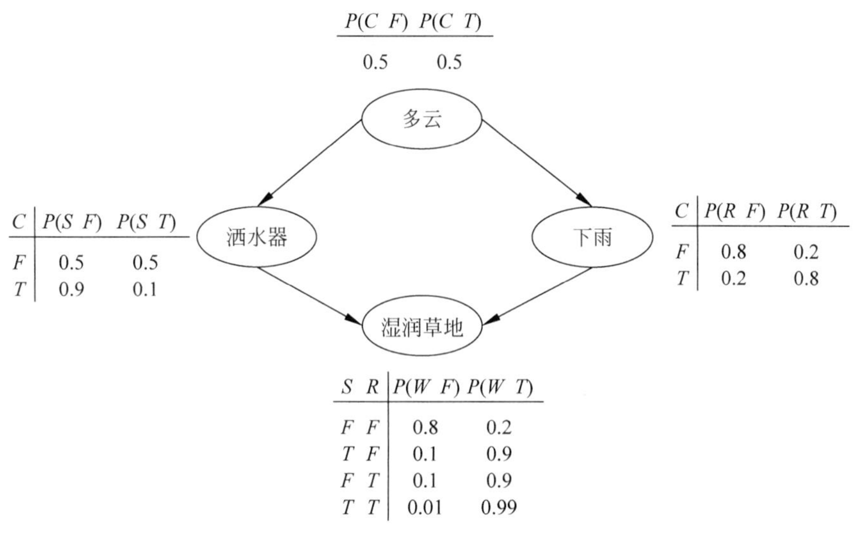

图 5-4　一个贝叶斯网络的例子

从概率论的角度来看，一个贝叶斯网络表示一组随机变量的联合分布。根据链式法则，这个联合分布可以用方程来表示。

$$P(A_1, A_2, \cdots, A_n) = \prod_{i=1}^{n} P(A_i \mid A_1, \cdots, A_{i-1})$$

式中，$A_1, A_2, \cdots, A_n$ 为随机变量。通常直接计算一个联合分布是非常困难的，因为随机变量的组合数目是呈指数增长的。然而，一个贝叶斯网络提供了一组关于随机变量的条件独立假设，以至于一个联合分布可以用因式分解的方法来简洁表示，即一个联合分布可以被分解成每一个变量在给定其父亲节点前提下的局部条件分布。贝叶斯网络结构表示的独立关系可以由马尔可夫条件给定。下面给出马尔可夫条件的定义。

【定义 5-2】　贝叶斯网络中的任何节点在给定其父亲节点的前提下条件独立于它的非儿子节点。马尔可夫条件允许随机变量 $A_1, A_2, \cdots, A_n$ 的联合概率分布被因式分解成如方程(5-6)所示的乘积：

$$P(A_1, A_2, \cdots, A_n) = \prod_{i=1}^{n} P(A_i \mid \mathrm{pa}_i) \tag{5-6}$$

式中，pa_i 为 A_1 所有父亲节点的集合。对于图 5-4 给出的例子，根据概率的链式法则，所有节点的联合分布可以用方程(5-7)来表示(分别用单词的首字母来表示每个变量)：

$$P(C,S,R,W) = P(C) \times P(S \mid C) \times P(R \mid C,S) \times P(W \mid C,S,R) \tag{5-7}$$

但通过应用马尔可夫条件，方程(5-7)可以被改写成

$$P(C,S,R,W) = P(C) \times P(S \mid C) \times P(R \mid C) \times P(W \mid S,R) \tag{5-8}$$

假如每个节点的父亲节点数量是有限的，那么所需参数数量随网络大小呈线性增长，但联合分布本身却呈指数增长。根据马尔可夫条件，贝叶斯网络中的一个节点只会被它的马尔可夫毯中的节点所影响。马尔可夫毯是贝叶斯网络的最优特征子集，其定义如下：

【定义 5-3】　设 A 是贝叶斯网络 G 中的一个节点，那么 A 的马尔可夫毯是由 A 的父亲节点、A 的儿子节点以及 A 的儿子节点的其他父亲节点组成的集合，标记为 $\mathrm{MB}(A)$。比

如,如图 5-5 所示的例子,A_5 的马尔可夫毯是$\{A_2, A_3, A_4, A_7\}$。

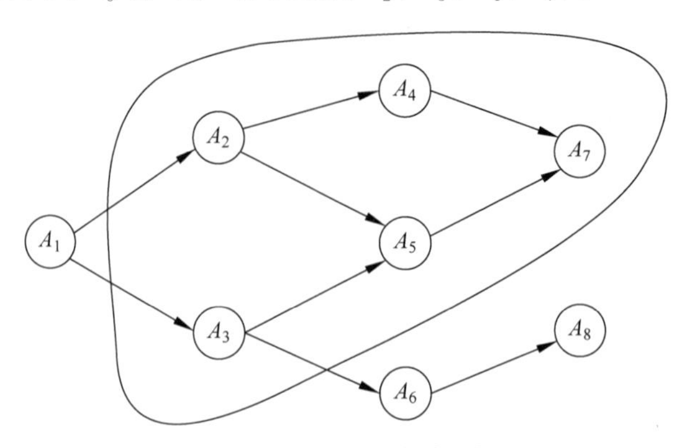

图 5-5　一个马尔可夫毯的例子

简而言之,贝叶斯网络提供了一种利用随机变量间的条件独立性来简化联合分布的方法,这种方法使得直接计算和操作概率成为可能。通过这种方式,在给定任何其他子集作为证据的前提下,贝叶斯网络支持变量的任何子集的概率计算,这就叫贝叶斯推理。贝叶斯推理的目标就是,在给定其他观察变量取值的前提下,导出任何目标变量的取值。在推理过程中,贝叶斯规则起着至关重要的作用。

在数据挖掘与机器学习中,关键点在于:给定训练实例集 D,假设空间 H 中最有可能的假设是什么。贝叶斯规则就提供了一种直接计算这种最有可能假设的方法。更准确地讲,贝叶斯规则提供了一种计算假设概率的方法,它基于假设的先验概率,给定假设下观察到的不同数据的概率以及观察数据本身的先验概率。贝叶斯规则的定义如式(5-9)所示:

$$P(h \mid D)=\frac{P(D \mid h)P(h)}{P(D)} \tag{5-9}$$

式中,$P(h)$表示还没有观察到训练实例集之前假设 h 拥有的初始概率,即 h 的先验概率,它反映了所拥有的关于 h 是一正确假设的机会的背景知识,在没有这一先验知识的情况下,可以简单地对每一个候选假设赋予相同的先验概率;$P(D)$表示将要观察到的训练实例集 D 的先验概率,即在没有确定某一假设成立时 D 的概率;$P(D|h)$表示假设 h 成立的情形下观察到训练实例集 D 的条件概率;$P(h|D)$表示给定训练实例集 D 时 h 成立的条件概率,即 h 的后验概率,它反映了在观察到训练实例集 D 后 h 成立的置信度。

可见,贝叶斯规则提供了用 $P(h)$、$P(D)$和 $P(D|h)$计算 $P(h|D)$的方法。另外,$P(h|D)$随着 $P(h)$和 $P(D|h)$的增加而增加,随 $P(D)$的增加而减少,因为如果 D 独立于 h 被观察到的可能性越大,那么 D 对 h 的支持度就越小。

5.3.5 强化学习方法

强化学习(reinforcement learning,RL),又称再励学习、评价学习或增强学习,是机器学习方法之一,用于描述和解决智能体(agent)在与环境的交互过程中通过学习策略以达成回报最大化或实现特定目标的问题。

1. 适用场景

强化学习方法拟合策略估值与调控指令之间的映射关系,根据调控系统的反馈奖励最大化策略的估值，从而实现系统的最优控制。强化学习通过调控策略模型与环境的交互进行学习，特别适用于动态环境的自适应调控问题，因而广泛应用在能源管理、交通灯控制等工程问题中。

2. 基本原理

在强化学习中，调控模型根据调控指令的奖赏反馈 r 进行学习进化，并形成新的调控策略，其基本原理如图5-6所示。在此基础上，调控策略根据系统状态 s，生成指令 a 对系统进行调控，系统在接受调控指令之后又反馈奖赏 r 给调控模型，从而实现策略优化。

3. 实现过程

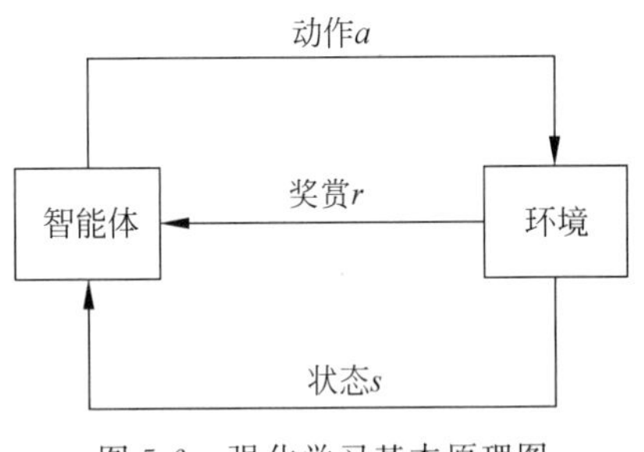

图5-6 强化学习基本原理图

在每一时刻，agent（即智能体）与环境的交互过程如下：

（1）agent 感知当前环境的状态 s_i，$s_i \in S$，其中 S 为可能状态的集合；

（2）agent 基于感知的状态，分析某种策略选择动作集合内的一个动作 a_i，$a_i \in A(s_i)$（$A(s_i)$ 为状态 s_i 下可能动作的集合），并作用于环境；

（3）在 agent 动作的作用下，环境转移到一个新的状态 s_{i+1}，$s_{i+1} \in S$，并产生一个奖赏反馈 r，$r \in R$；

（4）奖赏反馈返回给 agent。

奖赏反馈可以告诉 agent 某个动作是错误的，但却不能告诉它正确的动作是什么。这样，按目标函数来说，梯度信息就不存在了。所以，在强化学习系统中需要某种随机因素，才能在输出空间找到正确的输出值。因此，在强化学习系统中一般都含有随机单元，以完成试探动作。强化学习系统中的 agent 以“试错”的方式进行学习，通过与环境进行交互获得的奖赏指导动作，目标是使 agent 获得最大的奖赏。通过不断地利用环境中的反馈信息来改善其动作性能，从而获得最佳的行动方案。

5.4 典型的挖掘算法

围绕数据挖掘的方法，本节选择一些典型的挖掘算法进一步展开介绍。其中，实例学习方法介绍 k 均值算法、k 近邻算法与支持向量机算法；决策树方法介绍 ID3 决策树算法；人工神经网络方法介绍卷积神经网络算法。

5.4.1 k 均值算法

1. k 均值算法的基本原理

k 均值算法（k-means clustering algorithm）是一种迭代求解的聚类分析算法，其迭代步骤是：先将数据分为 k 组，随机选取 k 个对象作为初始的聚类中心，然后计算每个对象与各个种子聚类中心之间的距离，把每个对象分配给距离它最近的聚类中心。聚类中心以及分配给它们的对象就代表一个聚类。每分配一个样本，聚类的聚类中心会根据聚类中现有的对象被重新计算。这个过程将不断重复直到满足某个终止条件。终止条件可以是没有（或最小数目）对象被重新分配给不同的聚类，没有（或最小数目）聚类中心再发生变化，或者误差平方和局部最小。

2. k均值算法的实现过程

设在 m 维欧氏空间中有 n 个点构成的数据点集 $S=\{\boldsymbol{X}_1,\boldsymbol{X}_2,\cdots,\boldsymbol{X}_n\}$，其中 $\boldsymbol{X}_i=(x_{i1},x_{i2},\cdots,x_{im})(i=1,2,\cdots,n)$。在这个空间中的某个范围内选取 k 个中心位置 $\boldsymbol{V}_i(i=1,2,\cdots,k)$，使这 n 个点到各自最近的中心位置的距离平方之和最小，这是最初的一种优化目标函数。

k均值算法采用的优化目标函数一般可定义如下：

$$E=\sum_{i=1}^{k}\sum_{\boldsymbol{X}\in C_i}\|\boldsymbol{X}-\boldsymbol{V}_i\|_p \tag{5-10}$$

式中，E 为所有点与其所归属的簇中心之间的偏差的总和；$\boldsymbol{X}$ 为 $\mathbb{R}^m$ 中的点，表示给定的数据点；$\boldsymbol{V}_i$ 为簇 C_i 的平均值（设 $\boldsymbol{X}$ 和 $\boldsymbol{V}_i$ 都是 m 维的）；$\|\boldsymbol{X}-\boldsymbol{V}_i\|_p$ 表示 $\boldsymbol{X}$ 和 $\boldsymbol{V}_i$ 之间的一种 p 阶量度，一般在距离空间中多采用欧氏距离的平方（$p=2$）来量度。通过求这个目标函数的最小值来使生成的结果簇尽可能紧凑和独立。

k均值算法在计算簇内平均值时，很容易为噪声和孤立点所影响。为了克服这一缺陷，Kaufman 和 Rousseeuw 用簇中位置的中心点来取代 k 均值算法中采用的簇中点的平均值，提出了原始的 k 中心点算法。该算法仍然是基于最小化所有点与其参照点之间的相异度（如常采用欧氏距离来量度）之和的原则来实现的。

5.4.2 k近邻算法

1. k近邻算法的基本原理

KNN(k-nearest neighbor)，即 k 近邻算法，是由 Cove 和 Hart 于 1968 年提出的。所谓 k 最近邻，就是 k 个附近的邻居的意思，即每个样本都可以用它最接近的 k 个邻居来代表，如图 5-7 所示。KNN 算法与 k 均值算法的相同点在于两者在聚类的过程中都包含一个给定点，在数据集中找离它最近的点，即二者都用到了 NN(nearest neighbor)算法。不同点在于 KNN 是监督学习算法，而 k 均值是无监督学习算法；其次 k 均值算法的训练过程需要反复迭代的操作（寻找新的质心），但是 KNN 不需要。

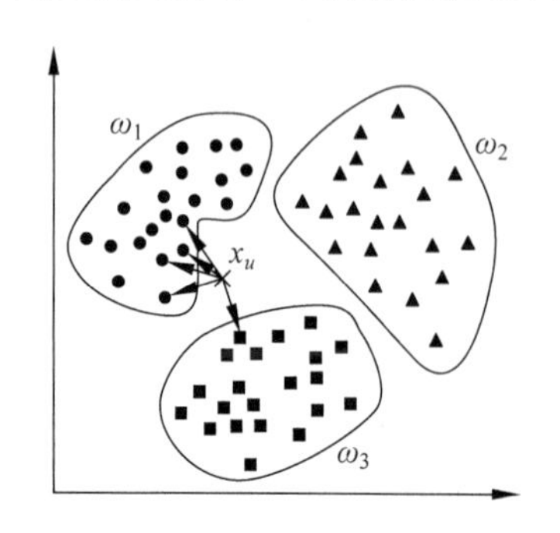

图 5-7 k近邻算法示意图

图 5-7 中圆圈代表第一种齿轮缺陷的多张图片，方块代表第二种齿轮缺陷的多张图片，……，x_u 相当于需要识别的对象，计算机就会将与它距离最近的对象识别出来，给出最终的结果。

2. k近邻算法的实现过程

$$T=(\boldsymbol{x}_1,y_1),(\boldsymbol{x}_2,y_2),\cdots,(\boldsymbol{x}_N,y_N)$$

对于给定一个训练数据集 T，其中 $\boldsymbol{x}_i\in X\subseteq\mathbb{R}^n$ 为实例的特征向量，$y_i\in Y=\{c_1,c_2,c_3,\cdots,c_K\}$ 为实例的类别，$i=$

$1,2,\cdots,N$。

假设待分类实例特征向量为 $\boldsymbol{x}$，根据给定的距离量度，在训练集 T 中找出与 $\boldsymbol{x}$ 最邻近的 k 个点，将涵盖这 k 个点的领域记作 $N_k(\boldsymbol{x})$，在 $N_k(\boldsymbol{x})$ 中，将 k 个样本类别数最多的那一类作为 $\boldsymbol{x}$ 的预测类别。

$$y=\underset{c_j}{\operatorname{argmax}}\sum_{\boldsymbol{x}_i\in N_k(\boldsymbol{x})} I(y_i=c_j),\quad i=1,2,\cdots,N;\ j=1,2,\cdots,K$$

式中 I 为指示函数，即当 $y_i=c_j$ 时为1，否则 I 为0。k近邻算法的特殊情况是 $k=1$，此时成为最近邻算法。关于输入的实例点 $\boldsymbol{x}$，最近邻法将数据集中与 $\boldsymbol{x}$ 最邻近点的类作为 $\boldsymbol{x}$ 的类。

KNN算法操作简单有效，无须预计参数，也无须训练。它适于对时间进行分类，尤其适合于多分类问题(multi-classification，即此对象具备多个类别)。它是一种lazy-learning，也就是惰性学习。这种分类器不需要进行预训练，也就是训练时间复杂度为0，只需要输入大量样本，计算机就会进行分类，再输入一个新的样本，它就会识别出来。KNN分类的计算复杂度和训练集中的文档数目成正比，打个比方，假如你输入了一些关于手机的图片，输入的图片数量越少，识别的速度越快。但这个算法也有不足之处，就是计算量较大。因为计算机需要计算出每一个已知的样本与待分类对象之间的距离，才能得出它的近邻。KNN算法还可以回归，或者说预测。通过找出待识别对象的几个近邻，求出这些近邻的平均值，将这个平均值赋给待分类对象，就可以知道这个对象的属性。还有另外一种方法，就是对于不同距离的近邻对该对象所产生的影响给予不同的权值(权值就是加权平均数中每个数的频数)，权值与距离成反比。这种算法仍有不足之处，当样本数量不平衡时，即一种样本数量很大，而其他几种数量很小时，有可能会导致输入一个新样本时，该样本的近邻中数量大的样本占据主体，就会产生误差。

5.4.3　支持向量机算法

1. 支持向量机算法的基本原理

支持向量机(support vector machines，SVM)的思想和线性回归相似，二者都是寻找一条最佳直线。但是最佳直线的定义方法不一样，线性回归要求直线到各个点的距离最近，SVM要求直线离两边点的距离尽量大。支持向量机算法的本质是距离测度，即把点的坐标转换成点到几个固定点的距离，从而实现升维。如图5-8所示为支持向量机算法的原理图。

因为SVM要映射到高维空间，再求分离超平面，这样运算量会非常庞大，又因为上面的核函数和映射到高维空间的解类似，所以求SVM分离超平面时，可以用求核函数的方法代替在高维空间中计算，从而实现在一维平面上计算达到高维空间计算的效果。常用的核函数包括线性核函数、多项式核函数、高斯核函数。

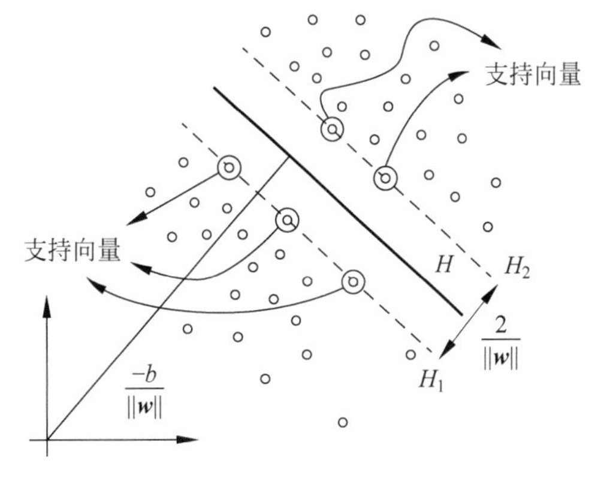

图5-8　支持向量机算法的原理图

线性核函数的计算公式为

$$k(\boldsymbol{x}_1,\boldsymbol{x}_2)=\langle\boldsymbol{x}_1,\boldsymbol{x}_2\rangle \tag{5-11}$$

多项式核函数的计算公式为

$$k(\boldsymbol{x}_1,\boldsymbol{x}_2)=(\langle\boldsymbol{x}_1,\boldsymbol{x}_2\rangle+R)^d \tag{5-12}$$

高斯核函数的计算公式为

$$k(\boldsymbol{x}_1,\boldsymbol{x}_2)=\exp\left(-\frac{\|\boldsymbol{x}_1-\boldsymbol{x}_2\|^2}{2\sigma^2}\right) \tag{5-13}$$

2. 支持向量机算法的实现过程

(1) 假设存在一个超平面 $\boldsymbol{wx}+\boldsymbol{b}=\boldsymbol{0}$ 可以完全把训练数据集分开。

(2) 分析超平面能够将数据完全分开的必要条件。

(3) 找到距离超平面最近的样本点(如果距离超平面最近的点都能够被正确分类,那么其他距离较远的点肯定都能够被正确分类)。

(4) 使步骤(3)中求取的最短距离的值尽可能大,从而求取满足条件的最佳分割超平面。因为样本点到超平面的距离越大,分类的准确性越高。

5.4.4 ID3 算法

1. ID3 算法的基本原理

ID3 算法是一种典型的决策树归纳学习算法,其核心思想是利用信息熵原理,选择信息熵最小的属性作为分类属性,递归地拓展决策树的分支,完成决策树的构造。其中属性的熵定义为该属性单个属性值的权熵之和,在生成树的过程中,每个节点只有一个属性值(权熵相同的属性值看作一个属性值)。

【定义 5-1】 信息熵是信息的一种不确定性程度的量度,假定一个系统 s 具有概率分布 $P=\{P_i\}(0\leqslant P_i\leqslant 1),i=1,2,\cdots,n$,则系统 s 的信息熵可定义为:

$$H(D)=-\sum_{k=1}^{K}P_k\ln P_k$$

【定义 5-2】 假设 X 是一个集合,如果存在一组集合 $A_1,A_2,\cdots,A_n$,满足下列条件:

(1) $\bigcup_{i=1}^{n}A_i=X$;

(2) $A_i\cap A_j=\varnothing,i\neq j$;

则称 $\{A_1,A_2,\cdots,A_n\}$ 是集合 X 的一个划分。

从空间角度理解也可以认为 $X=\underset{i=1}{\oplus}A_i$,其中$\oplus$表示直和。

2. ID3 算法的实现过程

设 $E=F_1\times F_2\times\cdots\times F_n$ 是 n 维有穷向量空间,其中 $F_i(i=1,2,\cdots,n)$是有穷离散符号集,E 中的元素 $e_i=(v_1,v_2,\cdots,v_n)$叫作样例,其中 $v_i\in F_i,i=1,2,\cdots,n$。假设向量空间 E 中正例集合和反例集合的大小分别为 p 和 n,ID3 算法基于下列两个假设:

(1) 在向量空间 E 上的一棵正确决策树对任意样例的分类概率与 E 中正反例的概率一致;

(2) 一棵决策树能对一样例做出正确类别判断所需的信息量为

$$I(p,n)=-\frac{p}{p+n}\ln\frac{P}{P+n}-\frac{n}{p+n}\ln\frac{n}{P+n}$$

如果属性 A 作为根,A 具有 m 个值 $\{u_1,u_2,\cdots,u_m\}$,它将 E 分为 m 个子集 $\{E_1,E_2,\cdots,E_m\}$,假设 E_i 中含有 p_i 个正例和 n_i 个反例,子集 E_i 的信息熵为 $I(p_i,n_i)$,则属性 A 的信息熵为

$$E(A)=\sum_{i=1}^{m}\frac{p_i+n_i}{p+n}I(p_i+n_i)$$

因此,以 A 为根的信息增益是 $\text{gain}(A)=(A)=I(p_i,n_i)-E(A)$,ID3 算法选择使 $\text{gain}(A)$ 最大的属性 A^* 为根节点,对 A^* 的不同取值对应的 E 的 m 个子集递归调用上述过程,生成 A^* 的子节点 $B_1,B_2,\cdots,B_n$。由于在每个节点上 $I(n,p)$ 是一定量,则可取属性 A 的平均熵值 $E(A)$。已有文献从理论上证明了 ID3 算法产生的生成树的长度最短、关联规则最少。即证明

$$\frac{S_1}{|S_1\cup S_2|}E(S_1)+\frac{S_1}{|S_1\cup S_2|}E(S_2)\leqslant E(S_1\cup S_2)$$

式中,$S_1=(+m_1,-n_1)$,$S_2=(+m_2,-n_2)$。其中,$S_i(i=1,2)$表示由 $+m_i$,$-n_i(i=1,2)$ 个元素构成的集合,$+m_i(i=1,2)$表示 $S_i(i=1,2)$中有 $m_i(i=1,2)$个元素的函数值为正,$-n_i(i=1,2)$表示 $S_i(i=1,2)$中有 $n_i(i=1,2)$个元素的函数值为负。$E(S_i)(i=1,2)$表示集合 $S_i(i=1,2)$的熵,$|S_i|$表示集合 S_i 中所含元素的个数。从而可以得到结论:一个集合的单个子集的权熵之和不大于该集合某几个子集并的权熵之和。这一结论表明,ID3 算法偏向属性值较多的属性。由证明过程可知,只有当两个集合的正例和负例个数成比例时,这两个集合的熵才相等且等于其并集的熵,从而为分支合并算法提供了理论依据。

5.4.5 CNN 算法

1. CNN 算法的基本原理

卷积神经网络(convolutional neural networks,CNN)是多层感知机(multi-layer perceptron,MLP)的变种,是人工神经网络数据挖掘方法的一种,由生物学家休博尔和维瑟尔在早期关于猫视觉皮层的研究发展而来,仿造生物的视觉机制构建,可以进行监督学习和非监督学习。其隐含层内的卷积核参数共享和层间连接的稀疏性使得卷积神经网络能够以较小的计算量对格点化特征(例如像素和音频)进行学习,有稳定的效果且对数据没有额外的特征数据要求。

简而言之,卷积神经网络是一种深度学习模型或类似于人工神经网络的多层感知器,常用来分析视觉图像。其本质上是一种输入到输出的映射,它能够学习海量输入与输出之间的映射关系,而不需要任何输入和输出之间的精确的数学表达式,只要用已知的模型结构对卷积网络加以训练,网络就具有输入/输出对之间的映射能力。如图 5-9 所示为卷积神经网络结构示意图。

工业数据中的图像数据具有维度高的特点,一般的数据处理都需要进行复杂的数据重建工作,而卷积神经网络以其局部权值共享的特殊结构在语音识别和图像处理方面有着独特的优越性,可以直接输入网络,避免了特征提取和分类过程中数据重建的复杂操作,工业上主要用来识别位移、缩放及其他形式扭曲不变性的二维图形。

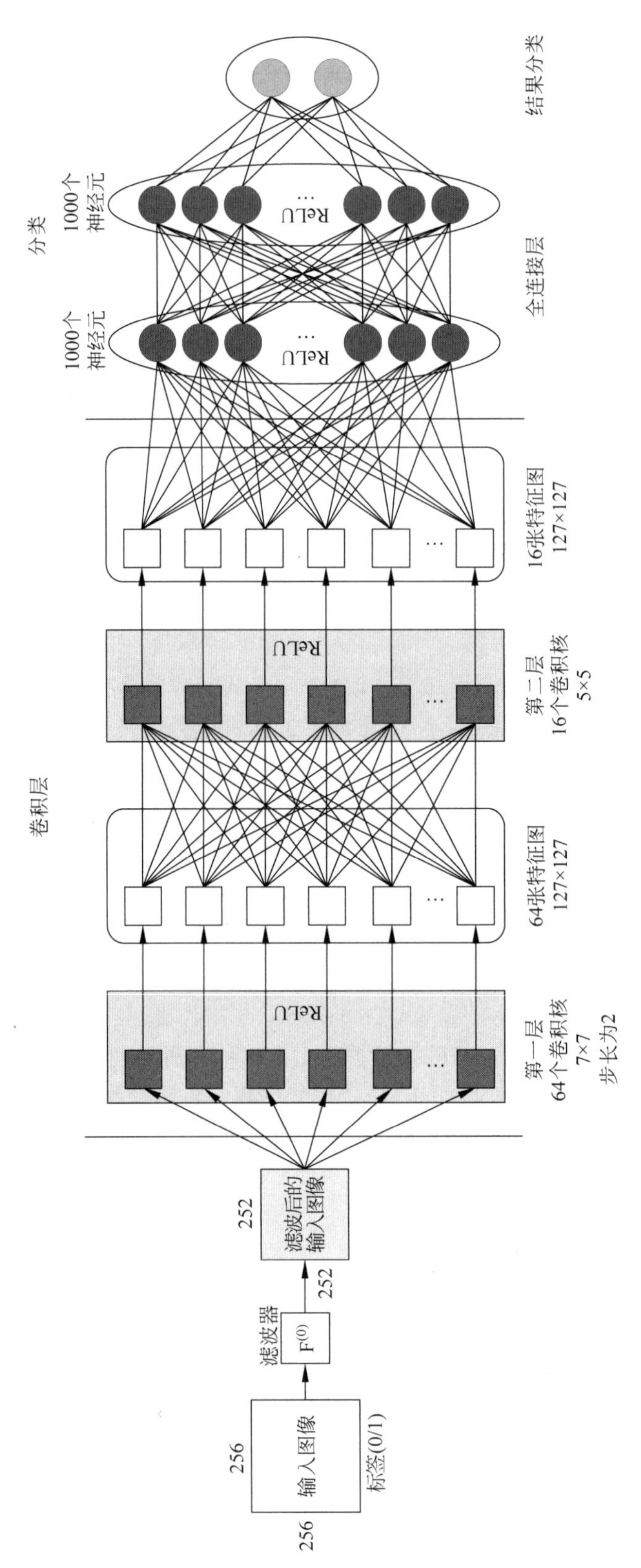

图 5-9　卷积神经网络结构示意图

卷积神经网络的创始人是著名的计算机科学家杨立昆(Yann LeCun),目前在Facebook工作,他是第一个通过卷积神经网络在MNIST数据集上解决手写数字问题的人。

卷积神经网络依旧是层级网络,只是层的功能和形式发生了变化,可以说是传统神经网络的一个改进。卷积神经网络架构与常规人工神经网络架构非常相似,特别是在网络的最后一层,即全连接层。此外,还应注意:卷积神经网络能够接受多个特征图作为输入,而不是向量。

2. CNN算法的实现过程

卷积神经网络由以下不同种类的层构成层级结构。

1) 数据输入层(input layer)

该层要做的工作主要是对原始图像数据进行预处理,其中包括:

(1) 去均值:把输入数据各个维度都中心化为0,其目的就是把样本的中心拉回到坐标系原点上。

(2) 归一化:将幅度归一化到同样的范围,即减少各维度数据取值范围的差异而带来的干扰。比如,有两个维度的特征A和B,A的范围是0到10,而B的范围是0到10000,如果直接使用这两个特征是有问题的,好的做法就是归一化,即将A和B的数据都变为0到1的范围。

(3) PCA/白化:用PCA提取数据的主要特征分量实现高维数据的降维;白化是将数据各个特征轴上的幅度归一化。

2) 卷积计算层(CONV layer)

这一层是卷积神经网络最重要的一个层次,也是"卷积神经网络"名字的来源。在这层有两个关键操作:局部关联,将每个神经元看作一个滤波器(filter);窗口(receptive field)滑动,滤波器对局部数据进行计算。如图5-10所示为卷积层示意图。

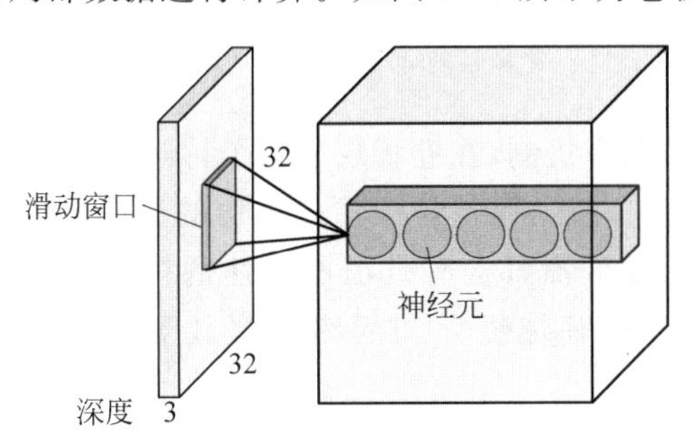

图5-10 卷积层示意图

下面介绍卷积层中涉及的几个名词:

深度(depth):对应用于卷积操作的过滤器的数量。

步长(stride):窗口一次滑动的长度

填充值(zero-padding):假设有一张5×5的图片(一个格子代表1像素),如果将滑动窗口的大小取2×2,步长取2,那么还剩下1个像素没法滑完,于是我们在原先的矩阵加了一层填充值,使得变成6×6的矩阵,则窗口刚好把所有像素遍历完。这就是填充值的作用。

如图 5-11 所示为卷积的计算(注意,下面蓝色矩阵周围有一圈灰色的框,这就是上面所说的填充值)示意图。这里的蓝色矩阵就是输入的图像;粉色矩阵就是卷积层的神经元,此图中表示出了两个神经元(w0,w1);绿色矩阵就是经过卷积运算后的输出矩阵,这里的步长设置为 2。蓝色的矩阵(输入图像)对粉色的矩阵(filter)进行矩阵内积计算并将三个内积运算的结果与偏置值 b 相加,计算后的值就是绿框矩阵的一个元素。

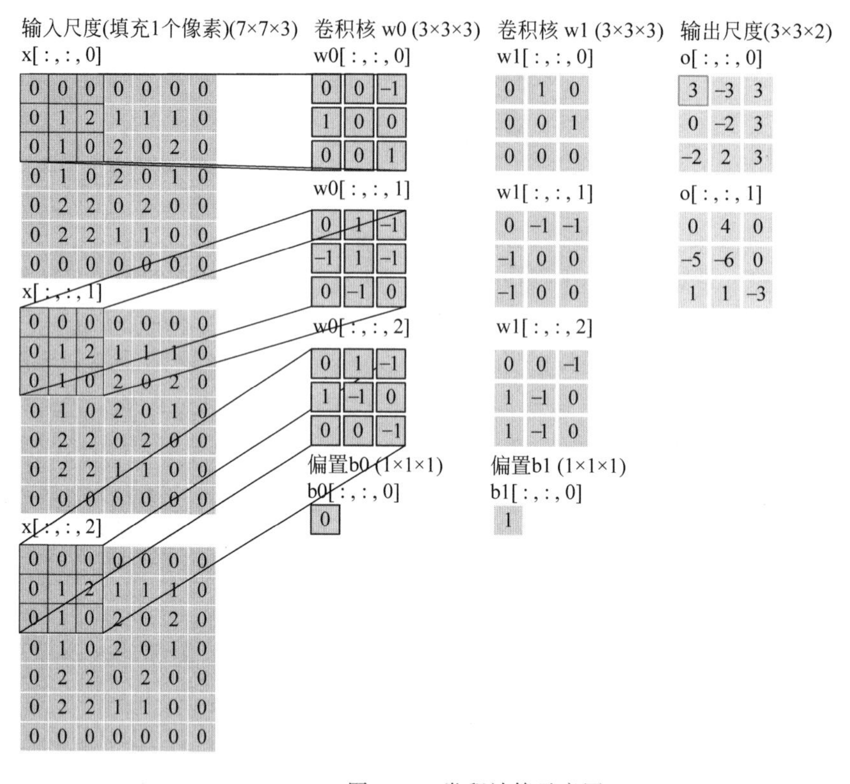

图 5-11　卷积计算示意图

此外,卷积神经网络中存在参数共享机制,在卷积层中每个神经元连接数据窗的权重是固定的,每个神经元只关注一个特性。神经元就是图像处理中的滤波器,比如边缘检测专用的 Sobel 滤波器,即卷积层的每个滤波器都会有自己所关注的一个图像特征,比如垂直边缘、水平边缘、颜色、纹理等,这些所有神经元加起来就好比整张图像的特征提取器集合。

3) ReLU 激励层(ReLU layer)

CNN 采用的激励函数一般为 ReLU(the rectified linear unit,修正线性单元),它的特点是收敛快,求梯度简单,但较脆弱。非线性映射及激励函数如图 5-12 所示。

4) 池化层(pooling layer)

池化层夹在连续的卷积层中间,用于压缩数据和参数的量,减小过拟合。简而言之,如果输入是图像的话,那么池化层的主要作用就是压缩图像,其原理如图 5-13 所示。

池化层的具体作用包括保持特征不变、降低特征维度两方面。

(1) 保持特征不变。特征不变也就是我们在图像处理中经常提到的特征的尺度不变性,池化操作就是图像的 resize,例如,一张狗的图像缩小到一半我们还能认出它,这说明这

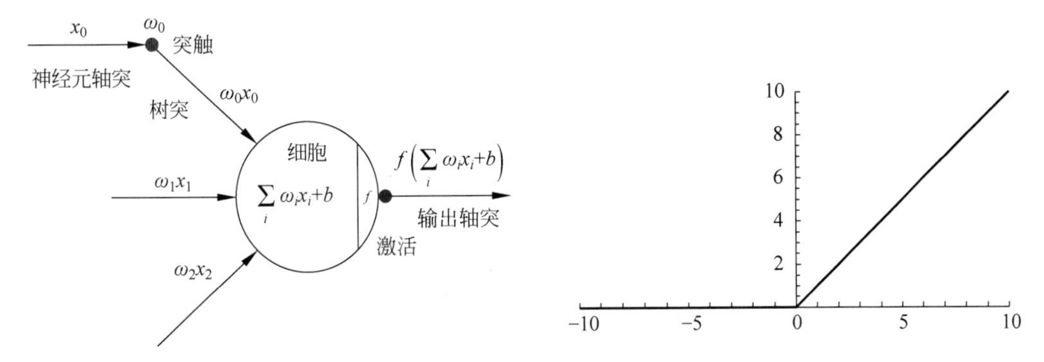

图 5-12 非线性映射及激励函数

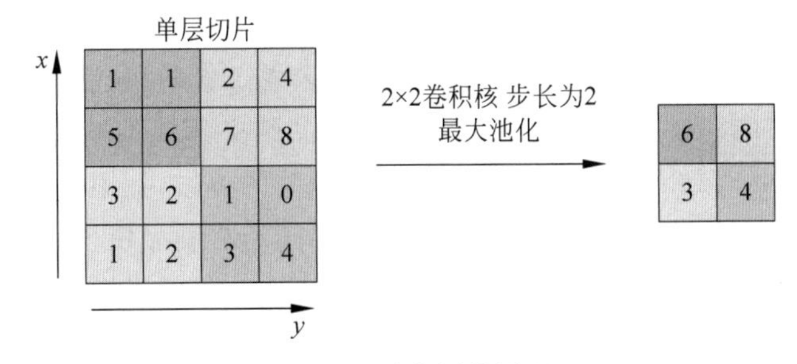

图 5-13 池化层的原理

张图像中仍保留着狗最重要的特征，我们一看就能判断图像中画的是一只狗，图像压缩时去掉的信息只是一些无关紧要的信息，而留下的信息则具有尺度不变性的特征，是最能表达图像的特征。

(2) 降低特征维度。我们知道，一幅图像中含有的信息量是很大的，特征也很多，但是有些信息对于我们做图像处理任务时没有太多用途或者有重复，我们可以把这类冗余信息去除，把最重要的特征抽取出来，这也是池化操作的一大作用。

池化层使用的方法有 Max pooling 和 average pooling，用得较多的是 Max pooling。

Max pooling 的思想非常简单：对于每个 2×2 的窗口选出最大的数作为输出矩阵的相应元素的值，比如输入矩阵第一个 2×2 窗口中最大的数是 6，那么输出矩阵的第一个元素就是 6，以此类推。

5) 全连接层(FC layer)

两层之间所有神经元之间都带有权重连接，通常全连接层在卷积神经网络的末尾，也就是跟传统的神经网络神经元的连接方式是一样的。

卷积网络在本质上是一种输入到输出的映射，它能够学习大量的输入与输出之间的映射关系，而不需要任何输入和输出之间的精确的数学表达式，只要用已知的模式对卷积网络加以训练，网络就具有输入/输出对之间的映射能力。CNN 一个非常重要的特点就是头重脚轻(越往前输入权值越小，越往后输出权值越大)，呈现出一个倒三角的形状，这就很好地避免了 BP 神经网络中反向传播的时候梯度损失得太快。

CNN 主要用来识别位移、缩放及其他形式扭曲不变性的二维图形。由于 CNN 的特征检测层通过训练数据进行学习，所以在使用 CNN 时，避免了显式的特征抽取，而隐式地从训练数据中进行学习；再者，由于同一特征映射面上的神经元权值相同，所以网络可以并行学习，这也是卷积网络相比于神经元彼此相连网络的一大优势。卷积神经网络以其局部权值共享的特殊结构在语音识别和图像处理方面有着独特的优越性，其布局更接近于实际的生物神经网络，权值共享降低了网络的复杂性，特别是多维输入向量的图像可以直接输入网络这一特点避免了特征提取和分类过程中数据重建的复杂度。

5.5 应用案例

为进一步学习数据挖掘方法，本节以数据挖掘方法在晶圆制造过程工期预测中的应用作为案例进行介绍。

在晶圆制造车间中，晶圆加工过程的制造数据（如晶圆卡等待时间）由传感器测得，并通过工业网络传输搜集，另一部分数据（如每个站的剩余总工作量）从制造执行系统、资源管理系统等信息系统中获取。本案例对这些有可能影响晶圆交货期的制造数据进行采集，并通过数据挖掘和分析方法，判断筛选与订单交货期强相关的参数，并用于交货期预测。

晶圆制造中，复杂多样的产品工艺路线与大量的车间在制品使得候选数据具有海量、高维和异构的特点。从数据的体量上来说，2000 个订单的工期预测候选数据集就达到了 140 万条，具备海量特点；从数据的维度上来说，候选数据中有订单特性数据、制造设备状态数据、物流系统状态数据等，具备高维度特点；从数据的结构来说，候选数据涵盖时间类型、有比例类型、数值类型、序次类型等多种数据。这些数据的特点进一步加剧了计算的复杂性，因此，采用一种高效数据关联关系分析方法对于复杂海量的制造数据处理具有重要的意义。

采用回归分析方法（见 4.3.2 节）分析候选数据和订单交货期之间的相关关系，并采用费希尔 Z 变换衡量参数和订单交货期之间的相关性，进而筛选得到强相关参数，设计基于人工神经网络的工期预测方法来预测晶圆的工期，预测方法框架图如图 5-14 所示。

采用上海某 300mm 晶圆生产线的运行数据对工期预测方法进行实验验证，该生产线主要生产 3 种类型的晶圆，三者具有完全不同的工艺路线。本案例对其中一种晶圆的工期进行预测实验，该晶圆产品的工艺路线包括 400 道含有多重入流的工序。车间拥有 400 台机器，其中的瓶颈工作站是光刻曝光站。采用搜集得到的 2000 组晶圆数据进行输入参数的滤取实验，在 1202 个候选参数中筛选得到 78 个输入参数，如表 5-1 所示。

由晶圆工期预测关键参数集，可得如下结论：

（1）从参数的组成上来说，有 64 道工序的加工时间入选。这说明该 Fab（晶圆代工厂）中晶圆 Lot（批号）的工期明显伴随 64 道工序的加工时间波动，这种情况常见于新晶圆 Fab 的产能爬坡阶段，工艺不成熟，加工时间波动较大，返工的晶圆也较多，这与该晶圆生产线的实际情况是相吻合的。

（2）有 6 台晶圆设备的等待队列时间参数入选。这说明在该晶圆的工艺路径上，有 6 台设备前的等待队列长度和晶圆工期紧密相关。这 6 台设备分别为炉管区设备（成批等待）、光刻区设备（车间瓶颈），这与该晶圆生产线的实际情况也是相吻合的。

（3）Lot 优先级的平均影响力远超其他参数，证明对于单个 Lot 而言，调整其优先级可以有效地影响晶圆 Lot 的完工时间。

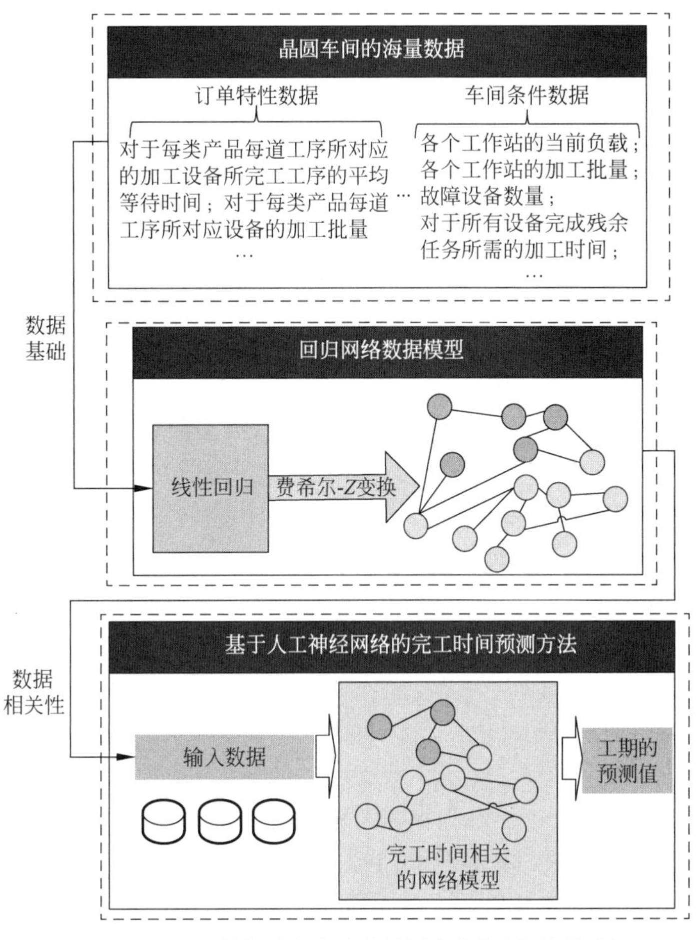

图5-14　基于数据挖掘方法的晶圆交货期预测框架图

表5-1　晶圆Lot工期预测关键参数集

参数类型	参数数量/个	参数总影响力/%	参数平均影响力/%
Pr	1	4.39	4.39
TP	64	86.32	1.34
Load	6	9.19	1.53
Queueing	6	7.74	1.29
WIP	1	1.47	1.47

通过晶圆工期预测精度来评价输入参数的滤取效果。使用基于数据挖掘方法的晶圆交货期预测方法，以不同规模的6组数据进行晶圆Lot工期预测，预测数据与结果如表5-2所示，预测效果的测度包括平均绝对偏差和方差两部分。

表5-2　6个不同规模的数据集下晶圆Lot工期预测实验结果

数据集	A	B	C	D	E	F
规模/组	50	100	500	1000	1500	2000
平均绝对偏差	248.9421	258.0302	254.1979	252.7561	253.9728	249.384
方差	245.1221	384.4998	247.0114	162.4574	197.4442	186.0225

综上，本案例通过分析数据间的关联关系筛选关键参数作为预测输入，感知底层数据的细微变化，该方法在大规模晶圆工期预测中具有更好的预测性能。通过构建工期预测的数据模型，确定候选输入参数集，考虑候选参数与晶圆工期之间的相关性，有效提高了晶圆工期预测的精度与准确性。

本章小结

本章从数据挖掘的概念出发，首先概述了数据挖掘过程中的任务类型和主要步骤，包括目标规划、目标函数的确定和训练算法的选取；其次详细介绍了常用的数据挖掘方法，包括实例学习方法、决策树方法、人工神经网络方法等，以及典型的数据挖掘算法，包括 k 均值算法、KNN、支持向量机、ID3、CNN 等，帮助读者理解数据挖掘方法的特点及其对应算法的工作原理；最后给出了使用数据挖掘技术进行晶圆工期预测的例子。数据挖掘的研究目前仍处于广泛研究和探索阶段，一方面数据挖掘的概念被广泛接受，在理论上提出了一些具有挑战性和前瞻性的问题；另一方面，数据挖掘的广泛应用还有待发展，需要深入研究和积累丰富的工程实践经验。

习题

1. 数据挖掘的定义是什么？数据挖掘的功能有哪些？

2. 简述决策树 ID3 算法的基本思想、主要问题和改进策略。

3. 图 5-15 所示为使用 ID3 算法在一个数据集上生成的决策树，用它来帮助银行决定是否发放住房贷款。根据该图回答或解决下列问题：

(1) 数据格式至少包含哪些属性？

(2) 写出该树对应的分类规则。

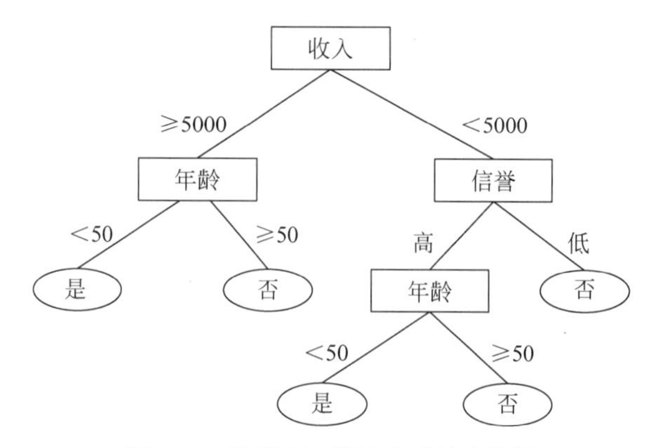

图 5-15　使用 ID3 算法生成的决策树

参考文献

[1] 朱明. 数据挖掘[M]. 2 版. 合肥：中国科学技术大学出版社，2008.

[2] 毛国君，段立娟，王实，等. 数据挖掘原理与算法[M]. 2 版. 北京：清华大学出版社，2007.

[3] 傅佳俐. 基于 R 语言的数据挖掘工具分析与设计[D]. 青岛：山东科技大学，2011.

[4] 申彦. 大规模数据集高效数据挖掘算法研究[D]. 镇江：江苏大学，2011.

[5] 梁亚生，徐欣，等. 数据挖掘原理、算法与应用[M]. 北京：机械工业出版社，2011.

[6] APILETTI D, BARALIS E, CERQUITELLI T, et al. Frequent Itemsets Mining for Big Data: A Comparative Analysis[J]. Big Data Research, 2017, 9: 67-83.

[7] FAN C, XIAO F, LI Z D, et al. Unsupervised data analytics in mining big building operational data for energy efficiency enhancement: A review[J]. Energy and Buildings, 2018, 159: 296-308.

[8] SONG G. Data Mining Engine based on Big Data[M]//YINGYING S, GUIRAN C, ZHEN L. Proceedings of the 2016 International Conference on Education, Management, Computer and Society, 2016: 264-267.

[9] SHI Y, QUAN P. Big Data Analysis: Theory and Applications[M]//LIRKOV I, MARGENOV S. Large-Scale Scientific Computing, 2020: 15-27.

第6章

数据可视化技术

数据可视化技术将抽象的复杂信息以直观形象的方式展现出来，为大数据分析所得到的结果提供了高效的展示手段，有助于发现大数据中蕴含的规律，在各行各业均得到了广泛的应用。其利用人类视觉认知的高通量特点，通过图形的形式表现数据的内在规律及其传递、表达的过程，充分结合人的智能和机器的计算分析能力，是人们理解复杂现象、诠释复杂数据的重要手段和途径。数据可视化工作更关注数据和图形，由此建立的数据可视化的领域模型如图 6-1 所示。其中，数据聚焦于数据的采集、清理、预处理、分析和挖掘工作；图形聚焦于光学图像的接收、提取信息、加工变换、模式识别及存储显示；可视化聚焦于将数据转换成图形，并进行交互处理。

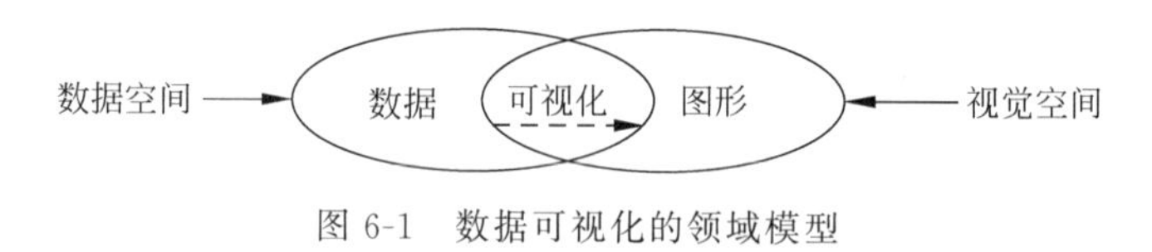

图 6-1　数据可视化的领域模型

本章将就数据可视化的作用、流程、可视化的维度、常用方法和应用案例展开介绍。

6.1　数据可视化的作用

数据可视化使用数据和图形技术将信息从数据空间映射到视觉空间，是一门跨计算机图形学、数据科学、自然科学和人机交互等领域的交叉学科。通常而言，可视化可以被理解为一个生成图形图像的过程。更进一步讲，可视化是认知的过程，即形成其物体的感知图像，强化认知理解。数据可视化综合运用计算机图形学、图像处理、人机交互等技术，将采集或模拟的数据变换为可识别的图形符号、图像、视频或动画，并以此呈现对用户有价值的信息。用户通过对可视化的感知，使用可视化交互工具进行数据分析，获取知识，因此，数据可视化的最终目的是对事物规律的洞悉，而非所绘制的可视化结果本身。这包含多重含义，即从数据中发现、决策、解释、分析、探索和学习。

6.1.1　数据可视化的背景与分支

数据可视化从广义上讲范围很大，主要有科学可视化、信息可视化和可视分析学三个方向，将三个分支整合在一起形成新的学科“数据可视化”，这是可视化研究领域的新起点。广义的数据可视化涉及信息技术、自然科学、统计分析、图形学、人机交互、地理信息等多种学科。三个方向在目标和技术上存在着部分重叠，没有明确清晰的边界，但大致有三个方面可以作以区分：科学可视化主要处理具有地理结构的数据，信息可视化主要处理像树、图形等抽象式的数据结构，可视分析学则主要挖掘数据背景的问题与原因。

1. 科学可视化

科学可视化最初称为“科学计算之中的可视化”，是可视化领域历史最久远、技术最成熟的一门学科，它的出现可以追溯到晶体管计算机时代，计算机图形学在其发展的过程中扮演了关键性的角色，其在科学探索与工程实践中对计算机建模和模拟提供了巨大帮助。

1987年，由布鲁斯·麦考梅克、托马斯·德房蒂和玛克辛·布朗编写的美国国家科学基金会报告*Visualization in Scientific Computing*（意为“科学计算之中的可视化”），对于这一领域产生了大幅的促进和刺激作用。这份报告强调了新的基于计算机的可视化技术方法的必要性。随着计算机计算能力的迅速提升，人们建立了规模越来越大、复杂程度越来越高的数值模型，从而造就了形形色色规模庞大的数值型数据集。同时，人们不但利用医学扫描仪和显微镜之类的数据采集设备生成大型的数据集，而且还利用可以保存文本、数值和多媒体信息的大型数据库来收集数据。因而，就需要高级的计算机图形学技术与方法来可视化这些规模庞大的数据集。

2. 信息可视化

信息可视化（information visualization）是由斯图尔特·卡德、约克·麦金利和乔治·罗伯逊于1989年提出的，其研究历史最早可以追溯到20世纪90年代，它是一个跨学科领域，旨在研究大规模非数值型信息资源的视觉呈现（如软件系统中众多的文件或者一行行的程序代码）。通过利用图形图像方面的技术与方法，帮助人们理解和分析数据。与科学可视化相比，信息可视化侧重于抽象数据集，如非结构化文本或者高维空间当中的点（这些点并不具有固有的二维或三维几何结构）。

信息可视化致力于创建那些以直观方式传达抽象信息的手段和方法。可视化的表达形式与交互技术则是利用人类眼睛通往心灵深处的广阔带宽优势，使得用户能够目睹、探索以至于立即理解大量的信息。在信息可视化当中，所要可视化的数据并不是某些数学模型的结果或者大型数据集，而是具有自身内在固有结构的抽象数据，如编译器等各种程序的内部数据结构、大规模并行程序的踪迹信息、操作系统文件空间、从各种数据库查询引擎返回的数据等。近年来可视化也日益关注来自商业、财务、行政管理、数字媒体等方面的大型异质性数据集合。

3. 可视分析学

可视分析学是通过交互式可视化界面促进分析推理的一门学科，它是随着科学可视化和信息可视化发展而形成的新领域，是一个多学科的领域。它以交互式的可视化界面为基础来进行分析和推理，将人类智慧与机器智能联结在了一起，使得我们可以通过可视化视图（view）进行人机交互，直观、高效地将海量信息转换为知识并进行推理。

可视分析学是一个多学科的领域，涉及以下方面：一是分析推理技术，使用户获得深刻见解，直接支持评价、计划和决策的行为；二是可视化表示和交互技术，充分利用人眼的宽带通道的视觉能力立即来观察、浏览和理解大量信息；三是数据表示和交换，它以支持可视化和分析的方式转化所有类型的异构和动态数据；四是支持分析结果的产生、演示和传播的技术，它能与各种用户交流有适当背景资料的信息。

6.1.2 数据可视化的应用领域

数据可视化本身并不是最终目的，而是许多科学技术工作的一个构成要素。这些工作通常会包括对于科学技术数据和模型的解释、操作与处理。科学工作者对数据进行可视化，旨在寻找其中的种种模式、特点、关系以及异常情况；换句话说，也就是为了帮助理解。因此，应当把可视化看作任务驱动型，而不是数据驱动型。本节以智能制造工程领域为例，简述数据可视化的应用。

1. 产品设计仿真

在智能制造产品的设计过程中离不开仿真工具的使用，仿真使得在没有硬件的情况下也可以快速进行验证，在提高安全性的同时达到可视化的效果。在机器人系统中仿真工具得到广泛应用，如图 6-2 所示为基于 Gazebo 的机器人仿真可视化，包括机器人结构设计、运动控制、轨迹规划与高层次逻辑 AI 等工作的原理层面的有效性。通过可视化平台可以初步判断和观察系统运行的正确性，同时快速、实时地得到期望性能与实际性能间差距的反馈。

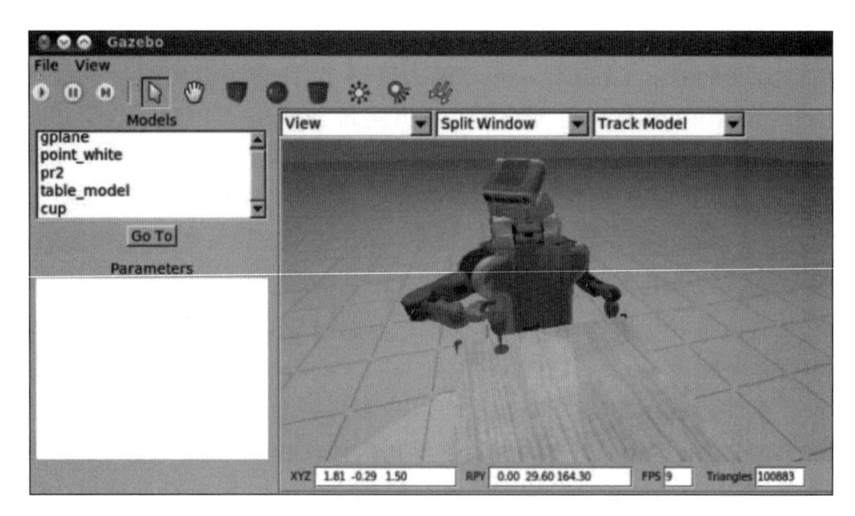

图 6-2 产品设计仿真可视化

2. 设备智能运维

随着科学技术的发展，云计算、大数据技术不断成熟，实现可视化、数字化正是实现“智能制造”的关键所在。在智能制造系统中，每天都会产生大量的数据，多个生产制造环节依托数据的产生、数据的变化进行生产流转。设备智能运维系统界面如图 6-3 所示，通过可视化实时监测设备安全状态参数，管理者可通过客户端实现设备的透明化监测管理，掌控设备的健康状况及能效情况；当系统诊断出安全异常时精确定位，管理者通过可视化面板可以迅速排查故障，有效防止安全事故的发生。

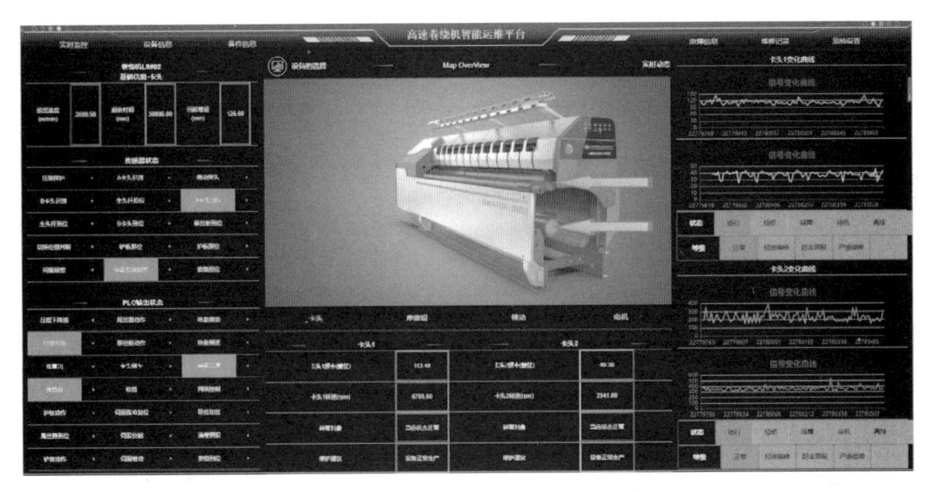

图 6-3　设备智能运维可视化

3. 产品质量控制

产品质量控制可视化是利用可视化工具等直观反映产品质量情况，将可视化运用到质量管理中，形成产品质量可视化报表，如图 6-4 所示。质量可视化将质量标准、检验方法、检验记录、数据趋势、重点问题跟踪在现场展示，使车间人员、管理人员对车间的质量现状一目了然，对提高质量控制水平、减少人为造成的产品质量问题效果显著，可以确保每一项质量信息能够及时双向反馈，同步实现即时验证跟踪，并对整改措施、整改效果通过系统进行共享，最终实现产品质量数据可追溯。

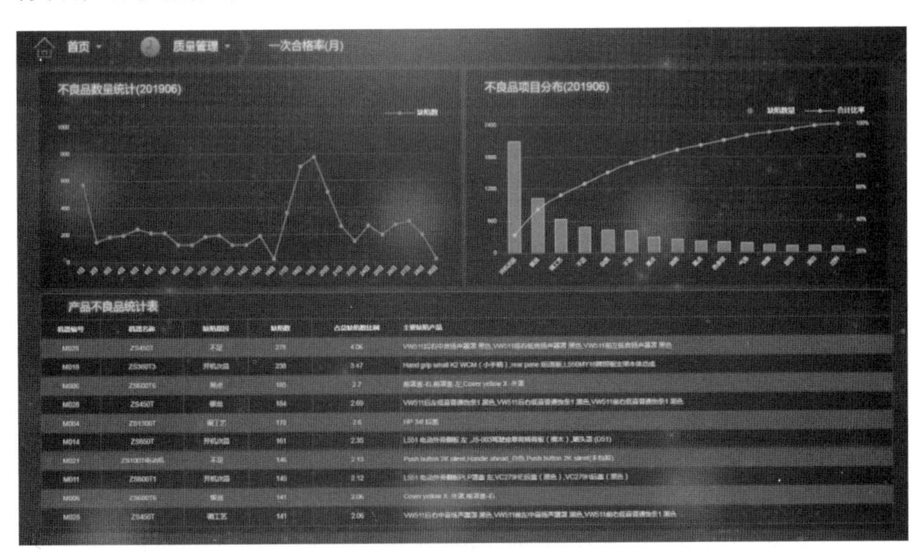

图 6-4　产品质量控制可视化

4. 生产计划调度

基于可视化的生产调度系统是管理生产的重要手段，它以实时订单数据作为基础，通过数据采集、分析、处理，用户可通过客户端查看和操作，如图 6-5 所示。系统基于局域网建立统一的数据库,通过分布式管理实现产品调度全过程信息可视化,从而全面分析产品质量、订单处理能力、产线性能和生产效率等,对提高产品质量和企业效益具有重要意义。

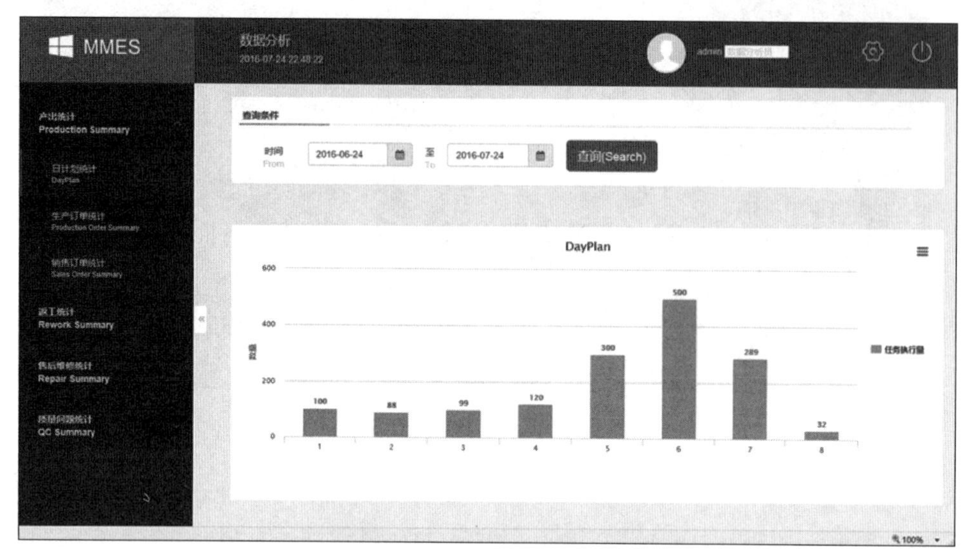

图 6-5　产品调度优化可视化

6.2　数据可视化的流程

一个科学的可视化系统采用“可视化流水线”作为理论模型,如图 6-6 所示。

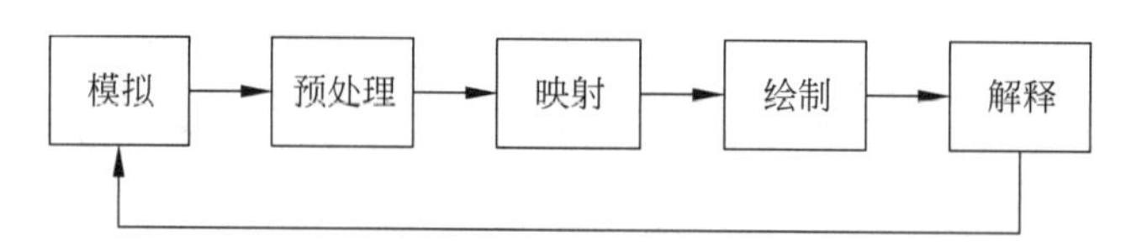

图 6-6　可视化流水线

该模型将整个科学可视化过程划分成模拟、预处理、映射、绘制、解释 5 个步骤,数据经由这一流水线依次被加工处理,直至成为能够为科技人员所理解的视觉信息。每个步骤的作用如下:

(1) 模拟:是对物理现实的数学模拟,它将自然现象的变化通过复杂的多维数据反映出来,或通过观察实践形成一系列反映研究目标或对象的数据集。

(2) 预处理和映射:两部分通常合并在一起,是整个“流水线”的关键,数据集经过该步骤处理被映射成有一定含义的几何数据,即用一定的几何空间关系表示计算或模拟数据体。

(3) 绘制:通过形状、颜色、明暗处理、动画等手段,将隐藏在大数据集中的有用信息呈现给观察者。

(4) 解释:对获取的有用信息进行分析说明,便于科技人员的理解。

大数据可视化有三类基本模型,分别为顺序模型、循环模型和分析模型,本节将详细介绍这三类模型的流程。

6.2.1　顺序模型

顺序模型指按照数据技术应用过程区分的可视化模型，该模型通常包括数据感知、数据预处理、数据分析、数据挖掘、数据表示、数据修饰、数据交互7个步骤（见图6-7），其中数据感知、数据预处理、数据分析、数据挖掘属于原始数据的转换环节，分别在本书第2～5章进行了详细介绍，数据的表示、修饰属于数据的视觉转换环节，数据交互属于界面交互环节。本节主要介绍数据的视觉转换与界面交互部分的内容。

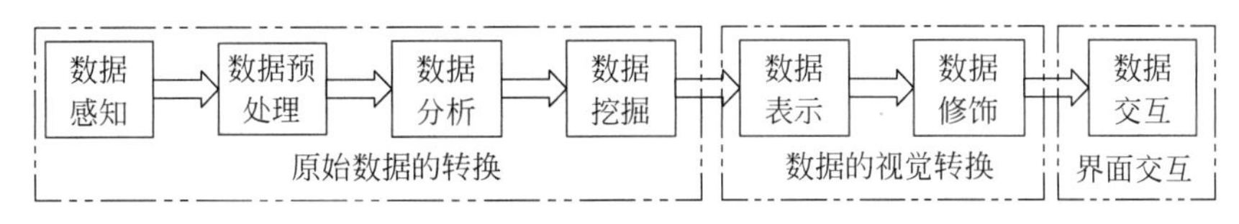

图6-7　顺序模型

1. 数据的视觉转换

顺序模型中的数据的视觉转换包括数据表示和数据修饰。数据表示即选择一个基本的视觉模型将数据表述出来，相当于一个草图，这个步骤基本决定了可视化效果的雏形，需要结合数据的维度考虑合适的表示方法，可能采取列表、树状结构或其他方法；同时，这也是对前面数据转换过程的审查和检验，特别是数据的获取和过滤。所以，表示是可视化过程中的关键性步骤。数据修饰即改善这个草图，尽可能使之变得更清晰有趣。这个步骤就像对草图上色，以突出重点，弱化一些辅助信息，使数据的表示简单清晰却又内涵丰富、实用美观。

2. 界面交互

顺序模型中的界面交互即数据交互。交互提供了一种让用户对内容及其属性进行操作的方便途径。交互的操作者，可能是负责数据可视化的工程师，也可能是使用该可视化的用户，有些情况下他们是同一人。例如，当对某一属性进行研究时，用户可以隐藏其他属性，专注于某特定区域的研究。而对于三维空间的可视化效果，用户可以通过交互操作进行视角的变化，从而对数据有更全面的认识。

不仅如此，用户的心理感受也值得注意，之前的所有步骤主要由计算机完成，而在交互阶段，用户的地位由被动变为主动，由接受转为去发现、去思考，界面交互为他们提供了控制数据和探索数据的可能，这样才能真正意义上将计算机智能和人的智慧结合起来。

6.2.2　循环模型

随着可视化技术的深入发展，“用户交互”和“信息反馈”在可视化中的地位愈加重要，因此循环模型被提出。分析者通过分析任务获取需求信息，在信息可视化界面中借助各种交互操作来搜索信息，然后通过记录、聚类、分类、关联、计算平均值、设置假设、寻找证据等抽象方法提取出信息中含有的模式，可通过操纵可视化界面设定假设、读取事实、分析对比、观察变化等，实现对模式的分析，进而解决相应的问题。在对问题进行分析推理过程中创造新知识，并且形成决策，或者开始进一步的行动，带着任务需求开始新一轮的循环。

在分析师负责的部分，该模型包含左边计算机模块和右边人脑模块，如图6-8所示，在计算机模块，数据被绘制为可视化图表，同时也通过模型进行整理和挖掘；在人脑模块中，提出了3层循环：探索循环、验证循环和知识产生循环。

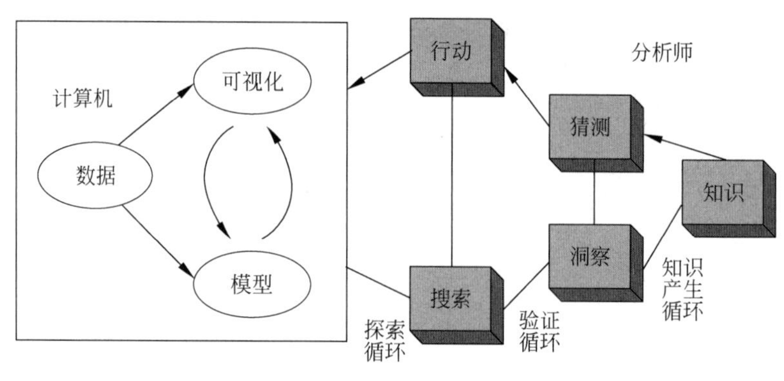

图6-8 循环模型

1. 探索循环

探索循环描述分析师如何与可视化分析系统进行交互，以产生新的可视化模型和分析数据。分析师通过互动和观察反馈来探索数据，在探索循环中所采取的行动依赖于发现具体的分析目标。如果缺少具体的分析目标，探索循环会成为搜索的结果，这可能会导致新的分析目标。即使探索回路受控于分析目标，由此产生的结果并不一定与之有关，但也可以洞察解决不同任务的思路或打开新的分析方向。

2. 验证循环

验证循环引导探索循环确认假设或者是形成新的假设。为了验证具体的假设，需要进行验证性分析并且验证循环会转向揭示假说是否正确。在问题域的上下文中，当分析师从验证循环的角度进行搜索时，可以得到答案。见解可能会导致新的假设，需要进一步调查。当他们评估一个或多个值得信赖的见解时，分析师会获得额外的知识。

3. 知识产生循环

分析师通过他们在问题领域的知识来形成猜测，而且通过制定和验证假设来获取新的知识。当分析师信任所收集的见解时，他们在问题领域所获取的新知识可能会影响在后续的分析过程中制定新的假设。在视觉分析过程中分析师试图找到现有的假设或学习有关问题域的新知识。一般来说，在循环模型中的知识可以被定义为“合理信仰”。

总之，在探索循环中，人们通过模型输出和可视化图表寻找数据中可能存在的模式，基于此采取一系列行动，如改变参数、修改表达方式，从而得到新的模型输出和新的可视化图表。而在验证循环中，人们通过模式洞察到数据的特点，不断收集验证循环中已被验证的猜测，总结为知识，最终形成知识产生循环。

6.2.3 分析模型

构建可视分析系统可以大致分为提出可视分析任务、构建可视分析模型、设计可视化方法、实现可视化视图、完成可视分析原型系统以及进行可视分析评测六个关键步骤。其中，可视分析模型是连接前后步骤的枢纽。如图6-9所示，其涉及以下方面：一是分析推理技术，使用户获得深刻见解，直接支持评价、计划和决策的行为；二是可视化表示和交互技术，充分利用人眼的宽带通道的视觉能力立即来观察、浏览和理解大量信息；三是数据表示和交换，它以支持可视化和分析的方式转化所有类型的异构和动态数据；四是支持分析结果的产生、演示和传播的技术，它能与各种用户交流有适当背景资料的信息。

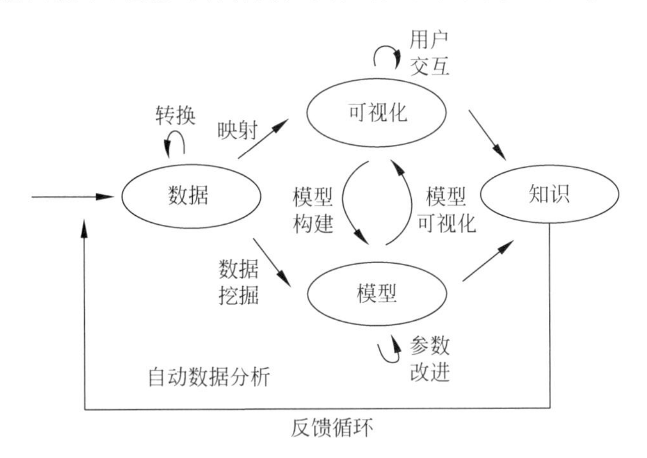

图 6-9 欧洲学者 Danie Keim 提出的可视化分析学标准流程

常见的可视分析模型基本都以信息可视化模型为基础。该模型把流水线式的可视化流程升级为回路，用户可以对回路中的任何一个流程进行直接操作。现在大多数可视化流程都是仿照这个模型，很多系统在实现上可能会有些差异。这个模型从原始数据出发，描述了人与可视化视图交互的全部流程，如图 6-10 所示，主要包含数据转换、视觉映射和视图转换三个主要阶段。

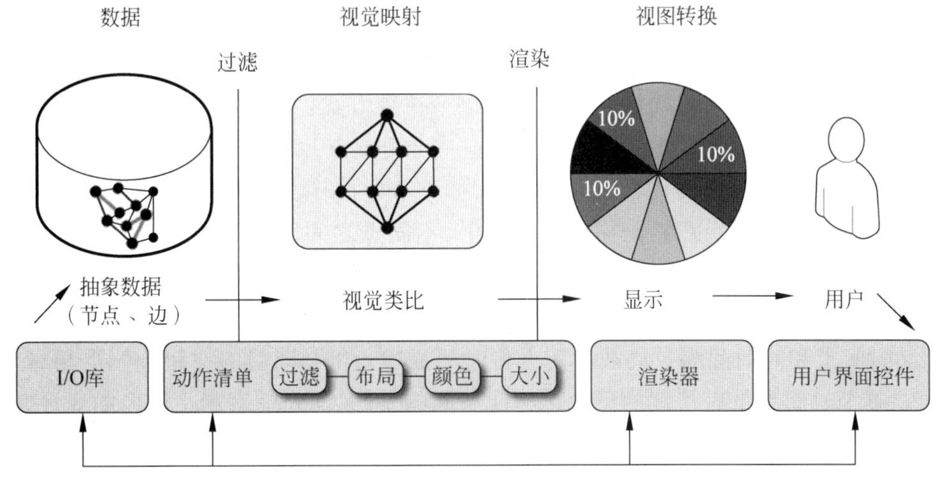

图 6-10 可视化视图交互流程

下面具体介绍构建可视分析系统的六个步骤：①提出可视分析任务，描述我们要通过可视分析来解决哪些问题，完成哪些需求；②构建可视分析模型，设计并绘制可视分析系统的架构图；③设计可视化方法，从理论的角度设计多个用于完成可视分析任务的视图，包括但不限于视觉编码；④实现可视化视图，选择合适的技术，将自己设计好的可视化方法分别实现出来；⑤完成可视分析原型系统，使用多种交互技术，将可视化视图融合为系统；⑥进行可视分析评测，对实现好的系统进行评价和测试。

可视分析评测是六个步骤中的最后一个，但它十分关键。如果离开了严谨的评测分析，可视分析系统的设计者将会很难验证系统的有效性和实用性。案例研究是最常见的一种评估手段，用户访谈和专家评估也常常作为辅助性的评估手段出现。在案例研究的过程中，可视分析系统设计者通常会基于真实数据，以可视分析任务为驱动完成一定数量的实验，以证明该系统的可视化方法能够解决实际问题且易于用户使用。用户访谈往往会围绕可视分析系统设计一系列的问题形成调查问卷，邀请目标用户在体验系统后作答。专家评估与用户访谈类似，但参与评估的人员须是相关领域的专家。这两种方法都能够有效揭示系统的优点与缺点，但通常不会脱离案例研究单独使用。

6.3 数据可视化的维度

可视化将数据以一定的变换和视觉编码原则映射为可视化视图，数据可视化通过视觉感知让人对数据所传达的信息有了更加丰富、全面的认识。而不同类型的数据适合的可视化也不尽相同，本节将按照维度分别介绍时间数据、比例数据、关系数据、文本数据和复杂数据的可视化。

6.3.1 时间数据可视化

在工业生产中，产品质量的合格率等指标随着生产时间的增长而变化。对这些数据按照时间维度展开可视化分析，可以发现生产过程中不良品的异常现象，调整生产过程中工艺、环境等参数，从而保障高质量生产。时间数据可视化是指将数据随时间的变化趋势直观地进行展示。如果将时间属性或顺序性当成时间轴变量，那么每个数据实例是轴上某个变量值对应的单个事件。对时间属性的刻画有以下三种方式：

（1）线性时间和周期时间。线性时间假定一个出发点并定义从过去到将来数据元素的线性时域。许多自然界的过程具有循环规律，如季节的循环。为了表示这样的现象，可以采用循环的时间域。在一个严格的循环时间域中，不同点之间的顺序相对于“整个”周期是毫无意义的，例如。冬天在夏天之前来临，但冬天之后也有夏天。对于线性时间，在表达维度上最常用的就是线性映射方式；而对于周期时间，则经常使用径向和螺旋形的映射方式。

（2）时间点和时间间隔。离散时间点将时间描述为可与离散的空间欧拉点相对等的抽象概念。单个时间点没有持续的概念。与此不同的是，时间间隔表示小规模的线性时间域，例如几天、几个月或几年。在这种情况下，数据元素被定义为一个持续段，由两个时间点分隔。时间点和时间间隔都称为时间基元。

（3）顺序时间、分支时间和多角度时间。顺序时间域考虑那些按时间先后发生的事情。对于分支时间，多股时间进行分支展开，这有利于描述和比较有选择性的方案（如项目规划）。这种类型的时间只支持具有一个选择发生的决策过程，而多角度时间可以描述多于一个关于被观察事实的观点（例如，不同目击者的报告）。对于这种刻画方式，在表达维度上最常用的是线性映射方式。

6.3.2　比例数据可视化

比例数据可视化是指将数据间的比例关系直观地展现。对于比例数据，我们通常想要得到最大值、最小值和总体分布。前两者比较简单，将数据由小到大进行排列，位于两端的分别就是最小值和最大值。其实，研究者真正感兴趣的是比例的分布及其相互关系，如工业生产中不同产品间的成分差异、不同产线的加工产品类型差异等。

如图6-11所示为一批布匹面料中不同种类疵点数量占比图。从图中可看到，在这批面料中各疵点数量占比最多的是缺经疵点，而占比最少的是双纬疵点。该图通过角度来区分不同类型疵点所占比例，反映了这批面料中不同疵点的出现概率。

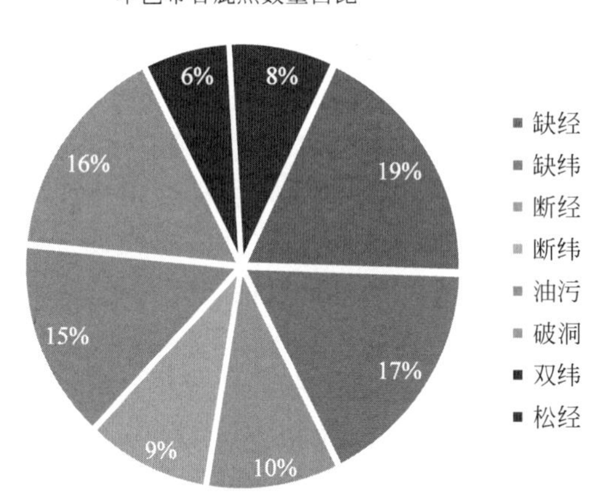

彩图

图6-11　不同种类疵点数量占比图

6.3.3　关系数据可视化

关系数据可视化指将同类型数据不同类间的关系可视化。一般地，人们解决问题都致力于寻找事物背后的原因。目前，主流的观点是尝试去探索事物的相关关系，而不再关注难以捉摸的因果关系。这种相关关系往往不能告诉人们事物为何产生，但是会提醒人们事物正在发生。比如，只要知道什么时候是买机票的最佳时机，那么，机票价格为什么变化就无关紧要了。大数据可视化会告诉读者分析结果是“什么”，而不是“为什么”。

分析数据时，我们不仅可以从整体进行观察，还可以关注数据的分布，如数据间是否存在重叠或者是否毫不相干。还可以从更宽泛的角度观察各个分布数据的相关关系。其实最重要的一点，就是数据在进行可视化处理后，呈现在读者眼前的图表所表达的意义是什么。

关系数据具有关联性和分布性。下面通过实例具体讲解关系数据，以及如何观察数据间的相关关系。数据的关联性，其核心就是指量化的两个数据间的数理关系。关联性强，是指当一个数值变化时，另一个数值也会随之相应地发生变化。相反地，关联性弱，就是指当一个数值变化时，另一个数值几乎没有发生变化。通过数据关联性，就可以根据一个已知的数值变化来预测另一个数值的变化。下面通过散点图来研究这类关系。

可以用图表推断出变量间的相关性。如果变量之间不存在相关关系，那么，在散点图上就会表现为随机分布的离散的点；如果变量之间存在某种相关性，那么大部分的数据点就会相对密集并呈现出某种趋势。如图 6-12 所示的三个图分别表示各圆点为正相关、负相关及不相关关系。

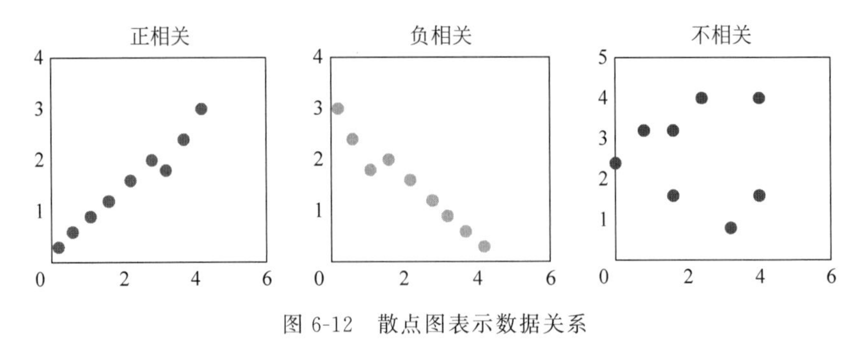

图 6-12　散点图表示数据关系

6.3.4　文本数据可视化

文本数据的可视化是以文本内容作为信息对象的可视化。通常，文本内容的表达包括关键词、短语、句子和主题，文档集合还包括层次性文本内容，时序性文本集合还包括时序性变化的文本内容。本节介绍基于关键词的文本数据可视化。关键词是从文本的文字描述中提取的语义单元，可反映文本内容的侧重点。关键词可视化指以关键词为单位可视地表达文本内容。

标签云(tag cloud，又名 text cloud、word cloud)是最简单、最常用的关键词可视化技术，它直接抽取文本中的关键词并将其按照一定顺序、规律和约束整齐美观地排列在屏幕上。关键词在文本中具有分布的差异，有的重要性高，有的重要性低。标签云利用颜色和字体大小反映关键词在文本中分布的差异，比如，用颜色或字体大小，或者它们的组合来表示重要性，越是重要的词汇其字体越大，颜色越显著；反之亦然。标签云可视化将经过颜色(或字体大小)映射后的字词按照其在文本中原有的位置或某种布局算法放置。如图 6-13 所示为智能制造领域综述论文的词云图。

图 6-13　智能制造大数据综述论文词云

6.3.5　复杂数据可视化

复杂数据可视化是指将多种类型、数据规格复杂且数据规模庞大的数据进行可视化，以直观传达其蕴含的信息。目前，真实世界与虚拟世界越来越密不可分，移动互联网、物联网等信息的产生和流动瞬息万变，涌现了无数复杂的数据，如视频影像数据、传感器网络数据、社交网络数据、三维时空数据等。对此类具有高复杂度的高维多元数据进行解析、呈现和应用是数据可视化面临的新挑战。对高维多元数据进行分析的困难如下：

(1) 数据复杂度大大增加。复杂数据包括非结构化数据和从多个数据源采集、整合而成的异构数据，传统单一的可视化无法支持对此类复杂数据的分析。

(2) 数据的量级已经超过了单机,甚至小型计算机集群处理能力的上限,我们需要以全新的思路来解决这个问题。

(3) 在数据获取和处理过程中,不可避免地会产生数据质量的问题,其中特别需要关注的是数据的不确定性。

(4) 数据快速动态变化,常以流式数据形式存在,对流式数据的实时分析与可视化仍然是一个亟待解决的问题。

针对以上挑战,将二维和三维数据各属性的值映射到不同的坐标轴,并确定数据点在坐标系中的位置,这样的可视化设计通常称为散点图(scatter plot)。当维度超过三维后,还可以增加视觉编码进行表示,如颜色、大小、形状等。

散点图矩阵是散点图的扩展,对于 N 维数据,采用 N^2 个散点图逐一表示 N 个属性之间的两两关系,这些散点图根据它们所表示的属性,沿横轴和纵轴按一定顺序排列,进而组成一个 $N \times N$ 的矩阵。随着数据维度的不断扩展,所需散点图的数量将呈几何级数增长,而将过多的散点图显示在有限的屏幕空间中则会极大地降低可视化图表的可读性。如图 6-14 选择了注塑加工产品的四个关键数据进行可视化分析。

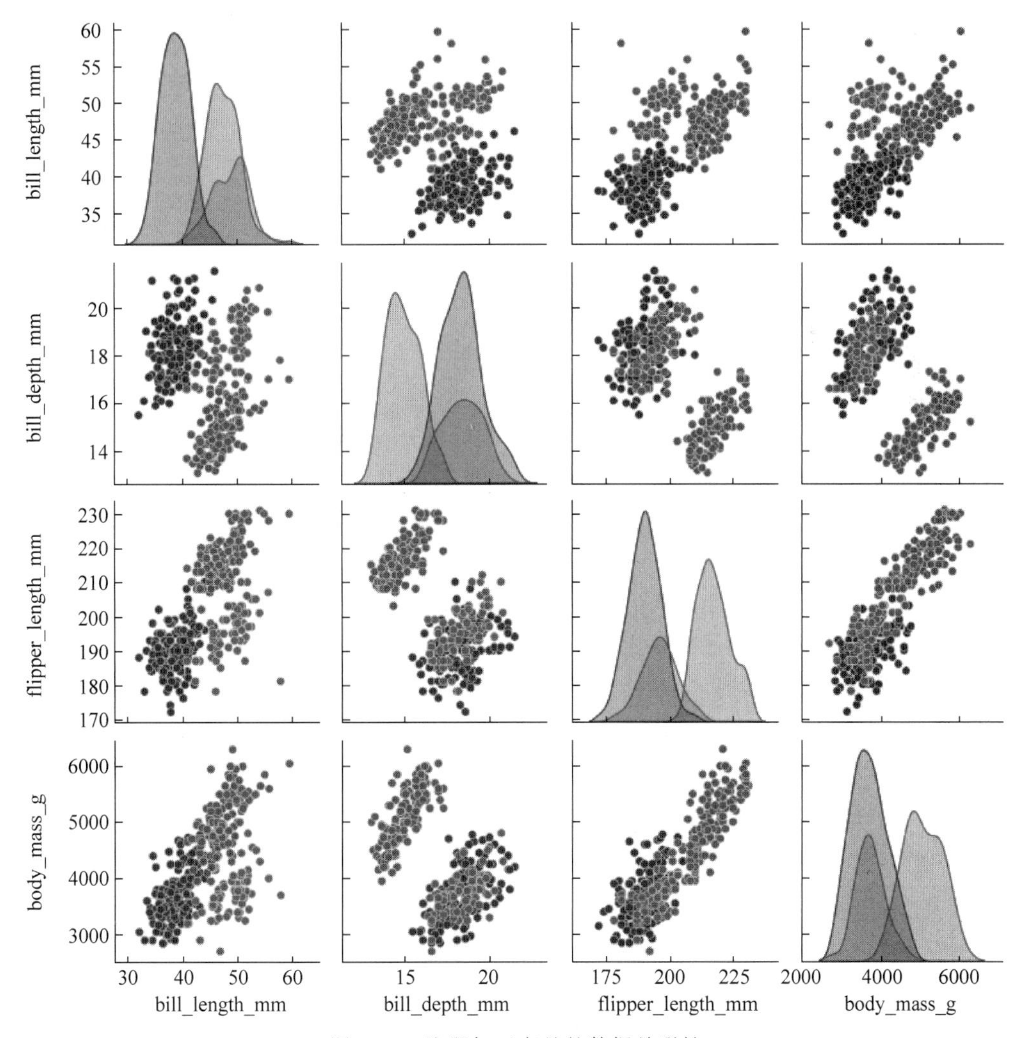

图 6-14　注塑加工产品的数据关联性

6.4 数据可视化的常用方法

数据可视化在智能制造日益发展的现在被广泛使用，它的基础是数据表示和变换，无论是对生产过程数据还是智能制造应用结果数据，可视化可帮助人们更快、更直接地获取有价值的信息。为了实现有效的可视化、分析和记录，输入数据必须从原始状态变换到一种便于计算机处理的结构化数据表示形式。通常这些结构存在于数据本身，需要研究有效的数据提炼或简化方法以最大限度地保持信息和知识的内涵及相应的上下文。有效表示海量数据的主要挑战在于采用具有可伸缩性和扩展性的方法，以便忠实地保持数据的特性和内容。此外，将不同类型、不同来源的信息合成为一个统一的表示，使得数据分析人员能及时聚焦于数据的本质也是研究重点。本节对于一些常用的方法进行简单介绍。

6.4.1 统计图方法

统计图是根据统计数字，用几何图形、事物形象和地图等绘制的各种图形。使用统计图进行数据可视化展示和分析具有直观、生动等良好效果。例如使用折线图能清晰地显示数据的增减变化趋势，使用扇形图能清楚地看出各部分的占比以及各部分之间的比重关系。因此，数据可视化中需经常利用多种统计图来提升数据的展示效果。常见的统计图有条形图、折线图、饼图、散点图等。

1. 条形图

1）定义

条形图（bar chart）是用宽度相同的条形的高低或长短来表示数据多少的图形。条形图可以横置或纵置，纵置时也称为柱形图（column chart）。此外，条形图有简单条形图、复式条形图等形式。

条形图包括下列图表子类型：

（1）簇状条形图和三维簇状条形图。簇状条形图用于比较各个类别的值。在簇状条形图中，通常沿垂直轴组织类别，而沿水平轴组织数值。三维簇状条形图以三维格式显示水平矩形，而不以三维格式显示数据。

（2）堆积条形图和三维堆积条形图。堆积条形图显示单个项目与整体之间的关系。三维堆积条形图以三维格式显示水平矩形，而不以三维格式显示数据。

（3）百分比堆积条形图和三维百分比堆积条形图。此类型的图表比较各个类别的每一数值所占总数值的百分比大小。三维百分比堆积条形图表以三维格式显示水平矩形，而不以三维格式显示数据。

（4）水平圆柱图、圆锥图和棱锥图。水平圆柱图、圆锥图和棱锥图可以使用为矩形条形图提供的簇状图、堆积图和百分比堆积图，并且它们以完全相同的方式显示和比较数据。唯一的区别是这些图表类型显示圆柱、圆锥和棱锥形状而不是水平矩形。

2）适用数据

条形图适用于数据规模适中的表示数量数据，如表示工业生产中不同种类产品的总产量、故障检测时不同故障的数量等。

3）应用示例

本节以面料生产中质量检测环节的表面疵点检测数据为例，数据呈现了一批完工本色布中各种类型疵点的数量。利用条形图可直观展示不同种类疵点的数量，如图6-15所示。

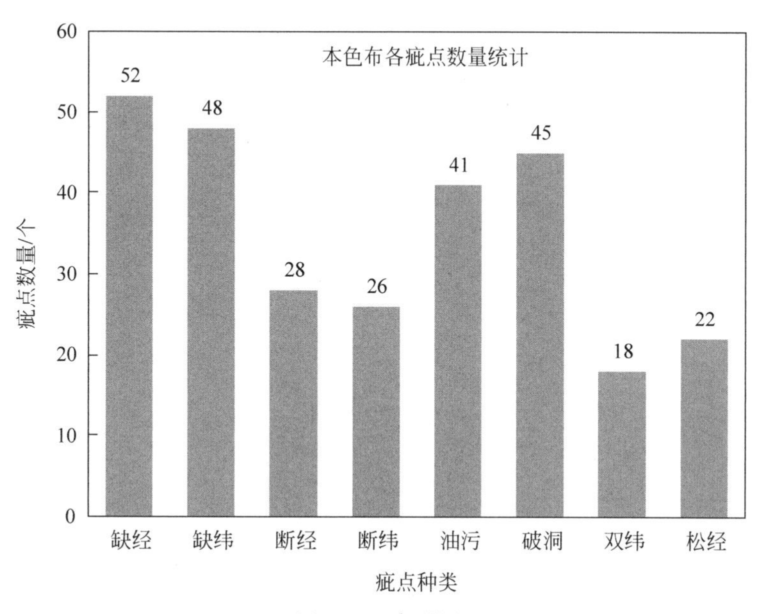

图6-15　条形图

2. 折线图（line chart）

1）定义

折线图是用直线段将各数据点连接起来而组成的图形。折线图可以显示随时间（根据常用比例设置）变化的连续数据，因此非常适用于显示在相等时间间隔下数据的趋势。在折线图中，类别数据沿水平轴均匀分布，所有值数据沿垂直轴均匀分布。

折线图包括下列图表子类型：简单折线图、堆积折线图、百分比折线图和三维折线图。

（1）折线图用于显示随时间或有序类别而变化的趋势，可能显示数据点以表示单个数据值，也可能不显示这些数据点。当有很多数据点并且它们的显示顺序很重要时，折线图尤其有用。

（2）堆积折线图和带数据标记的堆积折线图。堆积折线图用于显示每一数值所占大小随时间或有序类别而变化的趋势，可能显示数据点以表示单个数据值，也可能不显示这些数据点。如果有很多类别或者数值是近似的，则应该使用无数据点堆积折线图。

（3）百分比堆积折线图和带数据标记的百分比堆积折线图。百分比堆积折线图用于显示每一数值所占百分比随时间或有序类别而变化的趋势。

（4）三维折线图。三维折线图将每一行或列的数据显示为三维标记。三维折线图具有可修改的水平轴、垂直轴和深度轴。

2）适用数据

折线图适用于数据规模适中的时序型数据，如工业生产中随时间变化的系统状态参数，或是随时间变化的数量统计等。

3）应用示例

本节以面料生产中质量检测环节的表面疵点检测数据为例，数据呈现了本色布生产时验布环节的疵点数量随时间的变化情况。利用折线图可直观展示不同疵点数量随时间的变化，如图 6-16 所示。

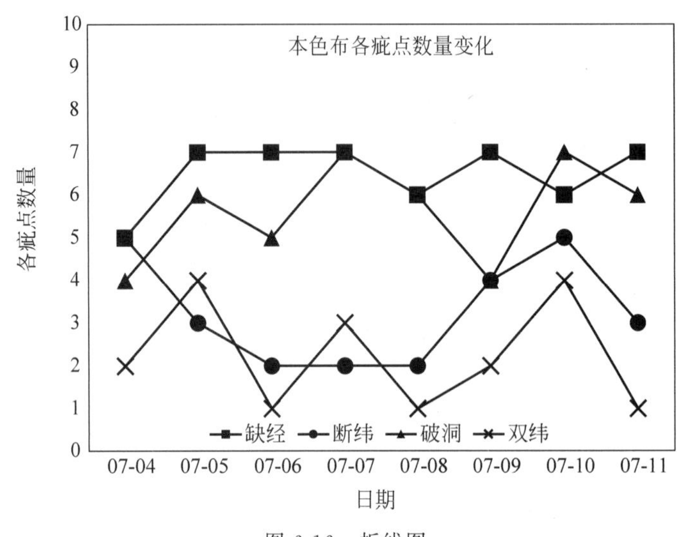

图 6-16　折线图

3. 饼图

1）定义

饼图(sector graph)是将数据比例转换为扇形的圆心角所作的统计图表。仅排列在工作表的一列或一行中的数据可以绘制到饼图中。饼图显示一个数据系列(数据系列：在图表中绘制的相关数据点，这些数据源自数据表的行或列。图表中的每个数据系列具有唯一的颜色或图案并且在图表的图例中表示。可以在图表中绘制一个或多个数据系列。饼图只有一个数据系列)中各项的大小与各项总和的比例。饼图中的数据点(数据点：在图表中绘制的单个值，这些值由条形、柱形、折线、饼图或圆环图的扇面、圆点和其他被称为数据标记的图形表示。相同颜色的数据标记组成一个数据系列)显示为整个饼图的百分比。

复合型饼图和分离型饼图是可以将用户定义的数值从主饼图中提取并组合到第二个饼图或堆积条形图的饼图。如果要使主饼图中的小扇面更易于查看，这些图表类型非常有用。分离型饼图显示每一数值相对于总数值的大小，同时强调每个数值的对比。分离型饼图可以以三维格式显示。

2）适用数据

饼图也适用于数据规模适中的表示数量数据，如表示工业生产中不同种类产品的总产量、故障检测时不同故障的数量等。它与条形图的不同之处在于饼图侧重展示数据的比例关系。

3）应用示例

本节以面料生产中质量检测环节的表面疵点检测数据为例，数据呈现了一批本色布生产完成后各种类型疵点的数量占比。利用饼图可直观展示不同种类疵点的占比情况，如图 6-11 所示。

4. 散点图

1）定义

散点图(scatter plot)用于展示数据的相关性和分布关系，由 X 轴和 Y 轴两个变量组成。散点图表示因变量随自变量而变化的大致趋势，据此可以选择合适的函数对数据点进行拟合。散点图将序列显示为一组点，值由点在图表中的位置表示，类别由图表中的不同标记表示。

2）适用数据

散点图适用于比较跨类别的聚合数据，如展示生产时不同类型产品的加工精度等关键指标。

3）应用示例

本节以面料生产中质量检测环节的表面疵点检测数据为例，数据呈现了一批本色布生产完成后各种类型疵点的尺寸经标准化后的分布情况。利用散点图可直观展示不同种类的疵点尺寸的分布情况，如图6-17所示。

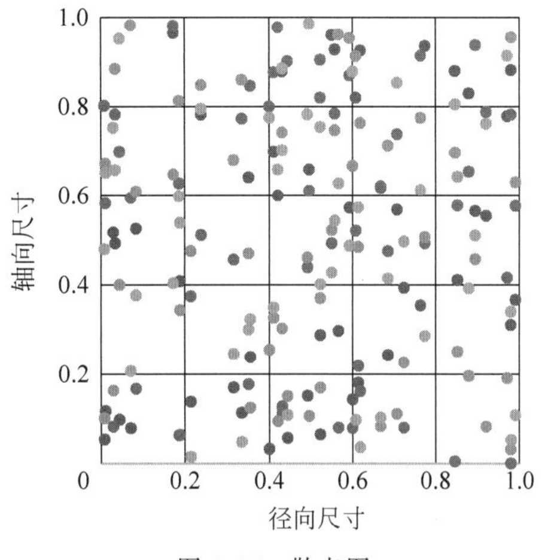

图6-17　散点图

6.4.2　图论方法

图论(graph theory)是离散数学的一个分支，是一门研究图(graph)的学问。

1. 定义

图论中的图是用来对对象之间的成对关系建模的数学结构，由“节点”或“顶点”(vertex)以及连接这些顶点的“边”(edge)组成。值得注意的是，图的顶点集合不能为空，但边的集合可以为空。图可以是无向的，这意味着图中的边在连接顶点时无须区分方向，图也可以是有向的，如图6-18所示，其中左图是一个典型的无向图结构，右图则为有向图。本节介绍的图都是无向图。

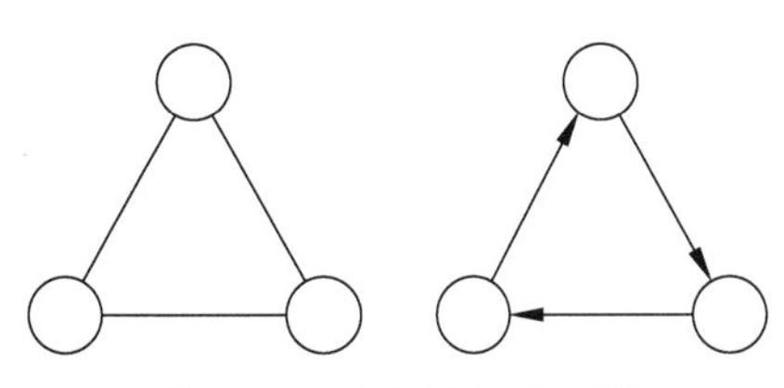

图6-18　有向图与无向图

图可分为无权图和有权图，根据连接节点与节点的边是否有数值与之对应来区分，有的话就是有权图，否则就是无权图。

图的连通性：在图论中，连通图基于连通的概念。在一个无向图 G 中，若从顶点 i 到顶点 j 有路径相连(当然从 $j\sim i$ 也有路径)，则称 i 和 j 是连通的。如果 G 是有向图，那么连接 i 和 j 的路径中所有的边都必须同向。如果图中任意两点都是连通的，那么称为连通图。如果此图是有向图，则称为强连通图(注意：需要双向都有路径)。图的连通性是图的基本性质。

图的基本概念：

(1) 完全图：完全是一个简单的无向图，其中每对不同的顶点之间只通过一条边相连。

(2) 自环边：一条边的起点与终点是一个点。

(3) 平行边：两个顶点之间存在多条边相连接。

2. 适用数据

图可用于在物理、生物、社会和信息系统中对许多类型的关系和过程进行建模，许多实际问题可以用图来表示。因此，图论成为运筹学、控制论、信息论、网络理论、博弈论、物理学、化学、生物学、社会科学、语言学、计算机科学等众多学科强有力的数学工具。在强调其应用于现实世界的系统时，网络有时被定义为一个图，其中属性（例如名称）之间的关系以节点和/或边的形式关联起来。图在工业生产中可表示系统中不同设备的连接关系等。

3. 应用示例

邻接矩阵：1 表示相连接，0 表示不相连，如图 6-19 所示。

邻接表：只表达和顶点相连接的顶点信息。邻接表适合表示稀疏图(sparse graph)，如图 6-20 所示。

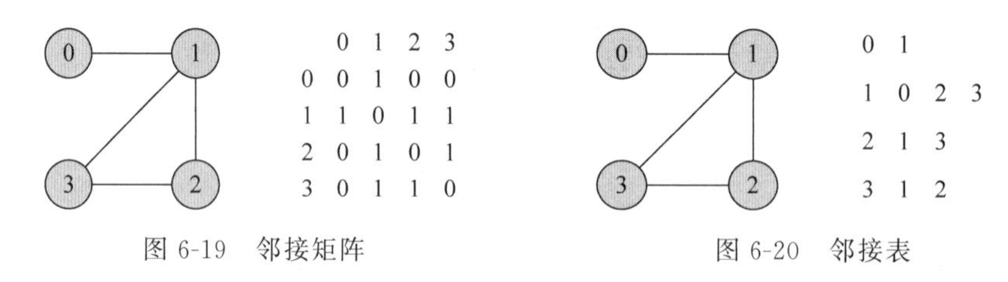

图 6-19 邻接矩阵　　图 6-20 邻接表

图的结构：图中顶点之间的关联，可使用邻接矩阵来实现图结构。邻接矩阵适合表示稠密图(dense graph)，如图 6-21 所示。

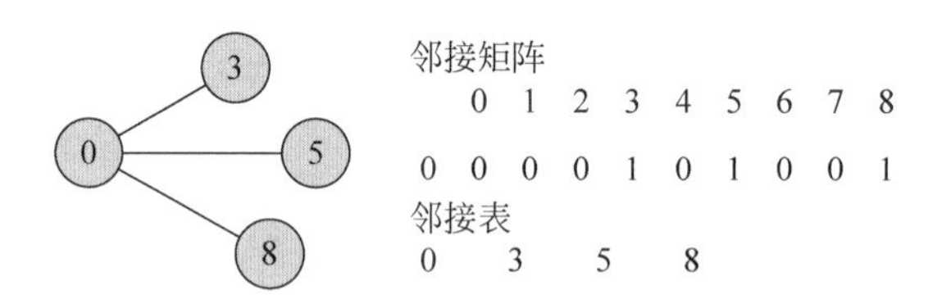

图 6-21 不同表示方法

图论中最常见的操作就是遍历邻边，通过一个顶点遍历相关的邻边。邻接矩阵的遍历邻边的时间复杂度为 $O(n)$，邻接表可以通过遍历邻边直接找到目标，效率更高。

6.4.3 视觉隐喻方法

1. 定义

视觉隐喻是指用画面造型语言来使呈现出的形象不再是日常生活中的物体，而是在特殊情境中具有的某种含义，经过造型语言建构的视觉画面具有更多的延伸含义。视觉隐喻的实现有两种不同的方式。

一种是将画面与内视觉元素造型关联起来，用景别、角度、光影、色彩、构图等造型语言来使形象具有特别的隐喻意味。例如采用仰拍可以把人物拍摄的很高大，垂直感加强，画面隐喻了创作者对人物的情感态度；再比如给人物强烈的侧光，使画面的对比度强烈，可以隐喻人物内在性格的分裂。

另一种视觉隐喻是通过对视觉元素的选择、组织和控制实现的。这些工作隐含着创作者的表达话语，是视听语言中非常高级和复杂的表现手段。通过选择和主题有关的视觉元素、组织这些元素的构成方式，并以视听语言的方法控制它们呈现的次序、并将它们进行调整次序前后的对比，实现主题的暗示。

2. 适用数据

该方法的适用数据不限，根据所传达的含义可使用多种类型数据来进行可视化。

6.4.4 图形符号学方法

1. 定义

图形符号学是指以图形为主要特征，用以传递某种信息的视觉符号。1967年，Jacques Bertin出版了*Semiology of Graphics*(《图形符号学》)一书，他在书中使用符号学的方法来描述图形，提出了信息的可视化编码原则，并严格地定义了二维图形及其对信息的表达过程。他将图形系统严格区分为内容(所要表达的信息和数据)和载体(图形符号)。因此，图形系统的定义建立在对图形符号的不同属性的理解和定义的基础之上。

在此框架下，图形(可视化)由传输不同信息的图形符号组成。图形符号可以为点、线和面。图形符号用视觉变量描述，包括位置变量和视网膜变量。位置变量定义了图形在二维平面上的位置。视网膜变量包括尺寸、数值、纹理、颜色、方向和形状等。

在Bertin的图形系统框架下，图形可以由在二维平面上绘制的点、线或面组成。这些基本元素可组成更高级的形式，例如图形、网络、地图和符号。基于这些组合可产生各类图形的视网膜变量。在此基础上，视网膜变量可以表达不同层次的组织，且变量之间存在关联性、选择性、有序性和定量性。

关联性：根据属性可找出图形符号间的对应关系，并且对其进行分类。

有序性：根据属性可对图形符号进行排序。

选择性：根据属性可找出图形符号所属的类别。

定量性：根据属性可由图形符号推导出比例关系或者距离。

表6-1示出了不同视网膜变量对应的组织层次。对于不同的信息，可以根据其相应的属性，选择适当的图形符号及设定其视网膜变量。

表6-1 视网膜的组织层次

层次变量	关联性	选择性	有序性	定量性
平面	√	√	√	√
大小		√	√	√
数值		√	√	
纹理	√	√	√	
颜色	√	√		
方向	√	√		
形状	√			

注：“√”表示需设定相应的视网膜变量。

2. 适用数据

图形符号学方法适用于可直观展示的文本数据，利用典型符号来代替复杂的图像展示，具有更强的传达效果。如可视化数据的上升、下降趋势等。

6.4.5 面向领域的方法

面向领域的方法是指针对不同专业领域而开发的大家统一认同的数据可视化方法，常与领域专家知识深度结合。常见的领域可视化方法如下：

(1) 生命科学可视化，指面向生物科学、生物信息学、基础医学、转化医学、临床医学等系列生命科学探索与实践中产生的数据的可视化方法。它本质上属于科学可视化。由于生命科学的重要性，以及生命科学数据的复杂系统，生命科学可视化已经成为一个重要的交叉型研究方向。

(2) 表意性可视化，指以抽象、艺术、示意性的手法阐明、解释科技领域的可视化方法。表意性可视化以人体为描绘对象，类似于中学的生理卫生课本和大专医科院校的解剖课程上的人体器官示意图。在科学向文明转化的传导过程中迸发了大量需要表意性可视化的场合，如教育、训练、科普和学术交流等。在数据爆炸时代，表意性可视化关注的重点是从采集的数据出发，以传神、跨越语言障碍的艺术表达力展现数据的特征，从而促进科技与生活的沟通交流，体现数据、科技与艺术的结合。例如，*Nature* 和 *Science* 杂志大量采用科技图解展现重要的生物结构，澄清模糊概念，突出重要细节，并展示人类视角所不能及的领域。

(3) 地理信息可视化，是数据可视化与地理信息系统学科的交叉方向，它的研究主体是地理信息数据，包括建立于真实物理世界基础上的自然性和社会性事物及其变化规律。地理信息可视化的起源是二维地图制作。在现代，地理信息数据扩充到三维空间，动态变化至还包括在地理环境中采集的各种生物性、社会性感知数据（如天气、空气污染、实时位置信息等）。

(4) 产品可视化，指面向制造和大型产品组装过程中的数据模型、技术绘图和相关信息的可视化方法。它是产品生命周期管理中的关键部分。产品可视化通常提供高度的真实感以便对产品进行设计、评估与检验，因此支持面向销售和市场营销的产品设计或成型。产品可视化的雏形是手工生成的二维技术绘图或工程绘图。随着计算机图形学的发展，它逐渐被计算机辅助设计替代。

(5) 教育可视化，指通过计算机模拟仿真生成易于理解的图像、视频或动画，用于面向公众教育和传播信息、知识与理念的方法。教育可视化在阐述难以解释或表达的事物（如原子结构、微观或宏观事物、历史事件）时非常有用。美国宇航局等机构专门成立了可视化部门，来制作用于传播自然科学的教育可视化作品。

(6) 系统可视化，指在可视化基本算法中融合了叙事型情节、可视化组件和视觉设计等元素，用于解释和阐明复杂系统的运行机制与原理，向公众传播科学知识的方法。它综合了系统理论、控制理论和基于本体论的知识表达等，与计算机仿真和教育可视化的重合度较高。

(7) 商业智能可视化，又称为可视商业智能，指在商业智能理论与方法发展过程中与数据可视化融合的概念和方法。商业智能的目标是将商业和企业运维中收集的数据转化为知识，辅助决策者做出明智的业务经营决策。数据包括来自业务系统的订单、库存、交易账目、客户和供应商等，以及其他外部环境中的各种数据。从技术层面上看，商业智能是数据仓库、联机分析处理工具和数据挖掘等技术的综合运用，其目的是使各级决策者获得知识或洞察力。自然地，商业智能可视化专门研究商业数据的智能可视化，以增强用户对数据的理解力。

(8) 知识可视化，指采用可视化表达表现与传播知识，其可视化形式包括交互式可视化、信息可视化应用以及叙事型可视化。与单纯的数据可视化相比，知识可视化侧重于运用各种互为补充的可视化手段和方法面向群体传播认识、经验、态度、价值、期望、视角、主张和预测，并激发群体协同产生新的知识。知识可视化与信息论、信息科学、机器学习、知识工程等方法各有异同，其特点是使发现知识的过程和结果易于理解，且在发现知识过程中通过人机交互界面发展发现知识的可视化方法。

6.4.6　VR/AR 方法

1. 定义

虚拟现实(virtual reality，VR)技术，是利用计算机、电子信息、仿真技术等在计算机模拟虚拟环境中展示真实的场景，从而给人以沉浸感。增强现实(augmented reality，AR)技术，也称为扩增现实，是促使真实世界信息和虚拟世界信息综合在一起的较新的技术内容，其将原本在现实世界的空间范围中比较难以进行体验的实体信息在电脑等科学技术的基础上，实施模拟仿真处理，将虚拟信息内容在真实世界中加以有效应用，并且在这一过程中能够被人类感官所感知，从而实现超越现实的感官体验。真实环境和虚拟物体之间重叠之后，能够在同一个画面以及空间中同时存在。

2. 适用范围

VR/AR 技术在影视娱乐、教育、设计、医疗、军事、航空航天等方面应用前景十分广泛，随着社会生产力和科学技术的不断发展，各行各业对 VR/AR 技术的需求日益旺盛。这两种技术适用于大规模的类别型数据、有序型数据、区间型数据和比值型数据可视化，因此对硬件设备的要求极高。VR/AR 技术也取得了巨大进步，并逐步成为一个新的科学技术领域。如图 6-22 所示为 VR/AR 技术在设计领域的应用，超强的技术让设计跃然眼前，对设计助力非凡。

图 6-22　VR/AR 技术在设计领域的应用

6.5　应用案例

本节选取混合模式晶圆图缺陷识别案例，来展示可视化应用。遵循 6.2.1 节中顺序模型的数据可视化思路，通过数据感知、数据分析、数据挖掘、数据可视化四个步骤来展示可视化应用案例。

1. 质量检测数据感知

表面缺陷是工业生产中的常见问题,其产生的原因多种多样。对表面缺陷的正确分类有助于发现生产过程中的问题或机器的故障。目前自动检测技术多针对单一种类缺陷进行设计,但工业实际中采集到的数据中往往同时存在多种缺陷,这对检测模型的设计提出了严峻的挑战。混合模式晶圆缺陷数据集是工业实际中采集的缺陷数据集增强后的缺陷数据集,其中数据的来源是混合模式缺陷晶圆图数据集,该数据集是利用真实的晶圆制造厂中获取到的晶圆图数据进行数据增强后得到的。

混合模式缺陷晶圆图如表 6-2 所示,其中利用了图形符号学的方法,通过对三种取值的数据赋予不同颜色的方法将其可视化。

表 6-2 混合模式缺陷晶圆图

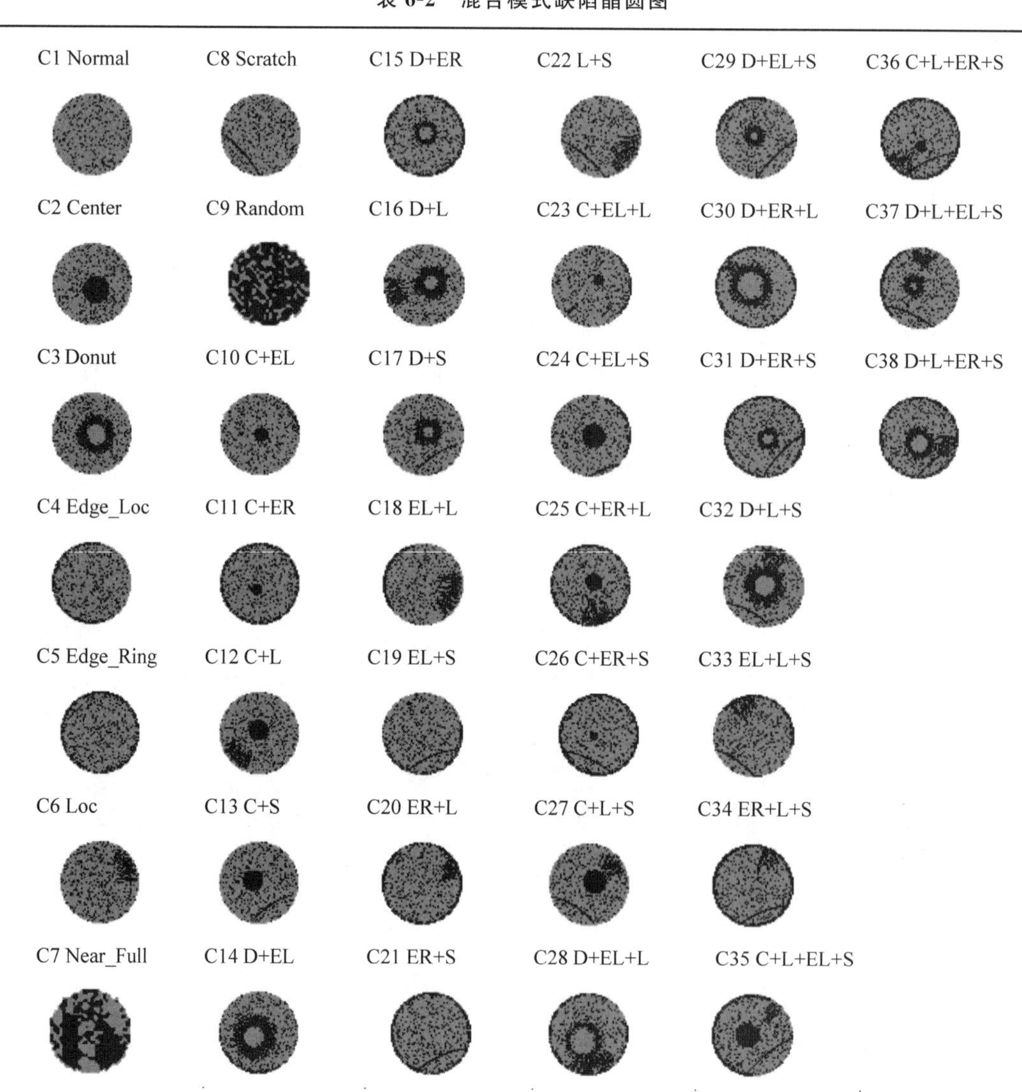

2. 质量检测数据分析

在晶圆制造过程中，制造工艺的复杂性增加导致晶圆图上会出现多个缺陷特征的融合，产生混合缺陷模式，即一张晶圆图上不单单出现一种缺陷模式，而是多个缺陷模式共同出现。因此，对于晶圆图的混合缺陷模式识别问题是一个典型的多标签分类问题，即一个输入样本对应多个输出标签。而传统的单标签模式识别方法在对混合缺陷模式进行识别时，往往只能识别出一种缺陷模式，漏掉样本上的其他缺陷模式。同时在晶圆的生产过程中，部分加工工艺需要通过旋转晶圆片来完成加工，而这一过程将会造成部分缺陷模式(如 Edge-Loc、Loc、Scratch 等)呈现出缺陷区域角度多样的特点。例如在光刻阶段，通常会采用旋转涂胶的方法来使得晶圆表面胶膜覆盖均匀，当晶圆转速和光刻胶黏度不匹配时，会导致晶圆出现角度多样的缺陷区域。在多角度缺陷模式融入晶圆图的混合缺陷模式时，由于相同的缺陷图形在不同角度下也可能被误认为不同的缺陷模式，因此会极大地加剧晶圆混合缺陷模式的识别难度，任何的误检、漏检和多检均会给生产线带来错误的反馈信息。

3. 质量检测的数据挖掘

针对混合模式缺陷区域角度多样的问题，Wang 等提出了一种基于可变形卷积的方法，称为可变形卷积网络(deformable convolutional network，DCN)。DCN 的目的是利用复杂的缺陷数据集训练可变形卷积网络对混合模式的晶圆缺陷进行针对性采样，以提高混合模式晶圆缺陷的识别准确率。该网络包括输入、可变形卷积采样、模式识别三个部分。DCN 在输入时从数据集中随机选择混合模式缺陷晶圆图，并将它们输入到可变形卷积采样模块，针对性提取晶圆图上的缺陷特征。最后，利用全连接层对缺陷特征图进行处理并输出预测缺陷类别。利用该网络可深入挖掘该数据集中的混合模式缺陷特征，从而对其进行针对性的识别。

4. 质量检测过程的数据可视化

为了验证 DCN 对混合模式晶圆缺陷识别的有效性，Wang 等进行了如下实验：①第一部分是该方法的分类精度分析。该部分探究在混合晶圆缺陷模式下 DCN 识别晶圆缺陷的准确程度，实验数据通过条形图来展示，如图 6-23 所示。②第二部分是网络采样区域分析。该部分通过可视化 DCN 在识别时其可变形卷积核采样区域来证明网络的有效性，与可视化晶圆图相似，采用图形符号学的方法，将经标准化处理的采样特征图中的运算值映射到选定色条进行着色，即热力图(heatmap)。

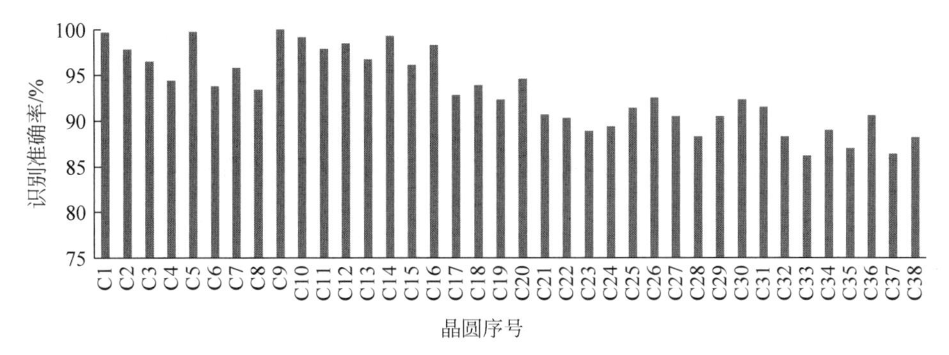

图 6-23 DCN 识别精度数据可视化

经过设定和着色,得到实验数据可视化结果如图 6-24 所示。

单一模式

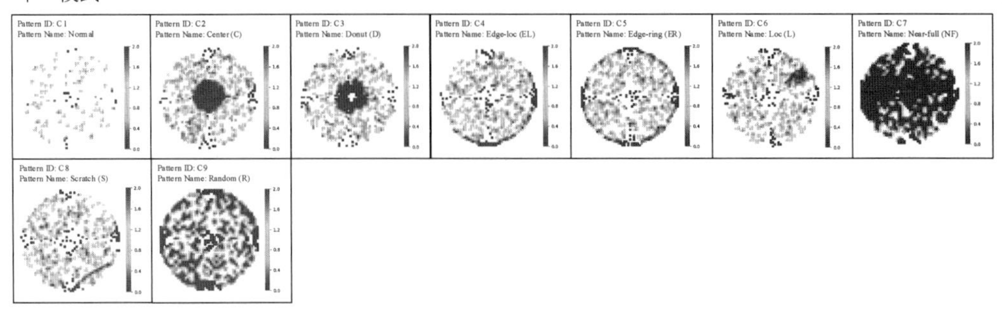

两种缺陷混合模式

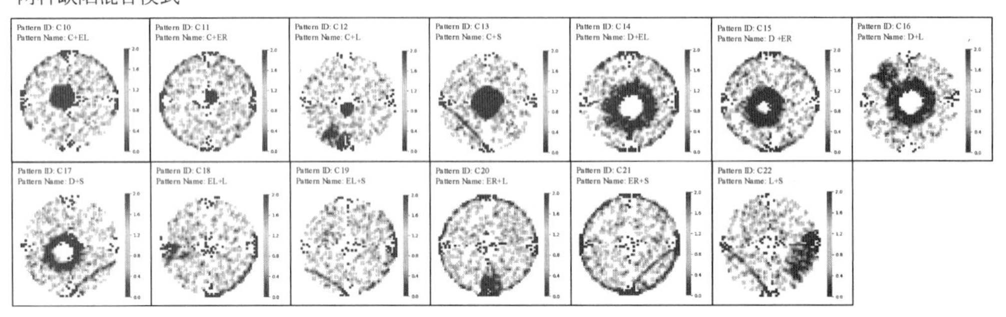

三种缺陷混合模式

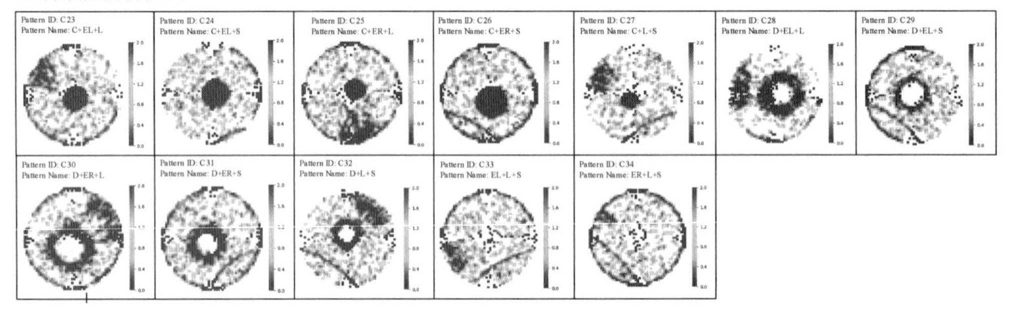

四种缺陷混合模式

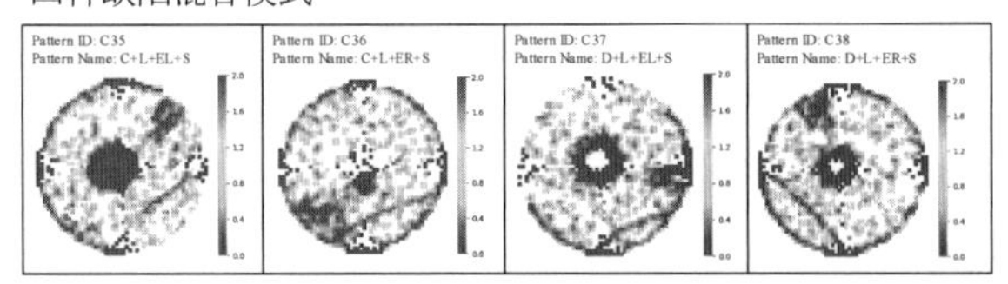

图 6-24 采样区域可视化

该方法设计了晶圆缺陷模式识别原型系统来对数据识别和可视化进行交互,界面如图 6-25 所示。

晶圆缺陷识别模式识别原型系统提供了一种便于用户查看数据和调用检测方法的平台,可让检测工作人员更加便捷地进行检测操作和交互。

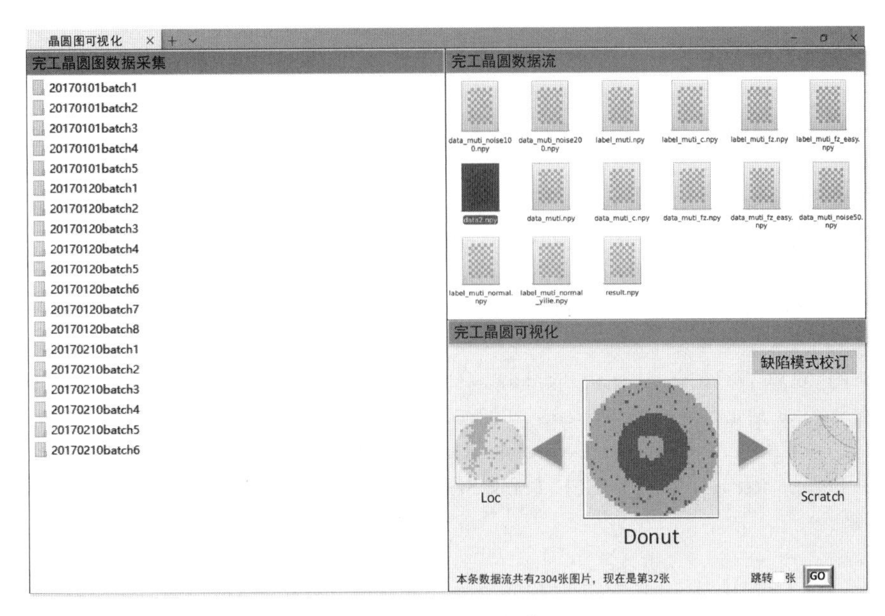

图 6-25　晶圆图可视化界面

本章小结

本章从数据可视化的作用到可视化流程，再到可视化的常用方法和分类及工具，详细介绍了数据可视化，可以使读者对数据可视化有全面的了解，从而激发其对数据可视化技术的学习兴趣。本章穿插了许多工业应用案例，目的是让读者切实感受到在大数据技术蓬勃发展的今天，数据可视化对信息传达的必要性，希望读者可以得到启发，对数据的可视化技术有更进一步的掌握，并尝试做出改进和创新。

习题

1. 利用图表的形式可视化一组数据并配以文字说明。
2. 谈谈你在生活中遇到的可视化工具，并结合本章案例探究更生动的可视化方法。
3. 介绍你见到的优秀可视化案例，并作简单分析。

参考文献

[1] PLAISANT C. The challenge of information visualization evaluation[C]. Proceedings of the Working Conference on Advanced Visual Interfaces，2004：109-116.

[2] 洪文学，王金甲. 可视化和可视化分析学[J]. 燕山大学学报，2010，34(2)：95-99.

[3] 何光威，张燕. 大数据可视化[M]. 北京：电子工业出版社，2018：55.

[4] CAO N，LIN C，ZHU Q，et al. Voila：Visual Anomaly Detection and Monitoring with Streaming Spatiotemporal Data[J]. IEEE Transactions on Visualization and Computer Graphics，2018，24(1)：

23-33.

[5] MATEJKA J,GLUECK M,GROSSMAN T,FITZMAURICE G. The Effect of Visual Appearance on the Performance of Continuous Sliders and Visual Analogue Scales[M]//In 34th Annual Chi Conference on Human Factors in Computing Systems,Chi 2016 (pp. 5421-5432). Assoc Computing Machinery.

[6] NETZEL R,HLAWATSCH M,BURCH M,et al. An Evaluation of Visual Search Support in Maps [J]. IEEE Transactions on Visualization and Computer Graphics,2017,23(1): 421-430.

[7] SHEN Q, WU T, YANG H, et al. NameClarifier: A Visual Analytics System for Author Name Disambiguation[J]. IEEE Transactions on Visualization and Computer Graphics, 2017, 23(1): 141-150.

[8] WANG J,XU C,ZHANG J,et al. Big data analytics for intelligent manufacturing systems: A review [J]. Journal of Manufacturing Systems,2022,62: 738-752.

[9] WANG J,XU C,YANG Z,et al. Deformable Convolutional Networks for Efficient Mixed-Type Wafer Defect Pattern Recognition[J]. IEEE Trans. Semicond. Manuf. ,2020,33(4): 587-596.

第7章

数据计算技术

随着互联网、物联网等技术的广泛应用，TB、PB量级数据成为常态。对于信息时代的海量、高维、异构数据，不仅需要通过感知、预处理、分析和挖掘等数据技术处理、分析并挖掘其中蕴含的知识，还需要依赖强大的计算能力进行快速处理。20世纪50年代至今，数据计算技术伴随着对计算能力的需求和信息技术的进步而不断发展，经历了从集中式计算到分布式计算的不断演变。在此过程中，针对TB、PB量级数据的低成本、高效率的存储和计算问题，Google公司提出了MapReduce编程框架，Apache软件基金会针对MapReduce框架构建的Hadoop计算平台成为数据计算技术的事实标准并得到迅速推广和应用。

本章主要介绍计算模式的演变、主流计算框架MapReduce和计算平台Hadoop集群，最后以Hadoop集群实现球轴承生产线大数据计算与可视化为应用案例，具体介绍数据计算技术的应用。

7.1 计算模式的演变

20世纪50年代初，美国半自动地面防空系统(SAGE)通过线路将远距离雷达和其他测量控制设备的信息汇聚到一台中心计算机上计算，此类“终端-通信线路-计算机”系统是计算机网络的雏形。此后数十年中，计算模式伴随信息技术的发展经历了从集中式到分布式的演变，其中网格计算和云计算作为分布式计算的两种典型技术逐渐走向成熟。

7.1.1 集中式计算

第一代计算模式是20世纪六七十年代的集中式计算模式。如图7-1所示，当时的主机/终端模式是由大型机和多个与之相连的哑终端构成。由于物理设备的限制，采用这种计算模式的所有计算数据和程序都只能位于主机系统上，从而形成典型的“集中存储、集中计算”模式。

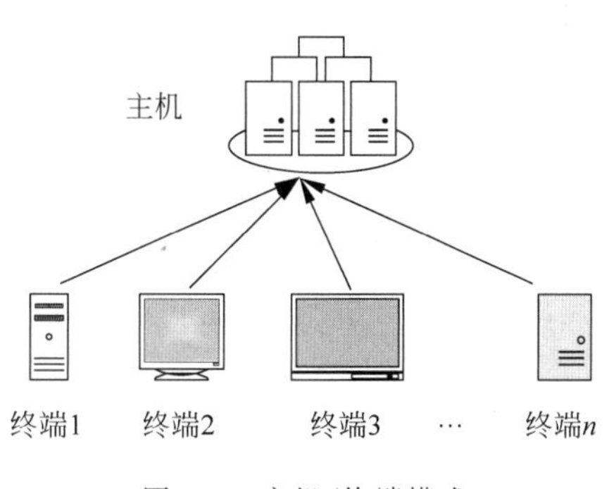

图7-1 主机/终端模式

随着20世纪80年代起信息技术对系统管理能力的愈发重视，计算模式开始转变。不同于早期大型机的集中式计算，新一代集中式计算开始以主机/客户机形式的 PC 分布式演化。此类计算模式最初在 Windows 应用系统上进行，所以它具有 PC 的强大功能和传统终端的易管理性。

虽然集中式计算模式具有部署结构简单、数据容易备份、不易感染病毒、总费用较低等优点，但是集中式计算几乎完全依赖于一台大型的中心计算机的处理能力，当终端很多时会导致响应速度变慢。另外，当终端用户有不同需求时，要对每个用户的程序和资源进行单独配置，这在集中式系统上难以实现且效率不高。

7.1.2 分布式计算

针对集中式计算模式的不足之处，分布式计算模式于 20 世纪 80 年代末期开始出现。分布式计算研究如何把一个要求巨大计算能力的问题分解为多个部分，再将其分配给多个终端进行并行计算，最后将计算结果进行综合。如图 7-2 所示，服务端将计算问题分成很多计算部分，然后分配给联网参与并行计算的客户端处理，最后经综合评定得到最终结果。典型的分布式计算技术有中间件、移动 Agent、P2P、Web Service、普适计算、网格、云计算等。

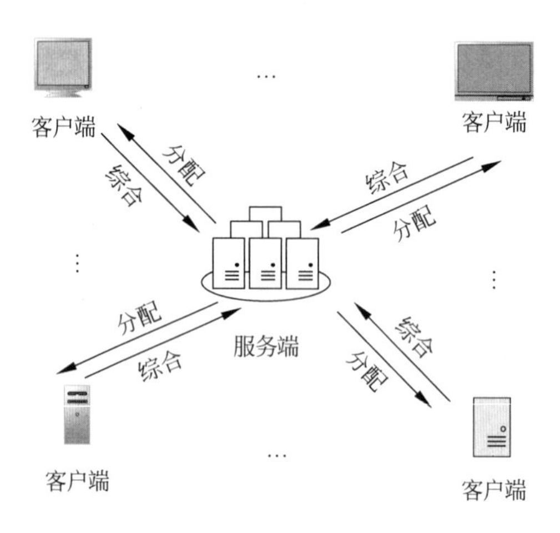

图 7-2 分布式计算模式

相较于集中式计算，分布式网络中的每台机器都能存储和处理数据，降低了对机器性能的要求，大大降低了硬件投资成本。其次，庞大的计算任务可以由分布式网络中的终端并行处理，极大地增强了计算能力。此外，分布式计算模式还具有较强的扩展性，可通过增加廉价的 PC 机来增加处理和存储能力。但是，计算程序全负荷运行时仍会对计算机的各个部件造成一定压力，并且对需求方来说，参加计算的设备并非全是可信任对象，因此必须引入一定的冗余计算机制，才能防止计算错误、恶意作弊等情况发生。

7.1.3 网格计算

20 世纪 90 年代早期，网格计算模式开始萌芽。为充分协调网络上的各种资源，网格计算以耦合的方式连接互联网上的计算机以构成更高性能的虚拟计算机系统。网格计算是一种分布式计算技术,“网格”即在动态的一组个体、机构和资源的虚拟组织中实行灵活、可靠、可调整的资源共享环境,其利用互联网把地理上广泛分布的计算资源互连,信息系统只需从网格中获取所需的计算能力。如图7-3所示为网格计算模式示意图。

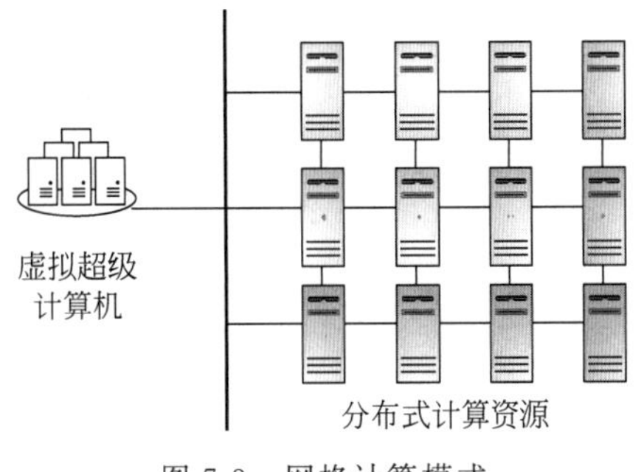

图7-3　网格计算模式

网格计算模式不仅可以共享稀有资源,还可以在多台计算机上平衡计算负载。但是随着当前新一代信息技术的发展,信息化、自动化、数字化和智能化设备广泛普及。在工业等各行各业中产生的数据量不断提升,网格计算模式已经无法满足处理海量数据的需求。

7.1.4　云计算

信息时代为满足海量数据处理的需求,云计算应运而生。2006年IBM和谷歌联合提出云计算概念,至今已进入成熟阶段。云计算是一种由商业驱动的、基于互联网的大型分布式计算模式,可以按用户需求提供与之相适应的计算能力、存储、平台以及服务,用户按获得的资源支付相应的费用。其基本原理是使计算分布在大量的分布式计算机上,而非本地计算机或远程服务器中。云计算主要提供通用的基础设施即服务(IaaS)、平台即服务(PaaS)和软件即服务(SaaS)等模式,如图7-4所示。

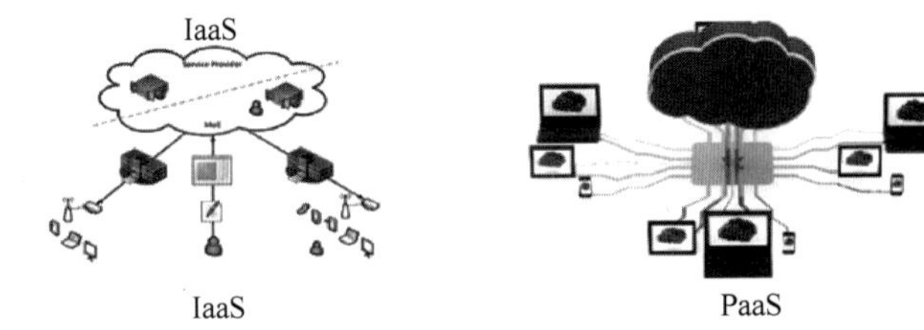

图7-4　云计算服务模式

SaaS的特点是根据需要将软件作为一种服务提供给用户。软件可以运行于云上,并为多个最终用户或客户团体提供服务。

PaaS提供了一个用于构建、测试和部署应用程序的高层次完整环境,可由平台层直接对用户提供平台服务。

IaaS提供硬件、软件和设施作为软件应用的环境,可由统一资源层、平台层和应用层单独或组合提供服务。

相对于网格计算,云计算对于海量数据规模有着先天优势,客户可以根据需要随时随地自动获取计算能力。但是,云计算模式严重依赖网络,在没有网络或者网络不稳定的地方,用户可能根本无法使用或体验很差。

7.2 主流计算框架 MapReduce

MapReduce 是一种分布式计算的编程模型，用于大规模数据集（大于 1TB）的并行计算，可以用普通商用服务器构成一个包含数千节点的分布式并行计算集群。同时，MapReduce 提供了一个庞大但设计精良的并行计算软件框架，能自动完成计算任务的并行化处理，自动划分计算数据和计算任务，在集群节点上自动分配和执行任务以及收集计算结果，将数据分布存储、数据通信、容错处理等并行计算涉及的很多系统底层的复杂细节交由系统处理。

7.2.1 基本原理

MapReduce 的主要思想是 Map（映射）和 Reduce（归约），用户可以根据需求使用 map 和 reduce 函数来实现任务的并行处理，使得不会分布式并行编程的编程人员仍然能将程序在分布式系统上运行计算。MapReduce 框架由一个 Master 节点和若干个 Slave 节点组成，其中 Master 节点负责元数据组织和任务调度，Slave 节点负责数据存储和计算。map 函数和 reduce 函数处理的相关类型如下：

$$\text{map}(\text{key}_{\text{in}},\text{value}_{\text{in}}) \rightarrow \text{List}(\text{key}_{\text{intermediate}},\text{value}_{\text{intermediate}}) \tag{7-1}$$

$$\text{reduce}(\text{key}_{\text{intermediate}},\text{List}(\text{value}_{\text{intermediate}})) \rightarrow (\text{key}_{\text{out}},\text{value}_{\text{out}}) \tag{7-2}$$

map 函数用来将输入的一组 $\text{key}_{\text{in}}/\text{value}_{\text{in}}$ 对按用户逻辑进行映射，形成一组新的 $\text{key}_{\text{intermediate}}/\text{value}_{\text{intermediate}}$ 对作为中间量。MapReduce 框架会将其中具有相同 $\text{key}_{\text{intermediate}}$ 的数据集交由 reduce 函数依据 $\text{key}_{\text{intermediate}}$ 按用户逻辑进行规约并形成 $\text{key}_{\text{out}}/\text{value}_{\text{out}}$ 作为输出。

MapReduce 的体系结构如图 7-5 所示，设 M 和 R 分别为 Map、Reduce 的任务数，MapReduce 框架运行应用程序的步骤如下：

步骤 1：用户提交 MapReduce 作业到 Master 节点。

步骤 2：Master 节点将 M 个 Map 任务和 R 个 Reduce 任务分配到空闲的节点上运行，输入文件被分成固定大小（默认为 64MB，用户可以调整）的 M 个分片（split），任务被分配到离输入分片较近的节点上执行以减少网络通信量。

步骤 3：在 Map 阶段，被分配到 Map 任务的节点以输入分片作为输入，对于每条记录执行 map 函数，产生一系列 $\text{key}_{\text{intermediate}}/\text{value}_{\text{intermediate}}$ 对并缓存于内存中。

步骤 4：按 $\text{key}_{\text{intermediate}}$ 对缓存 $\text{key}_{\text{intermediate}}/\text{value}_{\text{intermediate}}$ 进行排序，利用分区函数将输出分为 R 个区，并将数据位置传送至 Master 节点。

步骤 5：Master 节点接收到位置信息后传送给 Reduce 任务节点，Reduce 任务节点远程读取。此时，数据会在不同节点间相互传输，这一阶段也被称为数据混洗（shuffle）阶段。当 Reduce 任务节点读取到全部数据后按 $\text{key}_{\text{intermediate}}$ 重排序，以使数据按 $\text{key}_{\text{intermediate}}$ 连续存放。

步骤 6：在 Reduce 阶段将具有相同 $\text{key}_{\text{intermediate}}$ 的数据合并，执行用户提供的 reduce 函数并将最终结果写入分布式文件系统（HDFS）。

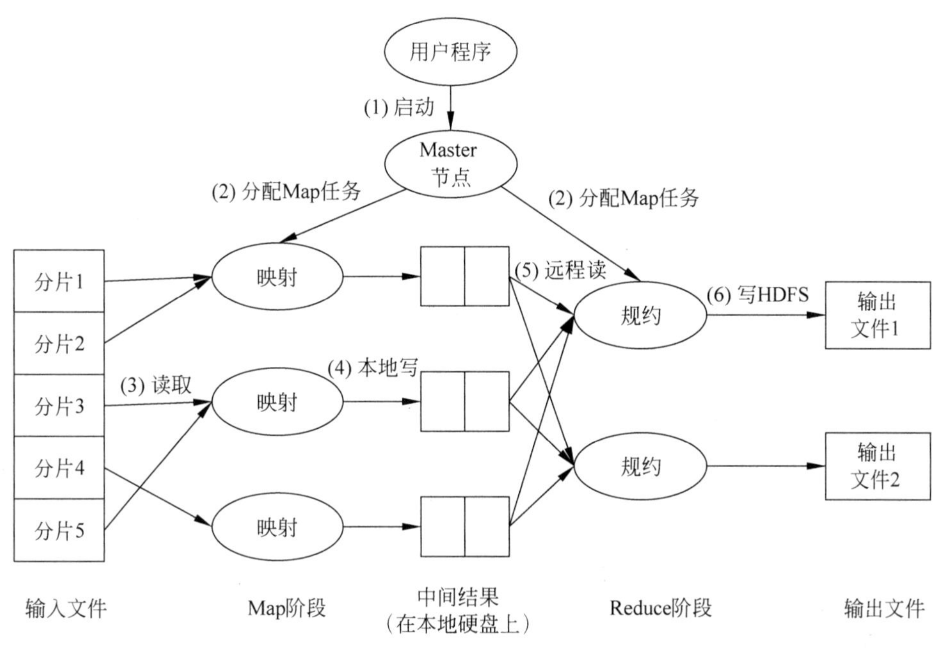

图 7-5　MapReduce 体系结构

由 MapReduce 的运行流程可知其将问题分而治之，并将计算分配到数据存储节点以减少计算中的数据通信成本。

7.2.2　功能特点

1. MapReduce 的主要功能

1）数据划分和计算任务调度

系统自动将待处理的大数据划分为多个数据块，每个数据块对应一个计算任务，并自动调度计算节点来处理相应任务。

2）数据/代码互定位

为了减少数据通信，MapReduce 进行本地化数据处理，即计算节点尽可能处理其本地磁盘上所分布存储的数据，从而实现了代码向数据的迁移。

3）系统优化

系统还进行了一些计算性能优化处理，如对最慢的计算任务采用多备份执行方式，选择最快完成者作为结果。

4）出错检测和恢复

由低端商用服务器构成的大规模 MapReduce 计算集群中，节点硬件和软件出错时常发生。因此 MapReduce 需要具备检测、隔离出错节点和调度分配新节点接管计算任务的能力。另外，系统还具备用多备份冗余存储机制提高数据存储的可靠性、能及时检测和恢复出错数据的功能。

2. MapReduce 的主要技术特征

(1) 向“外”横向扩展，而非向“上”纵向扩展。

对于大规模数据处理，MapReduce 集群的构建使用的是价格低廉、易于扩展的低端商用服务器，其远比基于高端服务器的集群优越。

(2) 失效被认为是常态。

由于 MapReduce 集群使用低端服务器构建，因此常出现硬件失效和软件出错。MapReduce 并行计算框架使用了多种有效的错误检测和恢复机制，使集群和框架具有较高的鲁棒性。

(3) 进行数据迁移，减少传输成本。

为了降低大数据并行计算中的数据通信开销，MapReduce 采用了数据/代码互定位技术，节点尽量处理本地存储数据，其次采用就近原则寻找可用节点并进行数据传送。

(4) 顺序处理数据，避免随机访问数据。

MapReduce 为面向顺序式大数据的磁盘访问和高吞吐量并行计算，利用大量存储节点同时访问数据，以此实现高带宽的数据访问和传输。

(5) 平滑无缝的可扩展性。

理想的软件算法需要具备性能下降程度与数据规模扩大倍数呈线性关系的能力，而 MapReduce 在大多情况下能实现理想的扩展性。

7.2.3 下一代 MapReduce 框架 YARN

YARN 是下一代 MapReduce 框架，该框架主要从 MapReduce 资源管理框架中解耦出来，并为每个应用组件提供调度功能。YARN 主要由三部分组成：资源管理器(resource manager，RM)、节点管理器(node manager，NM)、主应用进程(application master，AM)，其资源管理框架如图 7-6 所示。

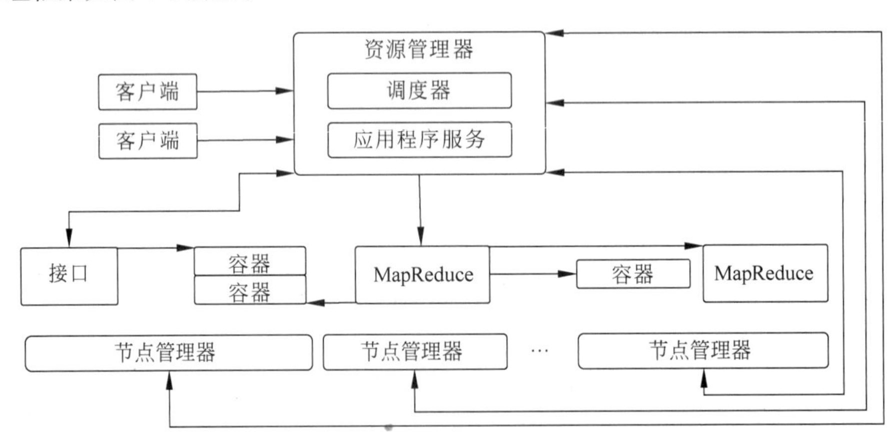

图 7-6　YARN 的资源管理框架

RM 负责监控集群中的资源，接收作业的资源请求并为作业分配资源，以及接收用户请求(例如，提交作业和取消作业)。资源管理器中执行资源调度的模块被称为调度器，一个集群只有一个资源管理器。

NM 负责管理一个节点的资源并为应用进程在节点上的执行提供一系列服务。每个节点上运行着一个或多个容器，每个容器中运行着一个应用进程。NM 每隔一段时间向 RM 发送一个消息(“心跳”)。每次“心跳”内容包含空闲资源、容器运行状态、作业列表、健康状况等信息。RM向NM返回的信息中包括需要释放的容器列表和需要终止的作业列表等信息。

AM负责管理内部执行计划并为需要启动的子任务申请资源。无论是AM还是子任务都需要在一个容器中执行，因此启动应用进程前须先分配合适的容器。

作业提交和执行的过程如图7-6所示。首先，应用客户端向集群的资源管理器提交作业。RM在接收到作业后会创建一个状态机用于维护作业的执行状态，同时RM会根据作业应用进程资源需求向调度器发出资源请求。当调度器为该请求分配容器后RM启动作业主应用进程，随后会安排其内部各子任务的执行并向RM申请资源。当RM为作业分配了若干容器后，该作业主应用程序将利用这些容器去启动执行相应子任务。

7.3 主流计算平台 Hadoop

云计算技术的虚拟化、可扩展、按需服务以及资源池灵活调度等特性颠覆了传统计算模式，海量非结构化的数据分析处理急需一种高效并行的编程模型。由Apache软件基金会研发的Hadoop作为大数据分析处理的主流技术迅速崛起，并逐步演化形成了一个生态系统，奠定了其在大数据分析处理领域的主流地位。

7.3.1 Hadoop 简介

Hadoop是一个大规模数据计算处理的分布式系统基础架构和可开发的软件平台。Hadoop解决了大数据并行计算、存储、管理等关键问题并具备功能的透明性，开发者只需实现map、reduce等接口，便可充分利用集群的高速运算和存储功能。在海量数据处理上Hadoop因具有高可靠性、高扩展性、高效性和高容错性而得到了广泛的认可，但其在实时性等方面仍存在不足之处。

7.3.2 Hadoop 的总体架构

Hadoop是大型的开源分布式应用框架，由Hadoop Common、HDFS、HBase、MapReduce、Hive、Pig、Hama、ZooKeeper等子项目组成，其中MapReduce、HDFS、HBase和ZooKeeper等是最核心部分，基于Hadoop云计算平台的数据管理结构如图7-7所示。

下面对各子项目进行简要介绍。

(1) Hadoop Common是一组分布式文件系统和通用的I/O组件和接口。

(2) HDFS是为应用程序提供高吞吐量访问的分布式文件系统。

(3) HBase是支持结构化、分布式、按列存储数据的分布式数据库系统。

(4) MapReduce是分布式数据处理框架和执行环境，用于大规模数据集的并行运算。

(5) Hive是一个分布式、按列存储的数据仓库。

(6) Pig是一种高级数据流语言和运行环境，用以检索非常大的数据集。

(7) Hama是一个基于BSP模型的分布式计算框架，主要针对大规模科学计算任务。

(8) ZooKeeper是一个针对大型分布式系统的可靠协调系统。

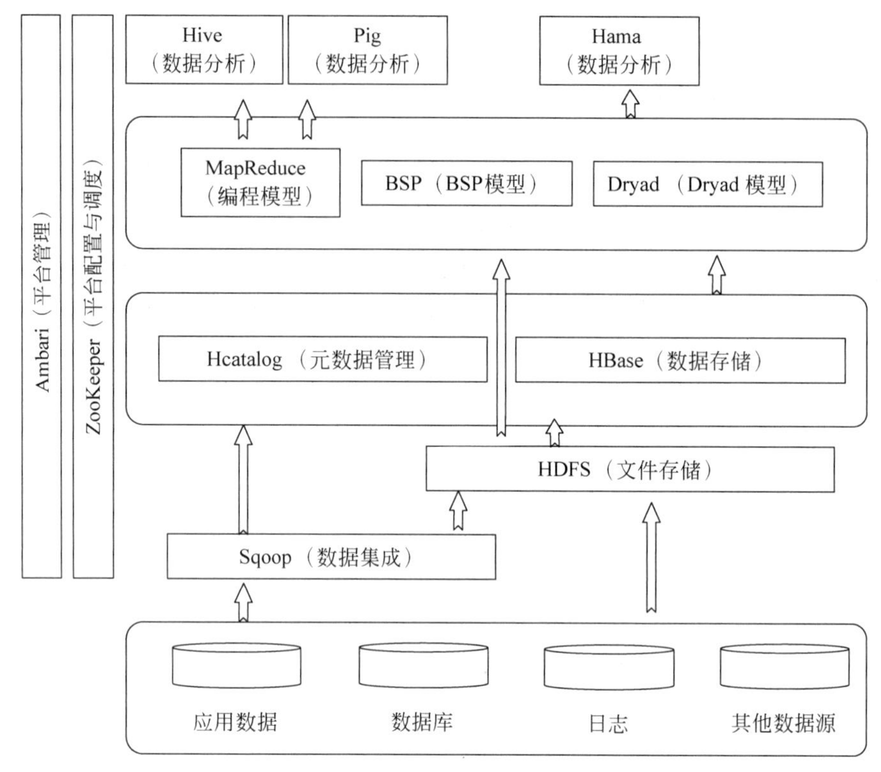

图 7-7　基于 Hadoop 云计算平台的数据管理结构

7.3.3　Hadoop 的工作流程

Hadoop 任务处理的工作流程如图 7-8 所示。一个典型的 MapReduce 系统包括一个主节点和若干个工作节点。主节点负责接收作业和调度任务，工作节点负责执行任务并且向主节点报告任务执行进度以及节点空闲状态。MapReduce 系统中一个具体的作业执行任务的步骤如下：

1. 作业提交与任务划分

MapReduce 用户通过主节点向系统提交作业请求，主节点根据作业的输入数据或配置文件将作业划分为若干个 Map 任务和 Reduce 任务。随后主节点将根据每一个工作节点发送的忙闲信号来向空闲节点指派任务。

2. Map 阶段

空闲的 Map 工作节点向主节点报告自身的空闲状态来领取 Map 任务，如果节点本身拥有所需要的数据将会被率先分配任务。Map 主要负责原始数据处理，并将产生的中间数据发往相应的 Reduce 任务节点。

3. Shuffle 阶段

Shuffle 阶段与 Map 阶段并行，一般发生在部分 Map 任务执行结束时(默认为 5 个)，Map 任务的中间数据发往相应的 Reduce 任务执行节点。率先执行完的 Map 任务率先发送，直到所有的中间数据发送完毕。

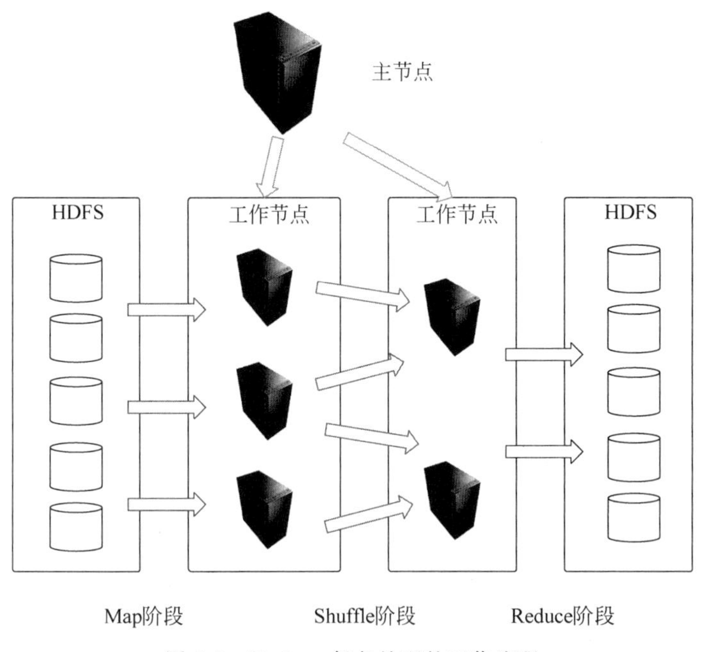

图7-8 Hadoop任务处理的工作流程

4. Reduce 阶段

当 Shuffle 阶段结束，所有的 Reduce 任务得到了各自的输入数据后，Reduce 任务处理数据并且将最终的处理结果写入磁盘返回给 MapReduce 用户。

7.3.4 Hadoop 生态系统

Hadoop 生态系统的基本框架如图 7-9 所示，主要由 HDFS、MapReduce、HBase、ZooKeeper、Pig、Hive 等核心组件构成，还新增了 Mahout、Ambari 等内容以提供更新功能。本节将主要从简介、原理和应用等方面针对 Hadoop 生态系统中 HDFS、Hive、Pig、

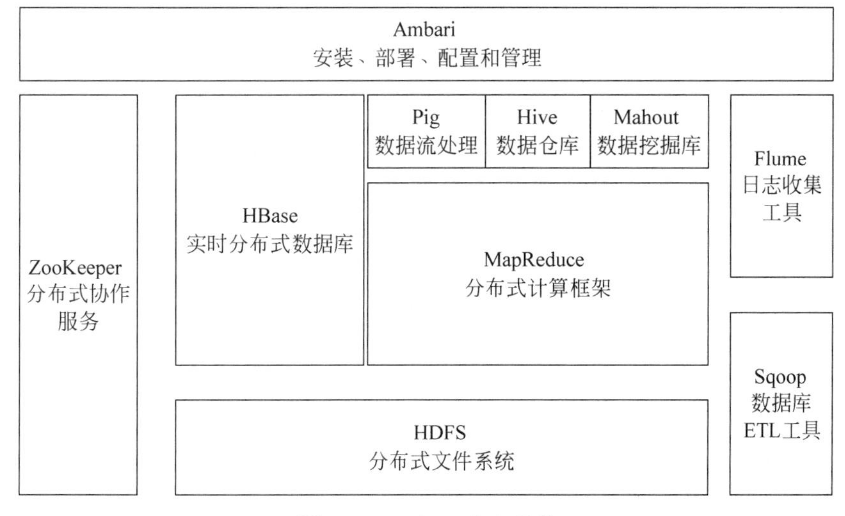

图7-9 Hadoop生态系统

Mahout、HBase、ZooKeeper、Flume、Sqoop 等关键组件进行介绍。

1. HDFS

1) HDFS 简介

HDFS是 Hadoop 中的分布式存储系统，旨在解决大数据的分布式存储问题。其随着 Hadoop 生态圈一起出现并发展成熟，具有开源、可移植性、高可用性、高容错性、可大规模水平扩展等特性。HDFS 存储系统被设计用来在大规模的廉价服务器集群上可靠地存储大规模数据，并提供高吞吐量的数据读取和追加式写入，单个 HDFS 集群可以扩展至几千甚至上万个节点。

2) 基本原理

HDFS将所存储的文件划分为较大的数据块(data block，如 128MB)，并将这些数据块分布式地存储于集群中的各个节点上。如图 7-10 所示，HDFS 集群中的主节点负责管理集群中的元数据。

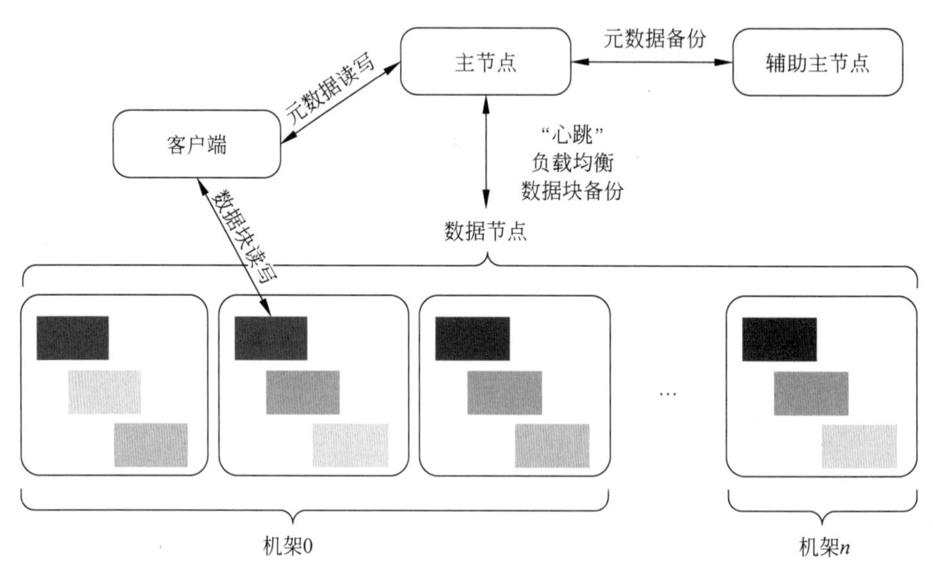

图 7-10　HDFS 集群架构和副本放置策略

3) HDFS 应用

HDFS 存储系统的特点契合当前大数据存储大容量、生成快和多类型的需求，在大数据系统，尤其是面向分析的大数据系统中得到了广泛的应用。在当今大数据的环境下，HDFS 作为通用的分布式存储系统，汇集了关系、文本、图结构等各种各样的海量数据，并向上支撑了丰富的应用场景。HDFS 存储系统的主要应用场景和典型的 HDFS 存储及优化技术如表 7-1 所示。

2. Hive

1) Hive 简介

Hive 是一个构建在 Hadoop 上的数据仓库框架和通用的、可伸缩的数据处理平台，其作用是让精通 SQL 技能的工程师对存储在 HDFS 文件中的数据集进行查询，常用于大数据分析任务。

表7-1 不同应用负载的HDFS存储和优化技术

I/O负载特征	应用场景	应用示例	典型系统	优化技术
批量写入	数据汇聚存储	电信运营商、互联网企业数据汇聚存储	Hive、Sqoop、Spark treaming	纠删码、数据压缩、SMR磁盘、并发复制、并发数据装载
高吞吐读取	复杂查询分析	数据报表和决策支持	SQL-on-Hadoop	列存储、数据压缩、数据索引、内存缓存
低延迟读取	Ad-hoc查询和交互式分析	数据分析师交互式分析和可视化应用	Drill、ElasticSearch	列存储、行列混合存储、数据索引、固态硬盘、内存缓存、非易失性内存
	详单查询	电信运营商对流量和通话记录进行精细化管理和分析	SQL-on-Hadoop	
	Key-value查询	Facebook Messages、Facebook社交、网络用户信息	HBase	固态硬盘、内存缓存、LSM-Tree
	流处理和计算	移动网络和互联网实时监控、证券交易监控、在线视频播放优化、地理位置信息记录	Spark Streaming、Flink、Kafka	内存缓存、非易失性内存
	迭代计算	广告推荐、社区发现、视频推荐	Hama、GraphX、Mahout、Mllib	
实时更新	Key-value存储	Facebook Message、Facebook社交、网络用户信息	HBase	固态硬盘、LSM-tree、内存缓存、非易失性内存

2）基本原理

Hive可以将结构化的数据文件映射为一张数据库表，并提供简单的SQL查询功能。其优点是学习成本低，用户可以通过类SQL语句快速实现简单的MapReduce统计和通过分布式集群环境进行数据查询、汇总和分析。Hive的类SQL语言HiveQL并不完全支持SQL标准，Hive大多数的查询是通过MapReduce实现的，而数据库通常有自己的执行引擎，Hive不支持更新操作、索引和事务，其子查询和连接操作也存在很多限制。Hive查询数据延迟性较高，是由于没有索引，需要扫描整个数据库表，而且HOL转换为MapReduce程序后，执行也有延迟。相对来说，数据库延迟较低。但是如果数据规模非常大时，Hive并行计算就能体现出优势。

3）Hive应用

在Hadoop大数据平台上构建Hive数据仓库，在Hive数据仓库中对海量结构化数据进行分析，能满足大数据分析和处理的需求。通过获取相关结构化应用数据，经初步处理后提交给HDFS集群，创建Hive数据表，并加载数据，可以通过Hive数据仓库进行数据分析、查询和统计。

3. Pig

1）Pig 简介

Pig 的设计动机是提供一种基于 MapReduce 的点对点数据分析工具，通常用于离线分析。Pig 提供了一个支持大规模离线数据分析的平台，使用一种称为 Pig Latin 的高级数据处理语言来对数据进行处理。Pig Latin 提供了一组丰富的数据类型和操作符来对数据执行各种操作。

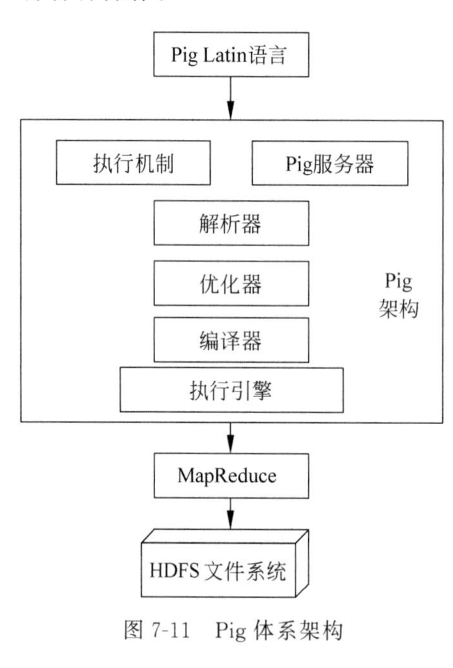

图 7-11 Pig 体系架构

2）基本原理

Pig 将 Pig Latin 语句转换为一系列 MapReduce 作业，在 Hadoop 集群上运行，从而简化程序员的工作。其架构如图 7-11 所示，主要包括解析器、优化器、编译器以及执行引擎。解析器负责脚本的语法及类型检查，优化器负责语句优化，编译器将优化后的语句编译为一系列 MapReduce 作业，最后由执行引擎将作业提交给 MapReduce。

3）Pig 应用

Pig Latin 语言可以在短时间内处理海量数据，侧重于对数据的查询和分析，但是不对数据执行修改和删除操作。Pig 编译器能将 Pig Latin 的分析语句转化为经过优化处理的 MapReduce 运算，降低了大数据处理的难度。另外，针对 MapReduce 模型中代码难以再利用和维护、分析任务的语义很容易被掩盖在大量的控制语句中、MapReduce 内部的不透明性质也阻碍了系统执行优化的能力等问题，Apache Pig 提供了更高层次的抽象，封装了基本的数据操作。Pig 的编译器完成了 Pig Latin 到 MapReduce 的转化工作，用户对它的控制权相对 MapReduce 要少得多，其本身需要帮助用户完成一些对作业的控制工作。Pig 将其封装成优化器，并为用户提供了控制开关的参数。

4. Mahout

1）Mahout 简介

Mahout 利用 Lunece 可以快捷地创建全文搜索/索引功能，因为 Lunece 给应用提供了完善而功能强大的引擎开发工具包。由于这些技术与机器学习十分相似，于是 Lunece 基于机器学习算法研究成果形成了最初的 Mahout 项目。一段时间后一个专注于协同过滤的项目 Taste 被合并入 Mahout 便形成了如今 Mahout 的雏形。

2）基本原理

Mahout 的主要目标是建立针对大规模数据集的可伸缩机器学习库，它通过 MapReduce 模式实现，旨在帮助开发人员创建智能应用程序。需要注意的是，Mahout 算法虽然是一种分布式的并行实现，但并不严格要求基于 Hadoop 平台，单个节点或非 Hadoop 平台也可以。目前 Mahout 项目主要包括以下四个部分：

(1) 聚类：将诸如文本、文档之类的数据分成局部相关的组。

(2) 分类：利用已经存在的分类文档训练分类器，对未分类的文档进行分类。

(3) 推荐引擎(协同过滤)：获得用户的行为并从中发现用户可能喜欢的事物。

(4) 频繁项集挖掘：利用一个项集(查询记录或购物目录)去识别经常一起出现的项目。

目前，Mahout 的主要算法如表 7-2 所示。

表 7-2　Mahout 算法集

算法分类	算法名	说明
分类算法	Logistic Regression	逻辑回归
	Bayesian	贝叶斯
	SVM	支持向量机
	Perceptron	感知器算法
	Neural Network	神经网络
	Random Forests	随机森林
	Restricted Boltzmann Machines	有限玻尔兹曼机
聚类算法	Canopy Clustering	Canopy 聚类
	k-means Clustering	k 均值算法
	Fuzzy k-mean，k-nearest neighbor	模糊 k 均值，k 近邻算法
	Expectation Maximization	EM 聚类
	Mean Shift Clustering	均值漂移聚类
	Hierarchical Clustering	层次聚类
	Dirichlet Process Clustering	狄利克雷过程聚类
	Latent Dirichlet Allocation	LDA 聚类
	Spectral Clustering	谱聚类
关联规则挖掘	Parallel FP Growth Algorithm	并行 FP Growth 算法
回归	Locally Weighted Linear Regression	局部加权线性回归
降维/约简	Singular Value Decomposition	奇异值分解
	Principle Components Analysis	主成分分析
	Independent Component Analysis	独立成分分析
	Gaussian Discriminative Analysis	高斯判别分析
推荐/协同过滤	Non-distributed recommenders	UserCF，ITEMCF，SlopeOne
	Distributed Recommenders	ItemCF
向量相似度	Row Similarity Job	计算列间相似度
	Vector Distance Job	计算向量间距离
集合方法扩展	Collections	扩展的 Collections 类

3) Mahout 应用

Mahout 首先对所需要计算的数据进行提交与读取，用户根据自己需要的算法以及运算方式在 Mahout 环境中进行参数设定或修改其中执行函数，适应执行数据。随后，Mahout 分析引擎对数据源进行数据预处理操作，针对后续 Hadoop 的运算，将数据序列化分析，并转化为 Hadoop 可以处理的工作内容，进而传递给 Hadoop 主节点。最后，待所有运行统计指标输出，Mahout 将所有数据反馈给上级用户。

5. HBase

1）HBase 简介

HBase 是分布式存储查询系统，它具有开源、分布式、可扩展及面向列存储的特点，能够为大数据提供随机、实时的读写访问功能。HBase 是借用 Google Bigtable 的思想来开源实现的分布式数据库，为了提高数据可靠性和系统稳定性并发挥 HBase 处理大数据的能力，采用 HDFS 作为其文件存储系统。

2）基本原理

HBase 体系结构采用的主/从式架构，主要由 HMaster 和 HRegion 服务器组成，ZooKeeper 主要用来协助 HMaster 管理整个集群。HBase 系统架构如图 7-12 所示。

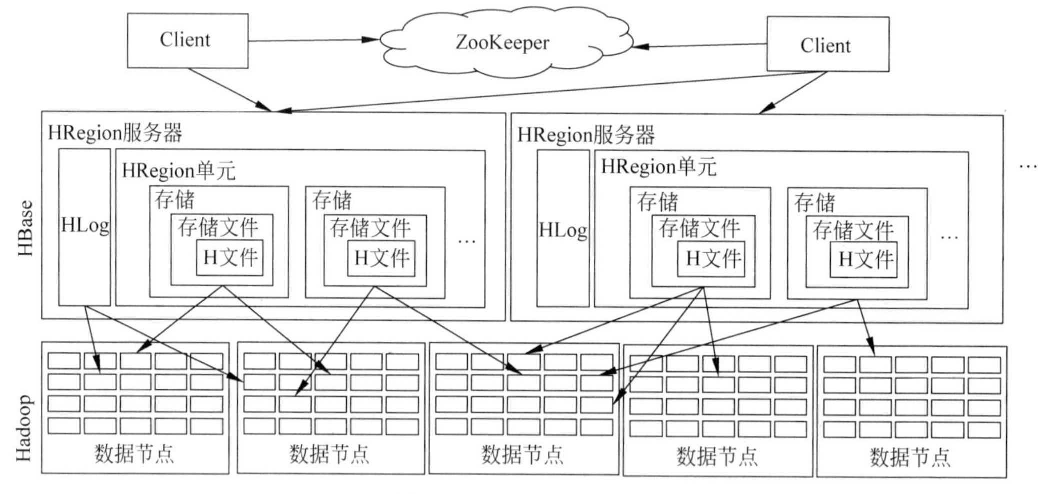

图 7-12 HBase 系统架构

（1）客户端 Client。它主要用来提交读写数据请求，客户端首先与 HMaster 利用 RPC 机制进行通信，获取数据所在的 HRegion 服务器地址，然后再发出数据读写请求。

（2）主服务器 HMaster。一个 HBase 只能有一台 HMaster，但是可以同时启动多个 HMaster，在运行时通过某种选举机制来选择一个 HMaster。如果 HMaster 突然瘫痪，可以通过选举算法从备用的服务器中选出新的作为 HMaster。HMaster 主要负责 HRegion 服务器的负载均衡、安全性和对 HRegionServer 的监控和表格增加、删除等管理工作。

（3）HRegion 服务器。它是 HBase 中的核心模块，由 HLog 和多个 HRegion 组成，HRegion 是对表进行分配和负载均衡的基本单位，由多个存储单元 HStore 组成。HStore 由 MemStore（有序的）和存储文件 StoreFile 组成，用户先把数据写到 MemStore 中，当 MemStore 中的数据达到阈值后，才会存储到 StoreFile 中。

HBase 的底层存储本质上采用 Key Value 键值，由行键、列族、列限定符和时间版本组成。它的表可以想象成一个大的映射关系，通过 Key 就可以定位特定数据（即首先由行键确定某一行，再由列族和列限定符确定某个单元值，若有多个版本的单元值，再通过时间版本来确定最终值）。

3）HBase应用

HBase系统支持MapReduce分布式计算框架，从而支持高吞吐量数据访问。MapReduce访问HBase有三种方式：作业开始时用HBase作为数据源，作业结束后用HBase接收数据，任务过程中用HBase共享资源。另外，HBase为了防止小文件（从memstore写入磁盘的文件）过多（一般文件个数不超过3个）和保证查询效率，在必要的时候把这些小的存储文件合并成相对较大的存储文件。其类型有两种：Minor Compaction（部分文件合并，但不做任何删除和清理工作）和Major Compaction（完整文件合并，清除删除、过期、多余版本的数据）。

6. ZooKeeper

1）ZooKeeper简介

ZooKeeper是Hadoop的子系统，可以给用户提供功能强大的开源分布式同步服务。整个ZooKeeper由若干个服务器节点组成，用户和ZooKeeper服务器之间的交互通过ZooKeeper客户端和ZooKeeper服务器之间的会话进行。ZooKeeper给用户提供了简单易用的API，通过调用这些API用户可以实现需要的分布式同步原语。

2）基本原理

ZooKeeper可以为用户提供少量的存储服务，每一个节点都有数据存储功能，多个节点之间通过复制操作来保证各自内容的一致性。ZooKeeper内部使用的是Paxos算法，当集群中超过半数的节点可用时，整个ZooKeeper服务就是可用的。

ZooKeeper底层使用的是TCP协议，用户通过ZooKeeper客户端连接到ZooKeeper服务器集群中的任一台服务器都可以实现与ZooKeeper的交互。ZooKeeper客户端与服务器的交互如图7-13所示，客户端和服务器之间的每一个连接都被称为一次会话，会话的管理由ZooKeeper客户端库进行。ZooKeeper为每一个会话都设有超时时间，客户端每隔一定时间会发送“心跳”信息给服务器来证明此次会话状态的有效性，如果服务器端在会话超时长之内没有收到客户端发来的“心跳”信息，它就断定该客户端发生了故障，然后将本次会话设为过期会话。如果某个客户端由于某种原因和自己当前连接的服务器失去了联系，而它能在会话超时长之内连接上服务器集群中的任意一台服务器，则会话仍然是有效的。因为每个服务器节点上保存的数据内容是一致的，所以当客户端的会话连接从一台服务器上迁移到其他服务器上时，并不会对会话造成影响，这样就保证了整个ZooKeeper服务的可用性。

客户端对ZooKeeper内部节点，除了基本的操作例如数据更新、数据删除等，还提供了一种高效的数据推送机制，避免了客户端不断地轮询访问某个节点来获得该节点数据内容更新这种效率低下的工作方式，这种机制被称为Watch机制。

3）ZooKeeper应用

ZooKeeper集群对服务器端的Server角色进行了归类，可分为：Leader、Follower、ObServer。ZooKeeper集群内部通过fast paxos算法来实现Leader的选举，两种比较常见的实现方法是Leader Election和Fast Leader Election。

7. Flume

1）Flume简介

Flume是一个分布式的海量日志聚合系统，支持数据发送方、数据接收方的数据定制，

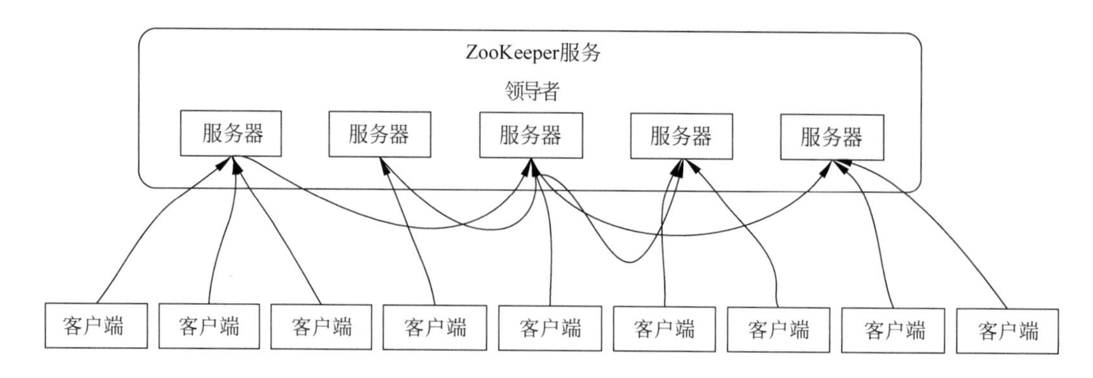

图 7-13 ZooKeeper 的工作原理

同时具备数据预处理的能力。目前 Flume 有 Flume-OG 和 Flume-NG 两个版本，其中 Flume-NG 是在 Flume-OG 的基础上经重构所形成的更具适应性的版本，使用方便简单，适应各种日志收集，并支持 Fail Over 和负载均衡机制。

2）基本原理

Flume 的基本架构如图 7-14 所示。Flume 以 Agent 为最小的独立运行单位，每一个 Agent 即是一个 JVM。Flume 主要由不同类型的 Source、Channel、Sink 组件组成，不同类型组件之间可以自由组合从而构建复杂的系统。Source 组件可以实现对原始日志数据的采集与接收；Channel 组件负责为 Source 和 Sink 组件的对接提供临时的缓存通道；Sink 组件则负责将收集到的日志下放到存储、分析等系统中，以实现日志的最终交付。Flume 具备高可扩展性，支持多级流处理，可根据不同业务需求及功能需求对 Flume 的 Agent 组件进行不同方式的组合，从而构建出耦合度低、可用性高、扩展性强的采集系统。

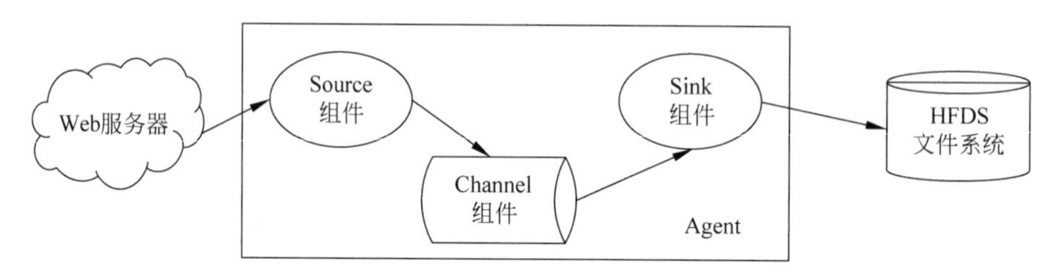

图 7-14 Flume 的基本架构

3）Flume 应用

作为一种分布式、可靠以及高可用的海量日志采集、聚合和传输的系统，Flume 支持在日志系统中定制各类数据发送方，用于收集数据，同时可对数据进行简单处理，并具有写到各种数据接收方（HDFS、HBase 等）的能力。

8. Sqoop

1）Sqoop 简介

Sqoop 开发的目的就是在 Hadoop 和关系数据库之间交换数据。它不仅可以将数据从一个关系型数据库系统（如 MySQL、Oracle 等）导入 Hadoop 分布式文件系统（HDFS）、非关系型数据库（HBase）中，还可以将 Hadoop 中的数据导出到关系型数据库中。Sqoop 是基于 MapReduce 进行数据处理的，所以 Sqoop 必须依赖 Hadoop 的集群环境。

2）基本原理

Sqoop 为最终用户提供命令行界面，也可以使用 Java API 进行访问。底层调用了 Hadoop 的 MapReduce 框架，而只有 Map 阶段运行，并不需要 Reduce，因为完整的导入和导出过程不需要任何聚合，所以在 Sqoop 中不需要 Reducer。

Sqoop 架构如图 7-15 所示。Sqoop 解析命令行中提供的参数并准备 Map 作业。作业启动多少个映射器取决于用户在命令行中定义的编号。对于 Sqoop 的导入过程，将根据命令行中定义的键为每个映射器任务分配一部分要导入的数据。Sqoop 在输入数据之间平均分配输入数据以获得高性能。然后，每个映射器使用 JDBC 创建与数据库的连接，获取由 Sqoop 分配的部分数据，并根据命令行中提供的选项将其写入 HDFS、Hive 或 HBase。

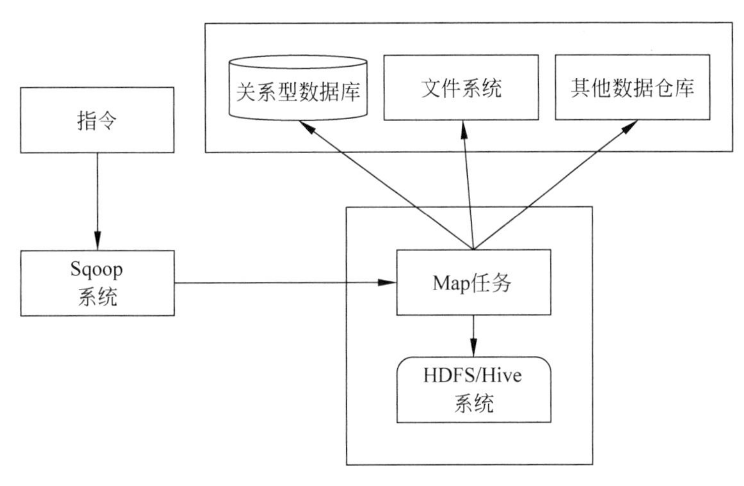

图 7-15 Sqoop 架构

3）Sqoop 应用

Sqoop 可以在 Hadoop 和关系型数据库之间转移大量数据。Sqoop 数据迁移流程分为与 HDFS、Hive、HBase 之间的数据迁移，具体迁移过程如下。

（1）Sqoop 与 HDFS 之间的数据迁移：Sqoop 从数据库的一个表中逐行读取数据，并将其上传到一个 HDFS 文件系统中。

（2）Sqoop 与 Hive 之间的数据迁移：在将数据导入 HDFS 之后，Sqoop 将生成一个包含 create table 操作的 Hive 脚本，其中定义了一个使用 Hive 类型的列和一个 load datainpath 语句来将数据从数据文件迁移到 Hive 的仓库目录中。

（3）Sqoop 与 HBase 之间的数据迁移：在 Sqoop 命令行中指定 HBase-Table 时，Sqoop 将数据导入 HBase 表，而非 HDFS 中的一个目录。输入表的每一行都通过 HBase Put 操作转换为 HBase 表的一行。

7.4 应用案例

近年来伴随着制造业自动化、信息化、数字化的不断发展，企业累积了海量工业生产运行数据，超大规模的工业数据快速处理的需求推动了数据计算技术的不断发展。本章先后通过对计算模式、框架和平台的介绍，展示了当前的主流数据计算技术。本节将以球轴承装配生产线为对象，阐述通过 Hadoop 计算平台和 MapReduce 计算框架进行轴承生产线历史运行数据计算流程。

1. 业务描述

球轴承是一种滚动轴承，主要包含内外圈、滚珠、保持架、密封盖等部件，各部件如图 7-16 所示。由于球轴承具有能承受较大载荷的优点，因此广泛应用于各类旋转机械中。

图 7-16 球轴承组成部件

球轴承装配工艺可分为合套、保持架压装、注脂压盖等工序，工艺流程如图 7-17 所示。

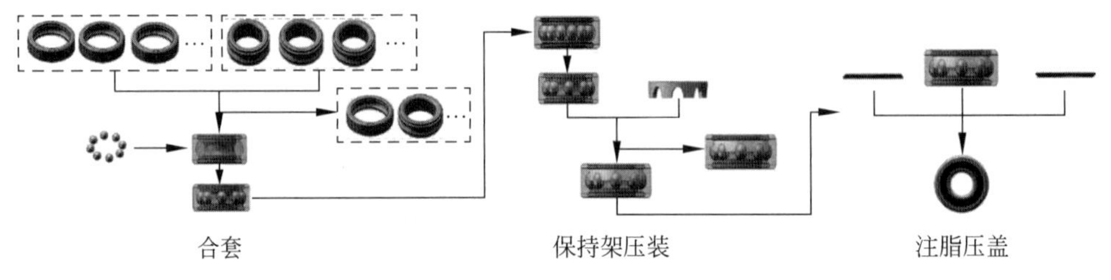

图 7-17 轴承装配工艺流程

在实际装配过程中，通过传感器或 PLC 设备等采集如产量、生产节拍、生产计划、调度方案、设备运行状态、产品质量等涉及产品、产线和设备的实时生产、运行和产品质量等多源、异构工业大数据。对此类数据进行处理、分析和挖掘时需要具有强大计算能力的计算技术，本案例主要利用 Hadoop 生态系统和 MapReduce 计算框架针对球轴承生产运行过程中采集和存储的多源、海量、异构数据进行计算。

2. 解决方案

本案例采用 Hadoop 生态系统和 MapReduce 计算框架针对轴承生产运行大数据计算，总体方案架构如图 7-18 所示。方案涉及数据采集、存储、计算等内容，其中数据采集、存储等技术在其他章节有详细描述，此处不再详细阐述。解决方案的步骤如下所示。

步骤 1：采集自动化轴承生产线生产运行中产品、工艺、质量、设备等数据并存储至 HDFS/HBase、MySQL 等数据库中。

步骤 2：用户通过本地客户端向 ZooKeeper 组件发出计算任务请求，ZooKeeper 向 Hive 组件发出 SQL。

步骤 3：Hive 通过 Sqoop 组件进行数据迁移。Sqoop 将关系型数据库 MySQL、Oracle 中的数据导入 HDFS 和 HBase 中，也可以将 HDFS 和 HBase 中的数据导出到关系型数据库中，从而实现 Hive 与传统数据库之间的数据传递。

步骤 4：Hive 将获取的结构化数据文件映射为数据库表，并将 SQL 语句转化为 MapReduce 任务，通过 MapReduce 框架完成计算任务的自动划分和调度，实现了数据的自动化分布存储和划分。

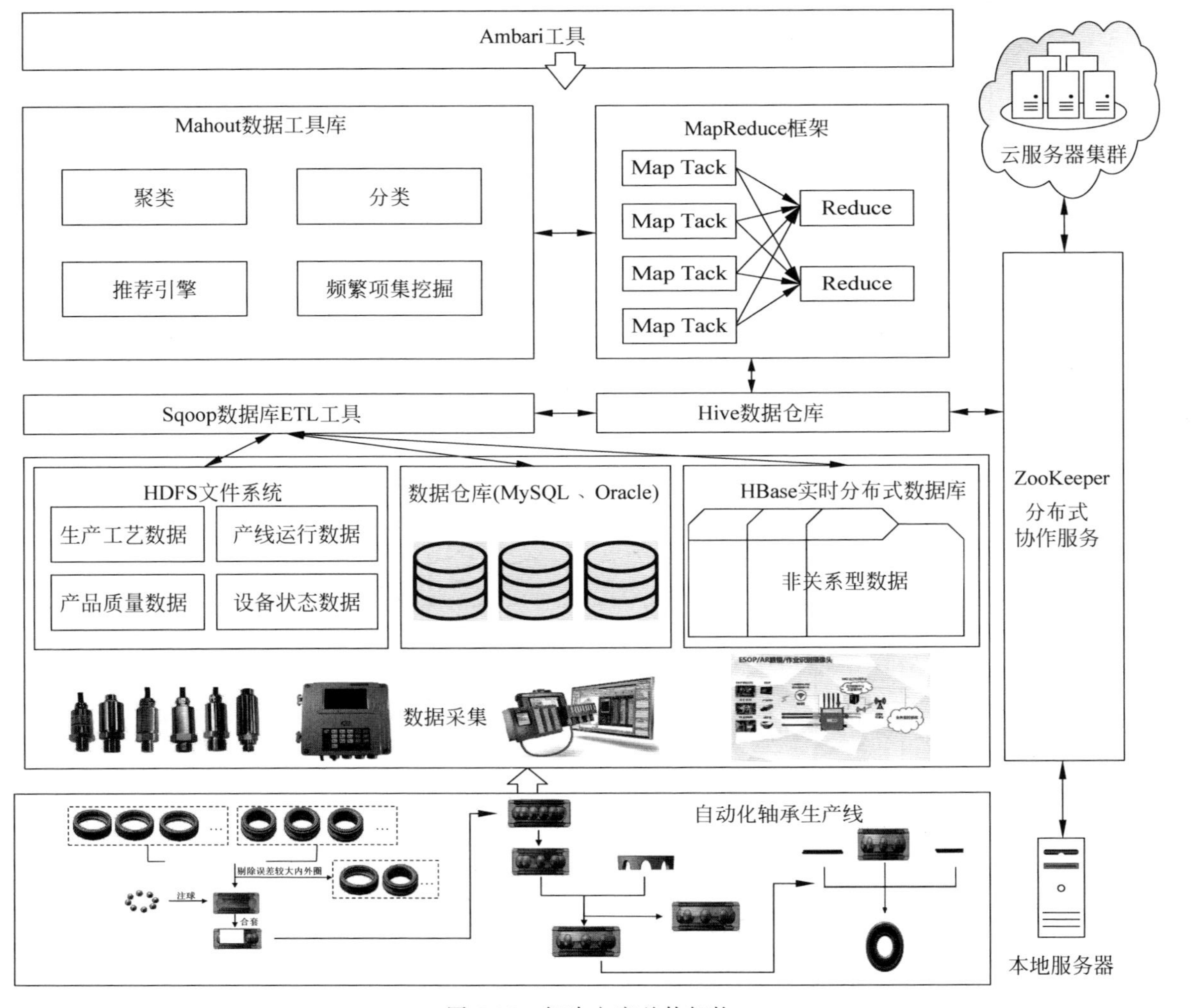

图 7-18　解决方案总体架构

步骤 5：Mahout 对需要计算的数据进行提交与读取，用户根据自己需要的算法以及运算方式在 Mahout 环境中进行参数设定或是修改其中执行函数，适应执行数据。

步骤 6：Mahout 分析引擎对数据源进行数据预处理操作，针对后续 Hadoop 的运算，进行数据序列化分析，并转化为 Hadoop 可以处理的 Job，进而传递给 Hadoop 主节点。

步骤 7：待所有运行统计指标输出后，Mahout 将所有数据反馈给上级用户。

3. 应用效果

本案例构建了三节点 12GB 内存虚拟机环境来部署分布式集群，Hadoop 集群主要由一个主节点和两个从节点构成，集群硬件规划如表 7-3 所示，集群软件规划如表 7-4 所示。

表 7-3 集群硬件规划

服务器	操作系统	地址	内存	Hadoop	JDK
主节点	CentOS 6.7	192.168.146.91	12GB	2.6.0	1.8.0
从节点 1	CentOS 6.7	192.168.146.91	12GB	2.6.0	1.8.0
从节点 2	CentOS 6.7	192.168.146.91	12GB	2.6.0	1.8.0

Hadoop 集群的搭建步骤如下：

步骤 1：安装 CentOS 6.7 操作系统的虚拟机。

步骤 2：安装 JDK 1.8.0。

步骤 3：安装 Hadoop 2.6.0。

步骤 4：SSH 免密登录。

步骤 5：配置集群。

步骤 6：启动集群。

表 7-4 集群软件规划

集群软件	主节点	从节点 1	从节点 2
Name Node	√	√	
Data Node	√	√	√
Resource Manager	√	√	
Journal Node	√	√	√
ZooKeeper 3.4.6	√	√	√
Hive 1.2.2		√	
HBase 1.1.2	√	√	√
Flume 1.9.0	√	√	√
Sqoop 1.4.6			√

注：“√”表示集群的构成中有该服务节点。

在部署 Hadoop 2.6.0 环境及相关组件环境后通过处理、计算、分析、挖掘轴承生产运行历史数据，对轴承产线的生产状态和设备状态进行可视化，如图 7-19 所示。

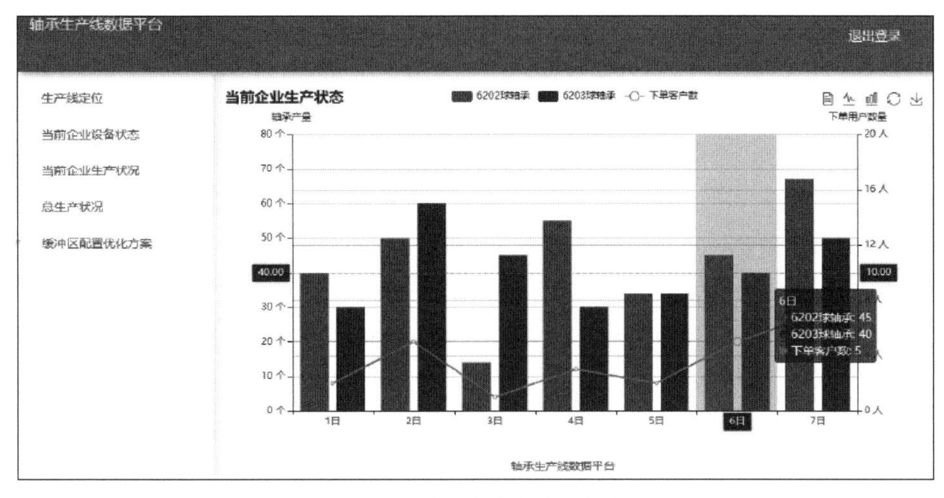

图 7-19 轴承产线状态可视化

本章小结

本章从数据计算模式的演变、主流计算框架、主流计算平台和相关计算系统等方面阐述了数据计算技术的相关内容，目的在于清晰地展示数据计算技术的整体框架、设计思路和实现手段。在计算模式的演变部分中着重介绍了集中式计算、分布式计算、网格计算和云计算等数据计算技术。在主流计算框架中，着重介绍了 MapReduce 的基本思想、功能特点和下一代 MapReduce 框架 YARN 等内容。在主流计算平台部分，着重介绍了 Hadoop 平台的总体架构、工作流程和 Hadoop 生态系统中 HDFS、Hive、Pig、Mahout、HBase、ZooKeeper、Flume、Sqoop 等相关计算系统。最后应用 Hadoop 集群进行了球轴承生产线运行数据计算。

习题

1. 简要概括集中式计算和分布式计算的区别和优缺点。

2. 对比网格计算和云计算，了解和掌握两种计算技术的优缺点和适用场景。

3. 结合本章针对 MapReduce 的阐述，说明应用 MapReduce 计算框架解决大数据计算的主要思路和步骤。

4. 总结概括 Hadoop 生态系统中相关计算系统的实现流程和具体作用，以及应用 Hadoop 数据计算平台处理大数据挖掘的一般过程。

5. 参考本章应用案例部分，实现 Hadoop 集群搭建，并结合网络和相关文献信息实现 Hadoop 在在线旅游、移动数据、电子商务、能源发现、能源节省、基础设施管理、图像处理、欺诈检测、IT 安全、医疗保健等领域的实际应用。

参考文献

[1] 张辉. 集中式计算模式螺旋上升[J]. 中国计算机用户，2003，4(27)：16.

[2] 葛澎. 分布式计算技术概述[J]. 微电子学与计算机，2012，29(5)：201-204.

[3] 金培弘. 分布式系统概念与设计[M]. 北京：机械工业出版社，2004.

[4] 蒋雄伟，马范援. 中间件与分布式计算[J]. 计算机应用，2002，4(4)：6-8.

[5] 王伟. 面向未来的计算模式——普适计算[J]. 成都电子机械高等专科学校学报，2005，4(4)：13-17.

[6] HASHEMI S M，BARDSIRI A K. Cloud computing vs. grid computing[J]. ARPN journal of systems and software，2012，2(5)：188-194.

[7] 罗晓慧. 浅谈云计算的发展[J]. 电子世界，2019，4(8)：104.

[8] 宋炯，童维勤，支小莉. 一个基于 QoS 的网格编程方法[J]. 计算机应用与软件，2006，23(8)：14-16.

[9] 王庆荣. 网格安全体系结构及证书管理技术研究[D]. 兰州：兰州理工大学，2005.

[10] 尹小明. 基于价值网的云计算商业模式研究[D]. 北京：北京邮电大学，2009.

[11] 黄山，王波涛，王国仁，等. MapReduce 优化技术综述[J]. 计算机科学与探索，2013，7(10)：885-905.

[12] 郑思. 大规模数据处理系统中 MapReduce 任务划分与调度关键技术研究[D]. 长沙：中国人民解放军国防科技大学，2014.

[13] 杨晨. 面向高性能计算的 YARN 平台关键技术与应用研究[D]. 南京：南京大学，2016.

[14] 董新华，李瑞轩，周湾湾，等. Hadoop 系统性能优化与功能增强综述[J]. 计算机研究与发展，2013，50：1-15.

[15] 张岩，王胤祥，胡林生. Hive 大数据仓库构建与应用——以大陆在美上市股票数据为例[J]. 数字通信世界，2021，4(4)：186-187.

[16] The Apache Software Foundation. Pig Latin Basics[EB/OL]. (2017-06-21)[2019-07-22]. http://pig. apache. org/docs/r0. 17. 0/basic. html.

[17] 余辉. 基于 Mahout 的聚类算法的研究[D]. 上海：上海师范大学，2014.

[18] 谭玉靖. 基于 ZooKeeper 的分布式处理框架的研究与实现[D]. 北京：北京邮电大学，2014.

[19] 于金良，朱志祥，梁小江. 一种基于 Sqoop 的数据交换系统[J]. 物联网技术，2016，6(3)：35-37.

[20] 戴顺尧. 基于轴承生产线工业互联网平台的数据分析与研究[D]. 杭州：杭州电子科技大学，2021.

第8章

数据存储与管理技术

大数据时代，人们对数据技术的依赖度越来越高，对数据的安全性要求也就越来越高，一旦不慎丢失关键数据，可能会造成不可估量的损失，轻则辛苦积累起来的心血付之东流，严重的会影响企业的正常运作，给科研、生产造成巨大的损失，因此对数据的存储与管理至关重要。数据量的剧增，给数据存储与管理技术提出了巨大的挑战。

数据存储技术能够针对感知、处理、分析、挖掘、计算的数据进行相应的存储，对数据处理中间结果的保存、后续调用，以及再次处理、分析、计算等具有重要作用。数据管理技术是指对数据进行分类、编码、存储、检索和维护的技术，也是数据处理的中心问题。本章将介绍数据存储技术、数据管理技术、数据存储与管理工具和相应的应用案例。

8.1 数据存储技术

数据存储是一门涵盖硬件与软件的计算机系统科学，按存储方式的不同可以分为磁盘阵列(RAID)、直接连接存储(DAS)、存储区域网络(SAN)、网络附加存储(NAS)等，下面对数据存储的关键技术逐一进行介绍。

8.1.1 磁盘阵列

磁盘阵列(RAID)是由多个独立的高性能磁盘驱动器组成的磁盘子系统，可以提供比单个磁盘更好的存储性能和数据保护。RAID包括多个级别，如RAID 0、RAID 1、RAID 3、RAID 5、RAID 6、RAID 10、RAID 50等，如图8-1所示，不同RAID级别在成本、性能和可靠性方面有所区别。

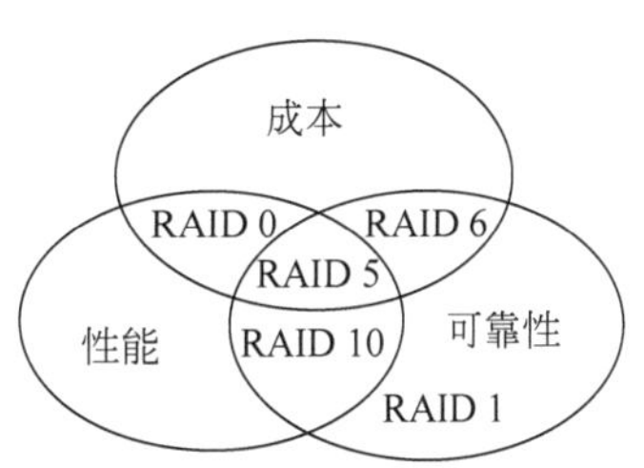

图8-1 不同RAID级别在成本、性能和可靠性上的表现

RAID存储应用广泛，可以满足许多数据存储要求，其主要优势体现在以下几个方面。

(1) 大容量。RAID扩大了磁盘的容量，由多个磁盘组成的RAID系统具有更大的存储空间。现在单个磁盘的容量就可以达到1TB以上，这样RAID的存储容量就可以达到PB级，可以满足大多数的存储需求。一般来说，RAID的可用容量小于所有成员磁盘的总容量。不同等级的RAID算法需要一定的冗余开销，具体容量开销与采用的算法有关。如果已知RAID算法和容量，就可以计算出RAID的可用容量。通常，RAID容量的利用率为50%～90%。

（2）高性能。RAID的高性能得益于数据条带化技术。单个磁盘的I/O性能受到接口、带宽等计算机技术的限制，往往很有限，容易成为系统性能的瓶颈。通过数据条带化，RAID将数据I/O分散到各个成员磁盘上，从而可以获得比单个磁盘更好的聚合I/O性能。

（3）可靠性。从理论上讲，由多个磁盘组成的RAID系统在可靠性方面应该比单个磁盘要差。这里有个隐含假定：单个磁盘故障将导致整个RAID不可用。RAID采用镜像和数据校验等数据冗余技术，打破了这个假定。镜像是最为原始的冗余技术，把某组磁盘驱动器上的数据完全复制到另一组磁盘驱动器上，保证总有数据副本可用。比起镜像50%的冗余开销，数据校验要小很多，它利用校验冗余信息对数据进行校验和纠错。RAID冗余技术可大幅提升数据可用性和可靠性，保证了若干磁盘出错时，不会导致数据的丢失，不影响业务的连续运行。

（4）可管理性。RAID是一种虚拟化技术，它将多个物理磁盘驱动器虚拟成一个大容量的逻辑驱动器。对于外部主机系统来说，RAID是一个单一的、快速可靠的大容量磁盘驱动器。这样，用户就可以在这个虚拟驱动器上组织和存储应用系统数据。从用户应用角度看，这样的存储系统简单易用，管理也很便利。由于RAID在内部完成了大量的存储管理工作，管理员只需要管理单个虚拟驱动器，因此可以节省大量的管理工作。另外，RAID可以动态增减磁盘驱动器，可自动进行数据重建恢复。

RAID技术不仅可以提供大容量的存储空间，还可以提高存储性能和数据安全性。它能在提高读写性能的同时保证数据安全性的主要原因在于，RAID采用了数据条带化这一高效数据组织方式以及奇偶校验这一数据冗余策略。

RAID引入了条带的概念。如图8-2所示，条带单元（stripe unit）是指磁盘中单个或者多个连续的扇区的集合，是单块磁盘上进行一次数据读写的最小单元。条带（stripe）是同一磁盘阵列中多个磁盘驱动器上相同“位置”的条带单元的集合，条带单元是组成条带的元素。条带宽度是指一个条带中数据成员盘的个数，条带深度则是指一个条带单元的容量大小。

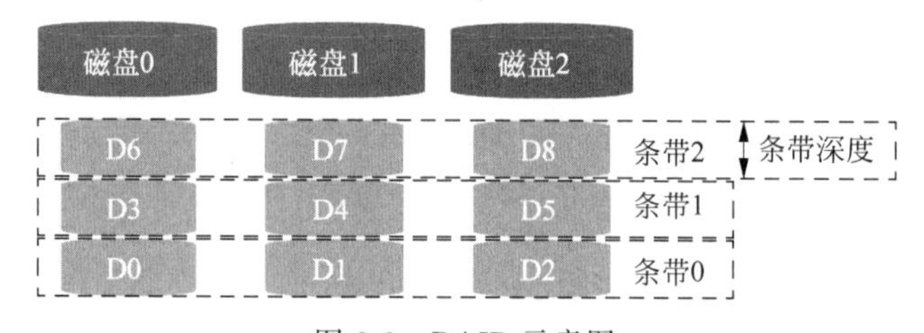

图8-2　RAID示意图

通过对磁盘上的数据进行条带化，实现对数据成块存取，可以增强访问连续性，有效减少磁盘的机械寻道时间，提高数据存取速度。此外，通过对磁盘上的数据进行条带化，将连续的数据分散到多个磁盘上存取，实现同一阵列中多块磁盘同时进行存取数据，提高了数据存取效率（即访问并行性）。并行操作可以充分利用总线的带宽，显著提高磁盘整体存取性能。

因为采用了数据条带化组织方式，使得 RAID 组中多个物理磁盘可以并行或并发地响应主机的 I/O 请求，进而达到提升性能的目的。其中 I/O 是输入（input）和输出（output）的缩写，输入和输出分别对应数据的写和读操作。并行是指多个物理磁盘同时响应一个 I/O 请求的执行方式，而并发则是指多个物理磁盘一对一同时响应多个 I/O 请求的执行方式。

RAID 通过镜像和奇偶校验的方式对磁盘数据进行冗余保护。其中，镜像是指利用冗余的磁盘保存数据的副本，一个数据盘对应一个镜像备份盘；奇偶校验则是指对于用户数据利用奇偶校验算法计算出奇偶校验码，并将其保存于额外的存储空间。奇偶校验采用的是异或运算（运算符为⊕）算法。奇偶校验的具体过程如图 8-3 所示，其中，$0\oplus0=0$，$0\oplus1=1$，$1\oplus0=1$，$1\oplus1=0$，即运算符两边数据相同则为假（等于 0），相异则为真（等于 1）。

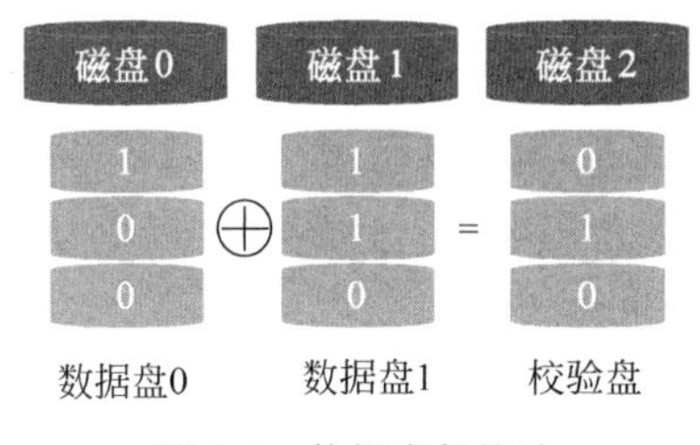

图 8-3　数据奇偶校验

通过镜像或奇偶校验方式，可以实现对数据的冗余保护。当 RAID 中某个磁盘数据失效的时候，可以利用镜像盘或奇偶校验信息对该磁盘上的数据进行修复，从而提高了数据的可靠性。

8.1.2　直接连接存储

直接连接存储（direct attached storage，DAS）是一种将存储设备通过电缆直接连接到主机服务器上的存储方式。数据存储设备采用 SCSI 或 FC 协议直接连接在内部总线上，构成整个服务器结构的一部分。

在一个典型的 DAS 架构中，服务器与数据存储设备之间通过总线适配器和 SCSI/FC 线缆直接连接，基于总线传输数据，中间不经过任何交换机、路由器或其他网络设备，如图 8-4 所示。挂接在服务器上的硬盘、直接连接到服务器上的磁盘阵列、直接连接到服务器上的磁带库、直接连接到服务器上的外部硬盘盒等都属于 DAS 的范畴。

图 8-4　DAS 架构

根据存储设备与服务器间的位置关系的不同，DAS 分为内置 DAS 和外置 DAS 两类。

内置 DAS 指存储设备通过服务器机箱内部的并行总线或串行总线与服务器相连接。例如，服务器内部连接硬盘的形式如图 8-5 所示。

内置 DAS 有以下几点不足：①采用服务器内的物理 CPU 总线连接，受到总线距离的限制，只能支持短距离的数据传输；②内部总线能够连接的设备数目也非常有限，不利于存储资源的扩展；③因为存储设备位于服务器机箱内，因此当用户对存储设备进行维护时，需要对系统进行停机断电；④内置 DAS 配置占用了机箱内的硬盘大量空间，给服务器内部其

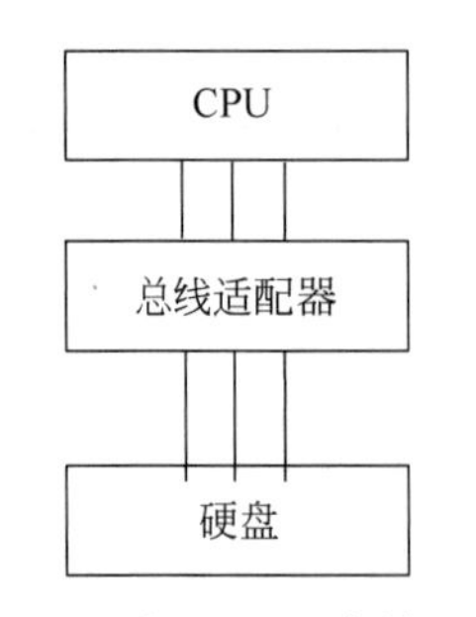

图 8-5　内置 DAS 存储形态

他部件的维护造成一定的困难；⑤DAS 无法优化资源的使用，因为它共享前端端口的能力有限，使得资源共享受限。

内置 DAS 的管理主要通过主机和主机操作系统实现，也可使用第三方软件来进行管理。主机主要实现存储设备硬盘/卷的分区创建及分区管理，以及操作系统支持的文件系统布局。

外置 DAS 中，服务器与外部存储设备基于总线直接连接，通过 FC 协议或者 SCSI 协议进行通信。例如，直接连接到服务器的外部硬盘阵列。

相比内置 DAS，外置 DAS 克服了内部 DAS 对连接设备的距离和数量的限制，可以提供更远距离、更多设备数量的连接，增强了存储扩展性。另外，外部 DAS 还可以对存储设备进行集中管理，使操作维护更加方便。但是，外置 DAS 对设备连接距离和数量依然存在限制，也存在资源共享不便的问题。

相对于内置 DAS 的管理，外置 DAS 管理的一个关键点是主机操作系统不再直接负责一些基础资源的管理，而是采用基于阵列的管理方式，比如 LUN 的创建、文件系统的布局以及数据的寻址等。如果主机的内部 DAS 是来自多个厂商的存储设备，如硬盘，则需要对这些存储设备分别进行管理。但是，如果将这些存储设备统一放到某个厂商的存储阵列中，则可以由阵列的管理软件进行集中化统一管理。这种操作方式避免了主机操作系统对每种设备的单独管理，维护管理更加便捷。

如图 8-6 所示，外置 DAS 包含两种存储形态：外部硬盘阵列和智能硬盘阵列。

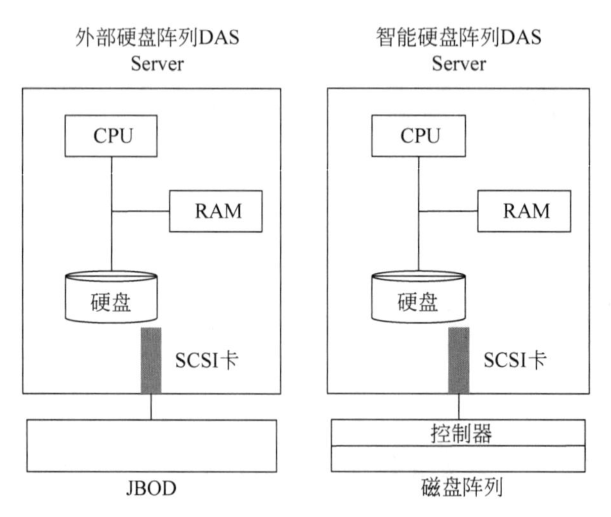

图 8-6　外置 DAS 存储形态

磁盘簇(just a bunch of disks，JBOD)即为外部磁盘阵列，JBOD 技术在逻辑上把几个物理磁盘串联在一起，解决内置存储的磁盘槽位有限而导致的容量扩展不足问题。其目的仅仅是增加磁盘的容量，并不提供数据安全保障。JBOD 采用单磁盘存放方式来保存数据，可靠性较差。

智能硬盘阵列由控制器和硬盘构成。其中控制器中包含 RAID、大容量 Cache，使得磁盘阵列具有多种实用的功能，如增强数据容错性、提升数据访问性能等。智能硬盘阵列通常采用专用管理软件进行配置管理。

8.1.3　存储区域网络

存储区域网络（storage area network，SAN）是一种面向网络的、以数据存储为中心的存储架构。SAN 采用可扩展的网络拓扑结构连接服务器和存储设备，并将数据的存储和管理集中在相对独立的专用网络中，向服务器提供数据存储服务。以 SAN 为核心的网络存储系统具有良好的可用性、可扩展性、可维护性，能支撑存储网络业务的高效运行。

SAN 也叫存储区域网络，它是将存储设备（如磁盘阵列、磁带库、光盘库等）与服务器连接起来的网络。结构上，SAN 允许服务器和任何存储设备相连，并直接存储所需数据。图 8-7 所示为一种典型的 SAN 组网方式。

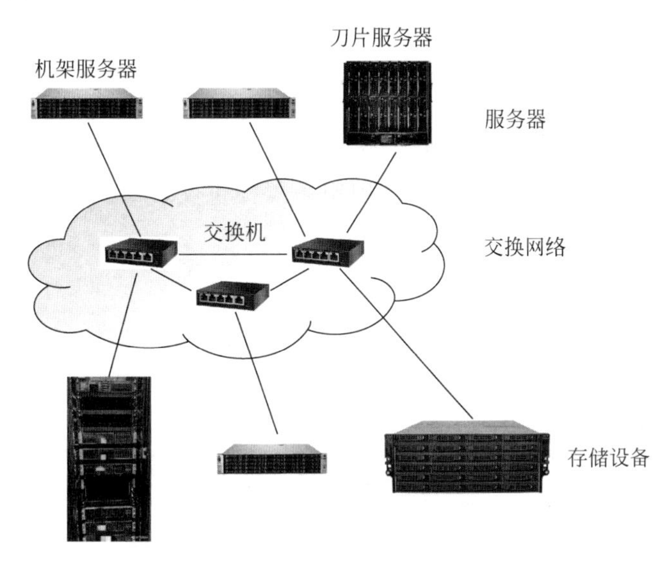

图 8-7　SAN 组网

相对于传统数据存储方式，SAN 可以跨平台使用存储设备，可以对存储设备实现统一管理和容量分配，从而降低使用和维护的成本，提高存储的利用率。根据 Forrester 研究报告，使用传统独立存储方式时存储利用率介于 40%～80%，平均利用率为 60%，存储通常处于低利用率状态。SAN 对存储资源进行集中管控，高效利用存储资源，有助于提高存储利用率。更高的存储利用率意味着存储设备的减少，网络中的电能能耗和制冷能耗降低，节能省电。

此外，通过 SAN 网络主机与存储设备连通，SAN 为在其网络上的任意一台主机和存储设备之间提供专用的通信通道，同时 SAN 将存储设备从服务器中独立出来。SAN 支持通过光纤通道协议（fibre channel，FC）和 IP 协议组网，支持大量、大块的数据传输；同时可满足吞吐量、可用性、可靠性、可扩展性和可管理性等方面的要求。

由图 8-8 可以看到，SAN 和 LAN 相互独立，然而它会带来成本和能耗方面的一些不足：①SAN 需要建立专属的网络，这就增加了网络中线缆的数量和复杂度；②应用服务器除了连接 LAN 的网卡之外，还需配备与 SAN 交换机连接的主机总线适配器(host bus adapter，HBA)。

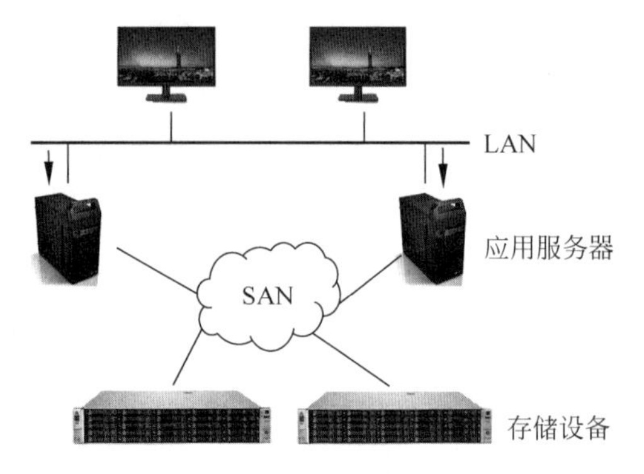

图 8-8　SAN 的网络拓扑架构示意图

8.1.4　网络附加存储

网络附加存储(network attached storage，NAS)是基于 IP 网络、通过文件级的数据访问和共享提供存储资源的网络存储架构。NAS 是一种将分布的、独立的数据进行整合，集中管理数据的存储技术，为不同主机和应用服务器提供文件级存储空间，其逻辑架构如图 8-9 所示。

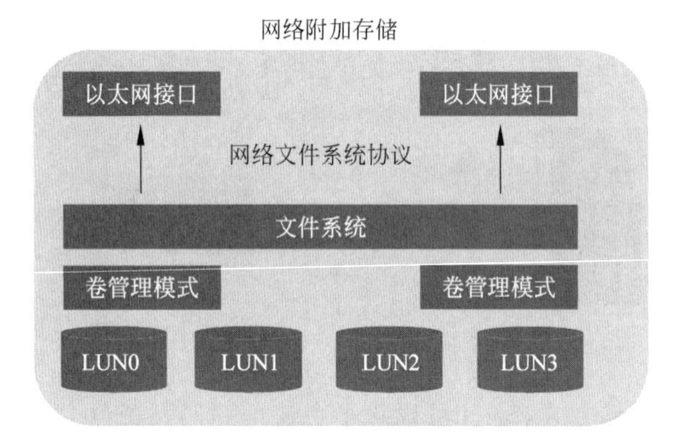

图 8-9　NAS 的逻辑架构

从使用者的角度来说，NAS 是连接到一个局域网的基于 IP 的文件共享设备基础。NAS 通过文件级的数据访问和共享提供存储资源，使用户能够以最小的存储管理开销快速地共享文件，这一特点使得 NAS 成为主流的文件共享存储解决方案。另外，NAS 有助于消除用户访问通用服务器时的性能瓶颈。NAS 通常采用 TCP/IP 数据传输协议和 CIFS/NFS 远程文件服务协议来完成数据归档和存储。

随着网络技术的快速发展，支持高速传输和高性能访问的专用 NAS 存储设备可以满足当下企业对高性能文件服务和高可靠数据保护的应用需求。图 8-10 给出一种 NAS 设备的部署情况，通过 IP 网络，各种平台的客户端都可以访问 NAS 设备。

NAS 客户端和 NAS 存储设备之间通过 IP 网络通信，NAS 设备使用自己的操作系统

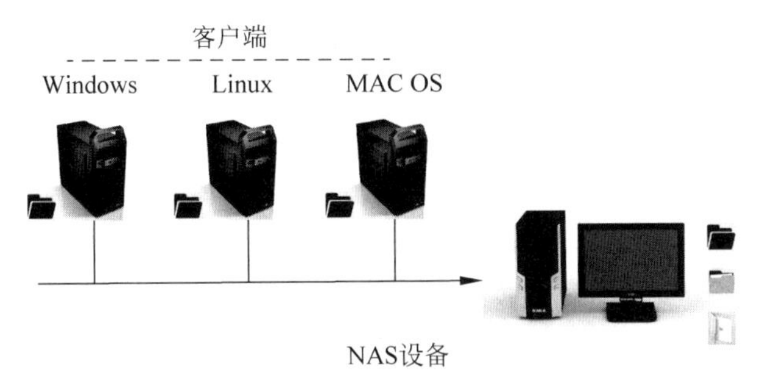

图 8-10 NAS 设备的网络部署

和集成的硬/软件组件,可满足特定的文件服务需求。NAS 客户端可以是跨平台的,可为 Windows、Linux 和 MAC OS 系统。与传统文件服务器相比,NAS 设备支持接入更多的客户机,支持更高效的文件数据共享。

8.2 数据管理技术

为了有效应对现实世界中复杂多样性的数据处理需求,需要针对不同的数据应用特征,从多个角度、多个层次对数据进行管理。数据管理阶段主要包括 20 世纪 50 年代中期的人工管理阶段、50 年代末至 60 年代中期的文件系统阶段和 60 年代后期的数据库系统阶段。下面分别对每个阶段进行详细介绍。

8.2.1 人工管理阶段

20 世纪 50 年代中期以前,计算机主要用于科学计算。硬件方面,计算机的外存只有磁带、卡片、纸带,没有磁盘等可以直接存取的存储设备,存储量非常小;软件方面,没有操作系统,没有高级语言,数据处理的方式是批处理,即机器一次处理一批数据,直到运算完成为止,然后才能进行另外一批数据的处理,中间不能被打断,原因是此时的外存如磁带、卡片等只能顺序输入。

人工管理阶段的数据具有以下几个特点:

(1) 数据不保存。由于当时的计算机主要用于科学计算,对于数据保存并不作特别要求,只是在计算某一个课题时将数据输入,用完就退出,对数据不作保存,有时对系统软件也是这样。

(2) 数据不具有独立性。此阶段的数据是输入程序的组成部分,即程序和数据是一个不可分割的整体,数据和程序同时提供给计算机运算使用。对数据进行管理,就像现在的操作系统可以以目录、文件的形式管理数据。程序员不仅要知道数据的逻辑结构,也要规定数据的物理结构,程序员对存储结构、存取方法及输入/输出的格式有绝对的控制权,要修改数据必须修改程序。例如,要对 100 组数据进行同样的运算,就要给计算机输入 100 个独立的程序,因为数据无法独立存在。

(3) 数据不共享。数据是面向应用的,一组数据对应一个程序。不同应用的数据之间是相互独立、彼此无关的,即使两个不同应用涉及相同的数据,也必须各自定义,无法相互利用，互相参照。数据不但高度冗余，而且不能共享。

(4) 由应用程序管理数据。数据没有专门的软件进行管理，需要应用程序自己进行管理，应用程序中要规定数据的逻辑结构和设计物理结构(包括存储结构、存取方法、输入/输出格式等)。因此程序员的工作量很大。

8.2.2 文件系统阶段

20 世纪 50 年代后期到 60 年代中期，数据管理发展到文件系统阶段。此时的计算机不仅用于科学计算，还大量用于管理。在硬件方面有了磁盘等直接存取的存储设备。在软件方面，操作系统中已有了专门的数据管理软件，称为文件系统。从处理方式上讲，不仅有了文件批处理，而且能够联机实时处理，联机实时处理是指在需要的时候随时从存储设备中查询、修改或更新，因为操作系统的文件管理功能提供了这种可能。这一时期数据管理的特点如下：

(1) 数据长期保存。数据可以长期保存在外存上反复处理，即可以经常进行查询、修改和删除等操作。所以计算机大量用于数据处理。

(2) 数据的独立性。由于有了操作系统，利用文件系统进行专门的数据管理，使得程序员可以集中精力在算法设计上，而不必过多地考虑细节。比如保存数据时，只需给出保存指令，而不必要求所有的程序员都精心设计一套程序，控制计算机物理地保存数据。在读取数据时，只要给出文件名，而不必知道文件的具体存放地址。文件的逻辑结构和物理存储结构由系统进行转换，程序与数据有了一定的独立性。数据的改变不一定会引起程序的改变。例如，保存的文件中有 100 条记录时，使用某一个查询程序；当文件中有 1000 条记录时，仍然使用这一个查询程序。

(3) 可以实时处理。由于有了直接存取设备，也有了索引文件、链接存取文件、直接存取文件等，所以既可以采用顺序批处理，也可以采用实时处理方式。数据的存取以记录为基本单位。

8.2.3 数据库系统阶段

从 20 世纪 60 年代后期开始，数据管理进入数据库系统阶段。这一时期用计算机管理的数据规模日益增大，应用越来越广泛，数据量急剧增长，要求数据共享的呼声越来越强。这种共享的含义是多种应用、多种语言互相覆盖地共享数据集合。此时的计算机有了大容量磁盘，计算能力也非常强。硬件价格下降，编制软件和维护软件的费用相对在增加。联机实时处理的要求更多，并开始提出和考虑并行处理。

在这样的背景下，数据管理技术进入数据库系统阶段。

现实世界是复杂的，反映现实世界的各类数据之间必然存在错综复杂的联系。为反映这种复杂的数据结构，让数据资源能为多种应用需要服务，并为多个用户所共享，同时为让用户能更方便地使用这些数据资源，在计算机科学中，逐渐形成了数据库技术这一独立分支。计算机中的数据及数据的管理统一由数据库系统来完成。

数据库系统的目标是解决数据冗余问题，实现数据独立性，实现数据共享并解决由于数据共享而带来的数据完整性、安全性及并发控制等一系列问题。为实现这一目标，数据库的运行必须有一个软件系统来控制，这个系统软件称为数据库管理系统（database management system，DBMS）。数据库管理系统将程序员进一步解脱出来，就像当初操作系统将程序员从直接控制物理读写中解脱出来一样。程序员此时不需要再考虑数据中的数据是不是因为改动而造成不一致，也不用担心由于应用功能的扩充，而导致程序重写，数据结构重新变动。在这一阶段，数据管理具有下面的优点：

（1）数据结构化。数据结构化是数据库系统与文件系统的根本区别。在文件系统中，文件中的记录具有结构，传统文件的最简单形式是等长同格式的记录集合。这样就可以节省许多储存空间。

数据的结构化是数据库的主要特征之一。这是数据库与文件系统的根本区别。至于这种结构化是如何实现的，则与数据库系统采用的数据模型有关，后面会有较详细的描述。

（2）数据共享性高，冗余度小，易扩充。数据库从整体的观点来看待和描述数据，数据不再是面向某一应用，而是面向整个系统。这样就减小了数据的冗余，可节约存储空间，缩短存取时间，避免数据之间的不相容和不一致。对数据库的应用可以很灵活，面向不同的应用，存取相应的数据库的子集。当应用需求改变或增加时，只要重新选择数据子集或者加上一部分数据，便可以满足更多、更新的要求，也就是保证了系统的易扩充性。

（3）数据独立性高。数据库提供数据的物理存储结构与逻辑结构之间的映像或转换功能，使得当数据的物理存储结构改变时，数据的逻辑结构可以不变，从而程序也不用改变。这就是数据与程序的物理独立性。也就是说，程序面向逻辑数据结构，不去考虑物理的数据存放形式。数据库可以保证数据的物理改变不引起逻辑结构的改变。

数据库还提供了数据的总体逻辑结构与某类应用所涉及的局部逻辑结构之间的映像或转换功能。当总体的逻辑结构改变时，局部逻辑结构可以通过这种映像的转换保持不变，从而程序也不用改变。这就是数据与程序的逻辑独立性。举例来讲，在进行学生成绩管理时，姓名等数据来自数据的学籍部分，成绩来自数据的成绩部分，经过映像组成局部的学生成绩，由数据库维持这种映像。当总体的逻辑结构改变时，比如学籍和成绩数据的结构发生了变化，数据库为这种改变建立一种新的映像，就可以保证局部数据——学生数据的逻辑结构不变，程序是面向这个局部数据的，所以程序就无须改变。

（4）统一的数据管理和控制功能，包括数据的安全性控制、数据的完整性控制及并发控制。

数据库是多用户共享的数据资源。对数据库的使用经常是并发的。为保证数据的安全可靠和正确有效，数据库管理系统必须提供一定的功能。

数据库的安全性是指防止非法用户非法使用数据库而提供的保护。比如，不是学校的成员不允许使用学生管理系统，学生允许读取成绩但不允许修改成绩等。

数据的完整性是指数据的正确性和兼容性。数据库管理系统必须保证数据库的数据满足规定的约束条件，常见的有对数据值的约束条件。比如在建立上面例子中的数据库时，数据库管理系统必须保证输入的成绩值大于0，否则系统会发出警告。

数据的并发控制是多用户共享数据库必须解决的问题。要说明并发操作对数据的影响，必须首先明确，数据库是保存在外存中的数据资源，而用户对数据库的操作是先将其读入内存，修改数据时，是在内存中修改读入的数据复本，然后再将这个复本写回到储存的数据库中，实现物理的改变。

由于数据库具有这些特点，它的出现使信息系统的研制从围绕加工数据的程序转变到围绕共享的数据库来进行，便于数据的集中管理，也提高了程序设计和维护的效率，提高了数据的利用率和可靠性。当今的大型信息管理系统均是以数据库为核心的。数据库系统的出现是计算机应用的一个里程碑。

数据库系统主要包括关系数据库、非关系数据库和关系型云数据库。

1. 关系数据库

关系数据库是建立在关系数据库模型基础上的数据库，如图 8-11 所示，它借助于集合代数等概念和方法来处理数据库中的数据，同时也是一个拥有正式描述性的表格，该形式的表格实质是装载着数据项的特殊收集体，这些表格中的数据能以许多不同的方式被存取或重新召集而不需要重新组织数据库表格。关系数据库的定义构成元数据的一张表格或造成表格、列、范围和约束的正式描述。每个表格(有时被称为一个关系)包含用列表示的一个或更多的数据种类。每行包含一个唯一的数据实体，这些数据是被列定义的种类。创建一个关系数据库时，用户可以定义数据列的可能值的范围和应用于那个数据值的进一步约束。而 SQL 语言是标准用户和应用程序到关系数据库的接口。其优势是容易扩充，且在最初的数据库创建之后，一个新的数据种类能被添加而不需要修改所有的现有应用软件。主流的关系数据库有 Oracle、DB2、SQL Server Sybase、Mysql 等。

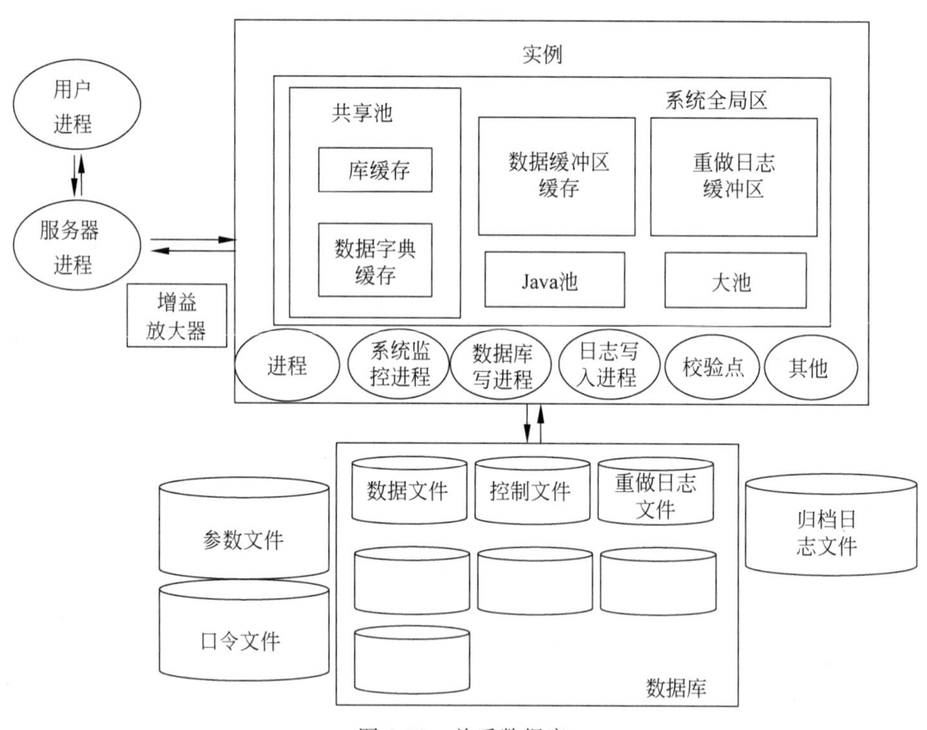

图 8-11 关系数据库

2. 非关系数据库

NoSQL 泛指非关系型的数据库。随着互联网 Web 2.0 网站的兴起，传统的关系数据库在处理 Web 2.0 网站，特别是超大规模和高并发的 SNS 类型的 Web 2.0 纯动态网站时已经显得力不从心，出现了很多难以解决的问题，而非关系型的数据库则由于其本身的特点得到了非常迅速的发展。NoSQL数据库的产生就是为了解决大规模数据集合多重数据种类带来的挑战,特别是大数据应用难题。

NoSQL最常见的解释是non-relational,not only SQL也被很多人接受。NoSQL仅仅是一个概念,泛指非关系型的数据库,区别于关系数据库,它们不保证关系数据的ACID特性,即原子性、一致性、隔离性、持久性。NoSQL是一项全新的数据库革命性运动,其拥护者们提倡运用非关系型的数据存储,相对于铺天盖地的关系型数据库运用,这一概念无疑是一种全新的思维的注入。

NoSQL有如下优点:①易扩展。NoSQL数据库种类繁多,但是有一个共同的特点,都是去掉关系数据库的关系型特性。数据之间无关系,这样就非常容易扩展。无形中也在架构的层面上带来了可扩展的能力。②大数据量,高性能。NoSQL数据库都具有非常高的读写性能,尤其在大数据量下,同样表现优秀。这得益于它的无关系性,以及数据库的结构简单。

3. 关系型云数据库

关系型云数据库是指被优化或部署到一个虚拟计算环境中的数据库,可以实现按需付费、按需扩展,具有高可用性以及存储整合等优势。云数据库可分为关系型数据库和非关系型数据库(NoSQL数据库)。

云数据库的特性有:实例创建快速、支持只读实例、读写分离、故障自动切换、数据备份、Binlog备份、SQL审计、访问白名单、监控与消息通知等。

当前,安防行业可谓"云"山"物"罩。随着视频监控的高清化和网络化,存储和管理的视频数据量已有海量之势,云存储技术是突破IP高清监控存储瓶颈的重要手段。云存储作为一种服务,在未来的安防监控行业有着可观的应用前景。

与传统存储设备不同,云存储不仅是一个硬件,更是一个由网络设备、存储设备、服务器、软件、接入网络、用户访问接口以及客户端程序等多个部分构成的复杂系统。该系统以存储设备为核心,通过应用层软件对外提供数据存储和业务服务。

云存储系统一般分为存储层、基础管理层、应用接口层以及访问层。存储层是云存储系统的基础,由存储设备(满足FC协议、iSCSI协议、NAS协议等)构成。基础管理层是云存储系统的核心,其担负着存储设备间协同工作、数据加密、分发以及容灾备份等工作。应用接口层是系统中根据用户需求来开发的部分,根据不同的业务类型,可以开发出不同的应用服务接口。访问层用于授权用户通过应用接口来登录、享受云服务。其主要优势在于:硬件冗余,节能环保,系统升级不会影响存储服务,海量并行扩容,强大的负载均衡功能,统一管理,统一向外提供服务,管理效率高等。云存储系统从系统架构、文件结构、高速缓存等方面入手,针对监控应用进行了优化设计。数据传输可采用流方式,底层采用突破传统文件系统限制的流媒体数据结构,大幅提高了系统性能。

高清监控存储是一种大码流、多并发、写为主的存储应用,对性能、并发性和稳定性等方面有很高的要求。该存储解决方案采用独特的大缓存顺序化算法,把多路随机并发访问变为顺序访问,解决了硬盘磁头因频繁寻道而导致的性能迅速下降和硬盘寿命缩短的问题。

考虑到系统中会产生PB级海量监控数据,且存储设备的数量达数十台上百台的情况,管理方式的科学高效显得十分重要。云存储可提供基于集群管理技术的多设备集中管理工具,具有设备集中监控、集群管理、系统软硬件运行状态的监控、主动报警、图像化系统检测等功能。在海量视频存储检索应用中，检索性能尤为重要。传统文件系统中，文件检索采用的是"目录→子目录→文件→定位"的检索步骤，当面对海量数据的高清视频监控，以及数量十分可观的目录和文件的时候，这种检索模式的效率就会大打折扣，采用序号文件定位可以有效解决该问题。

云存储可以提供非常高的系统冗余和安全性。当在线存储系统出现故障后，热备机可以立即接替服务，当故障恢复时，服务和数据回迁；若需要调用故障机数据，可以将故障机的磁盘插入冷备机中，实现所有数据的立即可用。

对于高清监控系统而言，随着监控前端的增加和存储时间的延长，其扩展能力十分重要。市场中已有友商可提供单纯针对容量的扩展柜扩展模式和性能容量同步线性扩展的堆叠扩展模式。

云存储系统除具有上述优点之外，在平台对接整合、业务流程梳理、视频数据智能分析深度挖掘及成本方面都将面临挑战。承建大型系统、构建云存储的商业模式也亟待创新。并且受限于宽带网络、Web 2.0 技术、应用存储技术、文件系统、P2P、数据压缩、CDN 技术、虚拟化技术等的发展。

8.3 数据存储与管理工具

进入大数据时代后，数据的异构多源、数据量大等特点对数据存储与管理工具提出了更高的要求，常用的大数据储存与管理工具主要包括存储阵列系统、Memcached、MongoDB、Cassandra 和 HBase 等典型系统。

8.3.1 存储阵列系统

互联网彻底地改变了当今世界人们的生活方式，而基于互联网的云计算及物联网技术更将用户端延展至任何物品，进行更为深入的信息交换和通信，从而达到物物相息、万物互联。任何事物都不能孤立于其他群体而单独存在，存储系统也不例外，它不是孤立存在的，而是由一系列组件共同构成的。常见的存储系统有存储阵列系统、网络附加存储、磁带库、虚拟磁带库等。如图 8-12 所示，存储系统通常分为硬件架构部分、软件组件部分以及实际应用过程中的存储解决方案部分。下面以存储阵列系统为例介绍存储系统的组成。

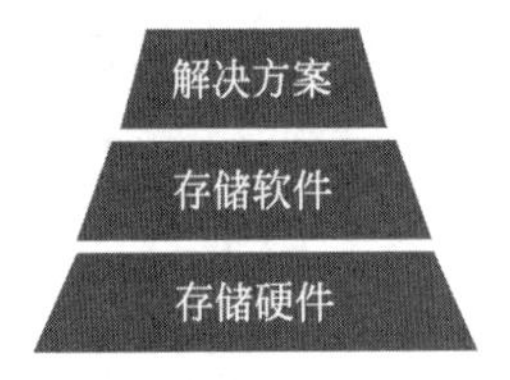

图 8-12 存储系统基本组成

存储阵列系统的硬件部分分为外置存储系统和存储连接设备。外置存储系统主要指实际应用中的存储设备，比如磁盘阵列、磁带库、光盘库等；存储连接设备包括常见的以太网交换机、光纤交换机以及存储设备与服务器或者客户端之间相互连接的线缆。

存储阵列系统的软件组件部分主要包括存储管理软件（如 LUN 创建、文件系统共享、性能监控等），数据的镜像、快照及复制模块。这些软件组件的存在，不仅使存储阵列系统具备高可靠性，而且降低了存储管理难度。

存储阵列系统的存储解决方案部分由多种方案组成，常见的有容灾解决方案和备份解决方案。一个设计优秀的存储解决方案不仅可以使存储系统在初期部署时安装简易、后期维护便捷，还可以降低客户的总体拥有成本(total cost of ownership，TCO)，保障客户的前期投资。

在存储系统架构中，磁盘阵列充当数据存储设备的角色，为用户业务系统提供数据存储空间，它是关系到用户业务稳定、可靠、高效运作的重要因素。下面以常见的台式机或者笔记本电脑为例子，具体分析一下存储阵列在存储系统架构中的角色位置。在日常生活中，台式机或笔记本电脑是人们经常使用的工作设备。在台式机或笔记本电脑中都安装有独立的硬盘，其中划分了一部分硬盘空间作为系统分区，一部分硬盘空间用于存储用户数据。台式机的内置硬盘一般采用数据线连接到主板，笔记本的内置硬盘一般通过内置插槽直接与主板相连接。此外，也可以通过外置 USB 接口等方式进行连接。当通过外置 USB 接口连接时，通常需要借助线缆来实现存储功能。硬盘之于台式机，正如存储阵列之于网络中的服务器。如图 8-13 所示为存储阵列组网图，存储阵列借助线缆连接到服务器，再由服务器将底层存储空间提供给客户端(工作站)使用；或者通过交换机连接到服务器，再通过服务器将底层存储空间提供给客户端使用。

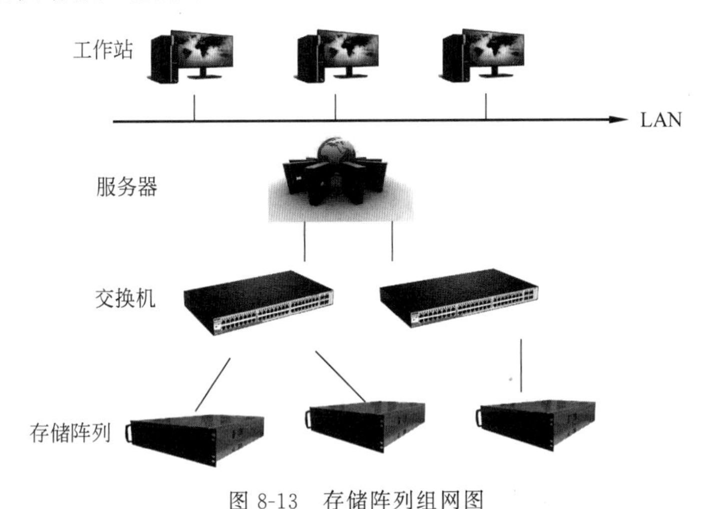

图 8-13 存储阵列组网图

简而言之，存储阵列在整体存储系统中通常充当存储设备的角色，为上层应用或业务系统提供数据存储空间。

8.3.2 Memcached

Memcached 是一款优秀的开源内存数据库。开发过程中使用 Memcached 能有效提高产品对数据的访问速度，提升产品质量。而 Memcached 良好的性能离不开它的内存分配和哈希表的使用。

1. Memcached 内存分配

向系统申请和释放内存一般都是通过调用 malloc 和 free 函数来实现，这种操作不仅会造成内存碎片，而且如果频繁调用，也会对系统性能产生影响。Memcached 作为内存数据库，对内存操作频率非常高，存储数据时需要申请内存，删除数据时需要释放内存。如果继续采用 malloc/free 函数，则对系统影响是非常大的，为此，Memcached 采用预分配、分组管理的方式来管理内存。Memcached 采用 slab allocation 机制分配内存。在存储数据发现内存不足时,Memcached 会向操作系统申请一个 slab,也就是一个内存块,一般一个 slab 的大小为 1MB。Memcached 将申请到的 slab 划分为大小相等的块(chunk)。为了适应不同大小的数据存储,Memcached 将不同的 slab 划分为不同大小的 chunk。相同 chunk 大小的 slab 划分为一类,组成 slabclass,各种大小类型的 slabclass 在一起形成了一个巨大的内存池,Memcached 保存数据时首先从这个内存池中获取内存。item 是 Memcached 一个复杂的数据结构,其中除了包含存储对象的键值对外,还有其他一些数据结构,用于管理保存的对象,Memcached 将 item 保存在对应的 slab 的某个 chunk 中。

Memcached 在存储数据时,首先根据需要存储数据的大小选择最合适的 slabclass,并从 slabclass 中找到一个空闲的 chunk 用于存储数据。如果 slabclass 中没有剩余的 chunk 可用,则 Memcached 再向操作系统申请一个 slab,并将申请到的 slab 切割为相同大小的 chunk。从刚刚切割获得的 chunk 中选择一个来存储数据,其他的 chunk 加入到 slabclass 中。删除数据时,只需将用于保存该数据的 chunk 归还给相应的 slabclass 即可。通过使用 slabclass 管理内存,Memcached 不仅有效地避免了频繁调用 malloc/free 函数的困境,而且还提高了内存分配效率。

item 数据结构的主要成员变量如下:

```
typedef struct _stritem {
    struct _stritem *     next;           //item 在 slab 中存储时,是以双链表的形式存储的
    struct _stritem *     prev;           //prev 为前向指针
    struct _stritem *     h_next;         //哈希桶中元素的链接指针
    rel_time_t            time;           //最近访问时间
    rel_time_t            exptime;        //过期时间
    int                   nbytes;         //数据大小
    uint8_t               slabs_clsid;    //标记 item 属于哪个类型的 Slabclass
    uint8_t               nkey;           //key 的长度
    union {
        uint64_t cas;
        char end;
    } data[];                             //真实的数据信息
    ......
} item;
```

2. 哈希表

哈希表是 Memcached 的重要组成部分,利用哈希表,Memcached 能够快速查找和定位保存数据的 item。在存储 item 时,Memcached 首先将 item 中的 key 通过哈希函数获得哈希值,然后采用取余方式定位到 key 的位置并存储。在查找 key 时,使用相同的方式定位用于存储 key 值的哈希桶,然后在哈希桶里查找是否存在相应的 item。为了防止多个线程同时对同一个 item 操作,Memcached 采用锁机制。与全局对哈希表进行加锁方式不同,Memcached 采用的是段锁。如图 8-14 所示,一个段锁负责管理几个哈希桶,Memcached 中存在多个段锁,分别负责不同的哈希桶。这样就可以让多个线程同时访问不同的哈希桶,提高系统性能。在解决哈希冲突时,Memcached 采用链地址法来解决,在同一个哈希桶里的 item 采用链表连接。随着 item 的增加,每个哈希桶里的链表会增长,从而影响了系统的查找效率。为解决此问题,当 Memcached 中的 item 个数达到哈希表中哈希桶个数的 15 倍

时，Memcached 就启动扩展哈希表的操作，采用两个哈希表，一新一旧，将旧表上的 item 重新映射到新的哈希表上。但是考虑到一次性将旧表中的内容全部映射到新的哈希表上会花费很长时间，必定影响 Memcached 的对外响应速度，因此，Memcached 采用逐步迁移策略，每次只迁移一个桶的数据并记录迁移过桶的位置。Memcached 查找数据时，将使用旧的哈希表长度计算出的哈希桶的位置和迁移过的桶比较，来判断所查找的 item 在哪个哈希表上，从而大大降低了迁移数据对服务带来的影响。

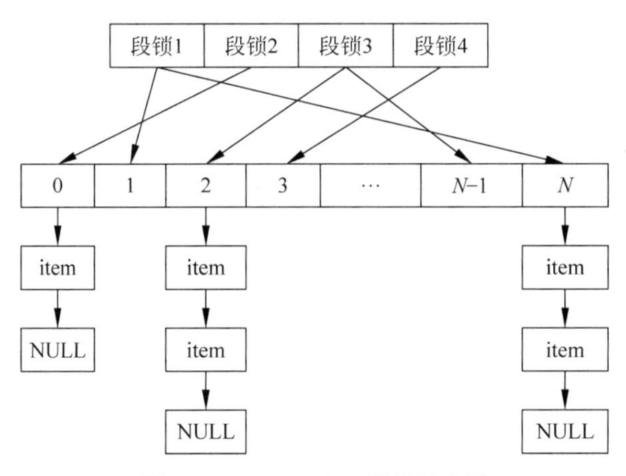

图 8-14　Memcached 段锁示意图

8.3.3　MongoDB

MongoDB 是一个基于分布式文件存储的数据库，由 C++ 语言编写，旨在为 Web 应用提供可扩展的高性能数据存储解决方案。在高负载的情况下，添加更多的节点，可以保证服务器性能。

MongoDB 将数据存储为一个文档，数据结构由键值（key => value）对组成。MongoDB 文档类似于 JSON 对象。字段值可以包含其他文档、数组及文档数组。

MongoDB 是一个介于关系数据库和非关系数据库之间的产品，是非关系数据库当中功能最丰富、最像关系数据库的。

其主要特点如下：

（1）MongoDB 是一个面向文档存储的数据库，操作起来比较简单和容易。

（2）用户可以在 MongoDB 记录中设置任何属性的索引（如 FirstName＝“Sameer”，Address＝“8 Gandhi Road”）来实现更快的排序。

（3）用户可以通过本地或者网络创建数据镜像，这使得 MongoDB 有更强的扩展性。

（4）如果负载增加（需要更多的存储空间和更强的处理能力），它可以分布在计算机网络中的其他节点上，这就是所谓的分片。

（5）MongoDB 支持丰富的查询表达式。查询指令使用 JSON 形式的标记，可轻易查询文档中内嵌的对象及数组。

（6）MongoDB 使用 update()命令可以实现替换完成的文档（数据）或者一些指定的数据字段。

（7）MongoDB 中的 Map/Reduce 主要用来对数据进行批量处理和聚合操作。Map 函数调用 emit(key,value)遍历集合中所有的记录,将 key 与 value 传给 Reduce 函数进行处理。Map 函数和 Reduce 函数是使用 JavaScript 编写的,并可以通过 db. runCommand 或 mapreduce 命令来执行 MapReduce 操作。

(8) GridFS 是 MongoDB 中的一个内置功能,可以用于存放大量小文件。

(9) MongoDB 允许在服务端执行脚本,可以用 JavaScript 语言编写某个函数,直接在服务端执行,也可以把函数的定义存储在服务端,下次使用时直接调用即可。

(10) MongoDB 支持 Ruby、Python、Java、C++、PHP、C# 等多种编程语言。

(11) MongoDB 安装简单。

8.3.4 Cassandra

Cassandra 是一套开源分布式 NoSQL 数据库系统。它由 Facebook 公司开发,用于储存收件箱等简单格式数据,以 Amazon 专有的完全分布式的 Dynamo 为基础,结合了 Google BigTable 基于列族(Column Family)的数据模型。以及 P2P 去中心化的存储。很多方面都可以称之为 Dynamo 2.0,Cassandra 是一个混合型的非关系数据库,其主要功能比 Dynamo(分布式的 Key-Value 存储系统)更丰富,但支持度却不如文档存储 MongoDB。

(1) 主要特性:分布式、基于 column 的结构化、高伸展性。

(2) 系统功能:Cassandra 的主要特点就是它是由一堆数据库节点共同构成的一种分布式网络服务,对 Cassandra 的一个写操作,会被复制到其他节点上去,对 Cassandra 的读操作,也会被路由到某个节点上面去读取。对于一个 Cassandra 集群来说,扩展性能是比较简单的事情,只需在群集里面添加节点即可。

和其他数据库比较,Cassandra 有三个突出特点:

(1) 模式灵活。使用 Cassandra,进行文档存储等工作时,用户不必提前解决记录中的字段。用户可以在系统运行时随意添加或移除字段。

(2) 可扩展性。Cassandra 是纯粹意义上的水平扩展。为给集群添加更多容量,可以直接指向另一台电脑,用户不必重启任何进程,改变应用查询,或手动迁移任何数据。

(3) 多数据中心。用户可以调整节点布局来避免某一个数据中心起火,一个备用的数据中心将至少有每条记录的完全复制。

此外,还有一些使 Cassandra 提高竞争力的其他功能。

(1) 范围查询。可以设置键的范围来查询替代全部的键值查询。

(2) 列表数据结构。在混合模式可以将超级列添加到 5 维。对于每个用户的索引,这是非常方便的。

(3) 分布式写操作。用户可以在任何地方、任何时间集中读或写任何数据,并且不会有任何单点失败。

8.3.5 HBase

HBase 是一个分布式的、面向列的开源数据库,该技术来源于 Fay Chang 所撰写的 Google 论文《Bigtable:一个结构化数据的分布式存储系统》。就像 Bigtable 利用了 Google 文件系统(file system)所提供的分布式数据存储一样,HBase 在 Hadoop 之上提供了类似于

Bigtable的功能。HBase是Apache的Hadoop项目的子项目。HBase不同于一般的关系数据库,它是一个适合于非结构化数据存储的数据库。并且HBase是基于列的而不是基于行的模式。

HBase即Hadoop Database,是一个高可靠性、高性能、面向列、可伸缩的分布式存储系统,利用HBase技术可在廉价PC Server上搭建起大规模结构化存储集群。

与FUJITSU Cliq等商用大数据产品不同,HBase是Google Bigtable的开源实现,类似于Google Bigtable以GFS作为其文件存储系统,HBase以Hadoop HDFS作为其文件存储系统;Google运行MapReduce来处理Bigtable中的海量数据,HBase则利用Hadoop MapReduce来处理HBase中的海量数据;Google Bigtable利用Chubby作为协同服务,HBase利用Zookeeper作为协同服务。

图8-15表示出了Hadoop EcoSystem中的各层系统。其中,HBase位于结构化存储层,Hadoop HDFS为HBase提供了高可靠性的底层存储支持,Hadoop MapReduce为HBase提供了高性能的计算能力,Zookeeper为HBase提供了稳定服务和failover机制。

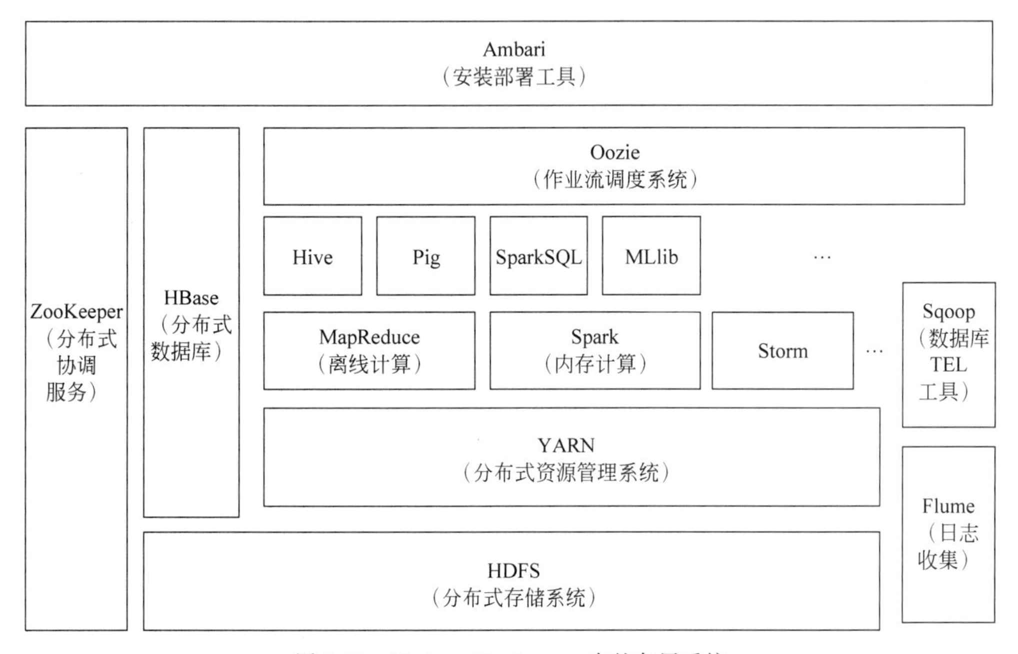

图8-15 Hadoop EcoSystem中的各层系统

此外,Pig和Hive还为HBase提供了高层语言支持,使得在HBase上进行数据统计处理变得非常简单。Sqoop则为HBase提供了方便的RDBMS数据导入功能,使得传统数据库中数据向HBase中迁移变得非常方便。

8.4 应用案例

1. 业务描述

这里以线缆制造过程中的数据存储与管理为例,介绍HBase数据库在大数据存储与管理中的应用。针对线缆制造数据具有的多样化、复杂度高、数据量大等特点,对线缆生产的大数据服务平台的数据储存和管理进行设计，以实现对线缆生产数据的实时监控、预警数据分析、数据挖掘的功能。

2. 解决方案

基于线缆的生产数据异构多源、数据量大等特点，选择 HBase 数据库进行存储数据，HBase 对于稀疏且非结构化的海量数据很适合，而且能快速存储和访问这些数据类型。传感器所采集的线缆生产的数据符合稀疏且非结构化、海量性的特点，这决定了使用 HBase 的合理性。表 8-1 列出了相关线缆生产数据。

表 8-1　相关线缆生产数据

RowKey(行键值)	TimeStamp(时间戳)	Column Family：property(列簇：属性)		Column Family：processData(列簇：过程数据)	
		qualifier(限定符)	value(值)	qualifier	value
bcp2015102800301	T6	Machine_NO	1#机台		
	T5	Process_ID	0003		
	T4	Material_RFID	83223332B		
	T3			Temperature1	132
	T2			Temperature2	142
	T1			Temperature3	150
	…	…	…	…	…

将线缆的盘号(Volume_No)作为行键值，而将生产的基本信息和传感器采集的生产参数数据分为 2 列簇，这样做的目的是在后期数据分析时对生产参数数据进行快速访问。

表 8-1 只是数据在 HBase 上存储的逻辑模型，而实际数据在 HBase 中是按照表 8-2 和表 8-3 进行存储，由此可见其能大大节省数据存储空间，提高数据访问效率。

表 8-2　物理存储模型 Ⅰ

RowKey	TimeStamp	Column Family：property	
		qualifier	value
bcp2015102800301	T6	Machine_NO	1#机台
	T5	Process_ID	0003
	T4	Material_RFID	83223332B

表 8-3　物理存储模型 Ⅱ

RowKey	TimeStamp	Column Family：processData	
		qualifier	value
bcp2015102800301	T3	Temperature1	132
	T2	Temperature2	142
	T1	Temperature3	150
	…	…	…

1）HBase 环境搭建——安装配置 Zookeeper 集群

（1）解压 zookeeper-3.4.6.tar.gz 并修改配置文件 zoo.cfg。并执行命令：

```
#cp zoo_sample.ctg  zoo.ctg
```

对文件进行编辑：

```
dataDir = /cablebigdata/zookeeper - 3.4.6/data
server.1 = 59.110.141.191:2888:3888
server.2 = 59.110.141.192:2888:3888
server.3 = 59.110.141.193:2888:3888
server.4 = 59.110.141.194:2888:3888
server.5 = 59.110.141.195:2888:3888
server.6 = 59.110.141.196:2888:3888
server.7 = 59.110.141.197:2888:3888"
```

（2）新建并编辑 myid 文件。在 dataDir 目录下新建 myid 文件，输入一个数字（master 为 1，slave02 为 2，以此类推）。

```
# mkdir /cablebigdata/ zookeeper - 3.4.6/data
# echo "1" >/cablebigdata/ zookeeper - 3.4.6/data/myid
```

对其他节点上的 myid 也同样需要进行修改，使用 scp 命令对其余节点进行修改。

（3）启动 Zookeeper 集群

在各主机上执行 #zkServer.sh start。

2）HBase 环境搭建——安装配置 HBase 集群

将 HBase 安装包解压后，进行如下配置：

（1）修改 hbase-env.xml 配置文件。如图 8-16 所示为修改后的 hbase-env.xml 配置文件。

```
export JAVA_HOME=/usr/java/jdk7.0_80
export HBASE_CLASSPATH=/cablebigdata/ hadoop-2.7.1 /etc/hadoop/
export HBASE_MANAGES_ZK=false
```

图 8-16 hbase-env.xml 配置文件

（2）修改 hbase-site.xml 配置文件，如图 8-17 所示为修改后的配置文件。

```
<configuration>
        <property>
                <name>hbase.rootdir</name>
                <value>hdfs://master:9000/hbase</value>
        </property>
        <property>
                <name>hbase.master</name>
                <value>master</value>
        </property>
        <property>
                <name>hbase.cluster.distributed</name>
                <value>true</value>
        </property>
        <property>
                <name>hbase.zookeeper.property.clientPort</name>
                <value>2181</value>
        </property>
        <property>
                <name>hbase.zookeeper.quorum</name>
                <value>master,slave02,slave03, slave04,slave05, slave06,slave07</value>
        </property>
        <property>
                <name>zookeeper.session.timeout</name>
                 <value>60000000</value>
        </property>
        <property>
                <name>dfs.support.append</name>
                <value>true</value>
        </property>

</configuration>
```

图 8-17 hbase-site.xml 配置文件

(3) 更改 regionservers,将子节点添加到 slave 列表中。

(4) 将整个 hbase 安装目录远程拷贝至所有的 slave 服务器。

(5) 启动执行♯ start-base. sh。

3. 应用效果

本案例采用 HBase 对生产数据进行存储,可以实现对数据的高效访问。由于 HBase 具有海量数据的输入/输出特性,为了实现数据高效而快速的挖掘和分析,需要将 MapReduce 相关计算结果存入 HBase 中。MapReduce 与 HBase 结合使用将实现更快速的计算。如图 8-18 所示,通过 HBase shell 访问挤绝缘工序的一次生产数据。

```
hbase(main):001:0> scan 'process_data'
ROW                          COLUMN+CELL
 bcp20151028000301           column=parameter data:cervical_temperature, timestamp=1488893127186, value=176.9
 bcp20151028000301           column=parameter data:eye_temperature, timestamp=1488893169855, value=170.5
 bcp20151028000301           column=parameter data:fiststress, timestamp=1488893260115, value=2.4
 bcp20151028000301           column=parameter data:handpiece_temperature, timestamp=1488893224175, value=186.2
 bcp20151028000301           column=parameter data:motorvelocity, timestamp=1488893414579, value=117.6
 bcp20151028000301           column=parameter data:outpress, timestamp=1488893328776, value=31.5
 bcp20151028000301           column=parameter data:temperature1, timestamp=1488892928199, value=159.3
 bcp20151028000301           column=parameter data:temperature2, timestamp=1488892966985, value=154.6
 bcp20151028000301           column=parameter data:temperature3, timestamp=1488892988113, value=160.2
 bcp20151028000301           column=parameter data:temperature4, timestamp=1488893019776, value=192.5
 bcp20151028000301           column=parameter data:temperature5, timestamp=1488893048663, value=172.3
 bcp20151028000301           column=parameter data:temperature6, timestamp=1488893075976, value=187.3
 bcp20151028000301           column=parameter data:water_temperature, timestamp=1488893195467, value=22.6
 bcp20151028000301           column=property data:machine_no, timestamp=1488891735240, value=CA6150JX
 bcp20151028000301           column=property data:meter_tag, timestamp=1488892824766, value=200
 bcp20151028000301           column=property data:process_id, timestamp=1488891650058, value=36
```

图 8-18 HBase 查询一次挤绝缘工序生产数据

本章小结

本章从数据存储技术、数据管理技术以及数据存储与管理工具等方面阐述了数据存储与管理技术的相关内容。在数据存储技术部分介绍了磁盘阵列、直接连接存储、存储区域网络以及网络附加存储四种技术。在数据管理技术中按数据管理手段的三个发展阶段分别展开介绍。在数据存储与管理工具部分介绍了大数据时代常用的五种存储与管理工具。最后以线缆制造过程中的数据存储与管理为背景,介绍了 HBase 数据库在大数据存储与管理中的应用。

习题

1. 数据存储技术的基本类型有哪些?
2. 数据存储技术的典型系统有哪些?
3. 以某典型系统为基础了解应用该系统的案例,并选取一个进行介绍。
4. 针对数据存储的某一关键技术进行针对性介绍。

参考文献

[1] 刘广峰,黄霞,等. 计算机基础教程[M]. 武汉: 华中科技大学出版社,2016: 167.

[2] 张锡英,李林辉,边继龙,等. 数据库系统原理[M]. 哈尔滨: 哈尔滨工业大学出版社,2016: 15.

[3] 王霓虹，张锡英，李林辉，等. 数据库系统原理[M]. 哈尔滨：哈尔滨工业大学出版社，2013：15.
[4] 武芳. 空间数据库原理[M]. 武汉：武汉大学出版社，2017：54.
[5] 甘利杰，孔令信，马亚军. 大学计算机基础教程[M]. 重庆：重庆大学出版社，2017：171.
[6] 陈红顺，黄秋颖，周鹏. 数据库系统原理与实践[M]. 北京：中国铁道出版社，2018：11.
[7] 杜建强，胡孔法. 医药数据库系统原理与应用[M]. 北京：中国中医药出版社，2017：225-226.
[8] JOSE J, SUBRAMONI H, LUO M, et al. Memcached design on high performance rdma capable interconnects[C]. 2011 International Conference on Parallel Processing, 2011, 743-752.
[9] 刘杰. Memcached 访存性能优化[D]. 深圳：深圳大学，2016：12-14.
[10] PETROVIC J. Using memcached for data distribution in industrial environment [C]. Third International Conference on Systems (icons 2008), 2008, 368-372.
[11] BYRNE D, ONDER N, WANG Z. Faster slab reassignment in memcached[C]. Proceedings of the International Symposium on Memory Systems, 2019, 353-362.
[12] MA W, ZHU Y, LI C, et al. BiloKey: A Scalable Bi-Index Locality-Aware In-Memory Key-Value Store[J]. IEEE Transactions on Parallel and Distributed Systems, 2019, 30(7): 1528-1540.
[13] 刘翔，童薇，刘景宁，等. 动态内存分配器研究综述[J]. 计算机学报，2018，41(10)：13.
[14] 安仲奇，杜昊，李强，等. 基于高性能 I/O 技术的 Memcached 优化研究[J]. 计算机研究与发展，2018，55(4)：864-874.
[15] 丁有军，钟声. 基于分布估计算法的连续函数全局优化问题研究[J]. 计算机科学，2012，39(10)：218-223.
[16] 游理通，王振杰，黄林鹏. 一个基于日志结构的非易失性内存键值存储系统[J]. 计算机研究与发展，2018，55(9)：2038-2049.
[17] FERNANDES D T, CHENG L, FAVERO E H, et al. A domain decomposition strategy for hybrid parallelization of moving particle semi-implicit (MPS) method for computer cluster[J]. Cluster Computing, 2015, 18(4): 1363-1377.
[18] BOYAR J, EHMSEN M R, KOHRT J S, et al. A theoretical comparison of LRU and LRU-K[J]. Acta informatica, 2010, 47(7-8): 359-374.
[19] 王瑞峰，张小花，张迎春. 移动数据库中数据复制同步处理策略的研究[J]. 计算机工程与应用，2016，52(1)：61-65.
[20] 朱伟伟. 基于 Memcached 高可用分布式内存数据库的研究与实现[D]. 成都：电子科技大学，2020.
[21] 曹文彬，谭新明，刘备，等. 基于事件驱动的高性能 WebSocket 服务器的设计与实现[J]. 计算机应用与软件，2018，35(1)：21-27.
[22] 崔乐，石军昌，张晓华，等. 实时数据库在工业企业中的应用[J]. 工业仪表与自动化装置，2015(4)：73-75.

第9章

数据安全技术

随着全球数字经济的快速发展,我国已进入大数据时代。数据安全技术是大数据时代的基本保障。数据生命周期包括采集、存储、预处理、分析、挖掘以及使用阶段,每个阶段都会面临一定的数据安全问题,因此,要想保障数据安全,就必须围绕数据生命周期展开研究,深入了解数据安全技术,全面提升数据安全防护能力。

本章首先介绍数据生命周期安全风险问题及风险分析,其次介绍数据加密技术、数据完整性技术,然后介绍数据备份与还原技术和灾难恢复技术,最后通过实际案例展示了数据安全技术在企业中的应用。

9.1 数据生命周期安全问题及风险分析

数据生命周期包括采集、存储、预处理、分析、挖掘和使用阶段,随着数据传输技术和应用的快速发展,在数据生命周期的各个阶段,越来越多的安全隐患逐渐暴露出来,对数据全生命周期的安全问题进行挖掘与风险分析就显得尤为重要。

9.1.1 数据采集阶段

数据采集就是利用某些装备或者软件,从系统外部采集数据并输入到系统内部的一个接口。数据采集技术广泛应用在各个领域。被采集数据是已被转换为电信号的各种物理量,如温度、水位、风速、压力等,可以是模拟量,也可以是数字量。采集一般是通过某种采样方式获取数据,即隔一定时间(称采样周期)对同一被采集数据重复采集。采集的数据大多是瞬时值,也可以是某段时间内的一个特征值。准确的数据测量是数据采集的基础。数据测量方法有接触式和非接触式,检测元件多种多样。不论采用哪种方法和元件,均以不影响被测对象状态和测量环境为前提,以保证数据的正确性。数据采集的含义很广,包括对面状连续物理量的采集。在计算机辅助制图、测图、设计中,对图形或图像的数字化过程也可称为数据采集,此时被采集的是几何量(或包括物理量,如灰度)数据。

在互联网行业快速发展的今天,数据采集已经被广泛应用于互联网及分布式领域,数据采集领域已经发生了很大变化。首先,分布式控制应用场合中的智能数据采集系统在国内外已经取得了长足的发展。其次,总线兼容型数据采集插件的数量不断增大,与个人计算机兼容的数据采集系统的数量也在增加。国内外各种数据采集机先后问世,将数据采集带入了一个全新的时代。

数据安全周期的第一阶段就是数据的采集,不论使用第三方软件,还是使用公司内部的数据分析系统,在分析数据时都要首先采集数据,然后经过打包、压缩等操作传输至客户端,再进行储存和分析。数据采集是数据生命周期中的首要问题。

数据采集阶段的安全风险如下:

(1) 数据源服务器存在安全风险,如未及时更新漏洞、未进行主机加固、未进行病毒防护;

(2) 缺少采集访问控制及可信认证;

(3) 缺少数据层安全防护,如运维人员拖库和外部 SQL 注入等;

(4) 缺少审计及异常事件告警。

9.1.2 数据存储阶段

随着网络信息化的逐步发展,数据存储已经从以往的纸质存储演变为电子数据存储,且数据存储设备已为多个系统共享,连接到多个系统上,因此,必须保护各个系统上有价值的数据,防止其他系统未经授权访问或者破坏数据。有效防止内部和外部对数据造成损失的不安全的访问,已成为目前数据全生命周期管理中需要注意的重点问题。

进入大数据时代后,大数据的存储安全问题也逐渐凸显。大数据的数据类型和数据结构是传统数据不能比拟的,在大数据的存储平台上,数据量呈非线性甚至指数级的速度增长,对各种类型和各种结构的数据进行存储,势必会引发多种应用进程的并发且频繁无序的运行,极易造成数据存储错位和数据管理混乱,为大数据存储和后期的处理带来安全隐患。当前的数据存储管理系统能否满足大数据背景下的海量数据的数据存储需求,还有待考验。不过,如果数据管理系统没有升级相应的安全机制,出现问题后再考虑则为时已晚。数据存储阶段的风险如下:

(1) 数据池服务器存在安全风险,如未及时更新漏洞、未进行主机加固、未进行病毒防护;

(2) 数据明文存储,具有泄露风险;

(3) 缺少统一访问控制及相关身份认证;

(4) 缺少审计及异常操作告警;

(5) 缺少数据容灾备份机制;

(6) 网络架构设计不合理,未进行物理隔离或者逻辑隔离。

9.1.3 数据预处理、分析、挖掘与使用阶段

大数据或经过分析挖掘后的数据,其应用价值得到极大的提高,也会推动一系列应用的出现。在数据的预处理、分析、挖掘以及应用环节都存在较大的风险,具体包括数据的泄露、数据的完整性被破坏、未授权访问、恶意代码、元数据完整性被破坏等风险。

(1) 数据泄露是最严重的数据安全风险,美国波耐蒙研究所最新提供的一份网络犯罪研究报告显示:数据泄漏使美国塔吉特公司、日本索尼公司等全球知名企业普遍遭受损失。

令人更加沮丧的是,有越来越多的全球性企业被迫进入了数据泄漏行列。报告数据显示,仅2013年一年,美国企业就为网络犯罪给其造成的数据泄露付出了总额高达1156万美元的“学费”。除数据泄露外,全球各大企业为保障数据安全所做的“无用功”也给其平添了不小的财务负担。而公司数据一旦泄露,企业还要被迫为其后产生的法务开销、合规罚款与司法调查费用买单。数据产生以上风险的原因包括:缺少数据访问控制、缺少数据脱敏机制、缺少数据处理审计及异常操作告警。

(2) 当数据完整性受到损害时,数据会失效或被破坏,除非通过建立备份和恢复过程可以恢复数据完整性,否则组织机构可能遭受严重损失,或基于无效数据而制定出不正确的和代价昂贵的决策。一般来说,造成数据完整性问题的主要原因包括:硬件故障、网络故障、逻辑问题、意外的灾难性事件以及人为的因素。

(3) 未授权访问可理解为需要安全配置或权限认证的地址、授权页面存在缺陷,导致其他用户可以直接访问,从而引发重要权限被操作以及数据库、网站目录等敏感信息泄露。特别地,数据库未授权访问漏洞使得攻击者可任意查看数据库中的数据,会导致数据可被直接读取泄漏和恶意修改,而从数据库中读取的数据容易被开发者认为是可信的,或者是已经通过安全校验的,因此更容易导致数据安全问题。

(4) 恶意代码又称为恶意软件,是能够在计算机系统中进行非授权操作,以实施破坏或窃取信息的代码。恶意代码范围很广,包括利用各种网络、操作系统、软件和物理安全漏洞向计算机系统传播恶意负载的程序性的计算机安全威胁。也就是说,我们可以把常说的病毒、木马、后门、垃圾软件等一切有害程序和应用统称为恶意代码。恶意代码不仅使企业和用户蒙受巨大的经济损失,而且使国家的安全受到严重威胁。1991年的海湾战争中,美国第一次公开在实战中使用恶意代码攻击技术取得重大军事利益,从此恶意代码攻击成为信息战、网络战最重要的入侵手段之一。很多恶意代码发作时直接破坏计算机的重要数据,所利用的手段有格式化硬盘、改写文件分配表和目录区、删除重要文件或者用无意义的数据覆盖文件等,从而造成后果严重的数据安全风险。

(5) 元数据是“关于数据的结构化的数据”,主要是描述数据属性的信息,用来支持如存储位置定位、历史数据和资源查找以及文件记录等功能,随着数据仓库技术应用的不断拓展,元数据开始成为企业信息综合管理的关键,元数据安全在保障数据仓库安全性方面扮演着越来越重要的角色。当元数据完整性被破坏时,数据的存储位置、历史数据以及用户的访问控制信息都可能会造成破坏,严重影响到数据仓库的安全性。

9.2 数据加密技术

数据加密是计算机系统对数据进行保护的一种最可靠的办法,它利用密码技术对数据进行加密,实现数据隐蔽,从而起到保护数据的安全的作用。

9.2.1 基本知识

1. 密码学的定义

密码学是研究编制密码和破译密码的技术科学。研究密码变化的客观规律,应用于编制密码以保守通信秘密的学科称为编码学，应用于破译密码以获取通信情报的学科称为破译学，二者总称密码学。密码学是保密学的一部分。保密学是研究密码系统或通信安全的科学，它实际上包含两个分支——密码学和密码分析学。密码学是对信息进行编码实现隐蔽信息的一门科学，而密码分析学则是研究分析如何破解密码的科学。两者相互独立，又相互促进，正如病毒技术和反病毒技术一样。

采用密码技术可以隐藏和保护需要保密的信息，使未经授权者不能提取信息。需要隐藏的消息称为"明文"，明文被变换成的另一种隐蔽的形式就是"密文"。这种变换称为"加密"；加密的逆过程，即从密文恢复出对应的明文的过程称为"解密"。对明文进行加密时采用的一组规则（函数）称为"加密算法"，对密文解密时使用的算法称为"解密算法"。一般地，加密算法和解密算法都是在一组密钥控制之下进行的，加密时使用的密钥称为"加密密钥"，解密时使用的密钥称为"解密密钥"。

2. 密码系统的分类

密码系统通常从3个独立的方面进行分类：

（1）按将明文转换成密文的操作类型可以分为置换密码和易位密码。

所有加密算法都是建立在两个通用的原则上的：置换和易位。置换是指将明文的每一个元素（比特、字母、比特或字母的组合）映射成其他的元素。如最古老的置换密码是由Julius Caesar发明的凯撒密码，这种密码算法是将明文中的每一个字母都用该字母后的第n个字母代替，其中n就是密钥。显然这种密码体制中的密钥空间只有26个密钥，只要破译者知道用的是凯撒密码，只需尝试25次就可以知道正确的密码。

易位是对明文的元素进行重新布置，但并不隐藏它们，即明文中的所有字母都可以从密文中找到，只是位置不一样。列易位密码是一种常用的易位密码。

（2）按照明文的处理方式可分为分组密码和序列密码。

分组密码又称为"块密码"（block cipher），它每次处理一块输入元素，每个输入块生成一个输出块。序列密码又称为"流密码"（stream cipher），它对输入元素进行连续处理，每次生成一个输出块。

（3）按密码体制中密钥使用的个数可以分为对称密码体制和非对称密码体制。

如果加密操作和解密操作采用的是相同的密钥，或者从一个密钥易于得出另一个密钥，这样的系统就叫作"对称密码系统"，也称为"密钥密码体制"。如果加密使用的密钥和解密使用的密钥不相同，且从一个密钥难以推出另一个密钥，则这样的密码系统称为"非对称密码系统"，也称为"公钥密码体制"。

3. 密码学的发展历程

密码学到现在为止经历了3个发展阶段：古典密码学、近代密码学、现代密码学。随着量子技术的发展，量子密码学也成为密码学领域重要的研究方向。

1）古典密码学

古典密码学是密码学发展的基础与起源，比如历史上第一种密码技术——凯撒密码，还有后面出现的掩格密码等。虽然其大都比较简单，但对于今天的密码学发展仍然具有参考价值。

2）近代密码学

近代密码学开始于通信的机械化与电气化，为密码的加密技术提供了前提，也为破译者提供了有力武器。计算机和电子学时代的到来给密码设计者带来前所未有的自由，他们可以利用电子计算机设计出更为复杂、保密的密码系统。

3）现代密码学

之前的古典密码学和近代密码学都是现代人给予的定义，其研究算不上真正意义上的一门科学。直到1949年香农发表了一篇名为《保密系统的通信理论》的著名论文，该文将信息论引入密码，奠定了密码学的理论基础，才开启了现代密码学时代。

4）量子密码学

量子密码术是一种新的重要加密方法，它利用单光子的量子性质，借助量子密钥分配协议可实现数据传输的可证性安全。量子密码具有无条件安全的特性（即不存在受拥有足够时间和计算机能力的窃听者攻击的危险），而在实际通信发生之前，不需要交换私钥。

4. 公钥密码与对称密码

1）公钥密码

从抽象的观点来看，公钥密码体制就是一种陷门单向函数。我们说一个函数 f 是单向函数，若对它的定义域中的任意 x 都易于计算 $f(x)$，而对 f 的值域中的几乎所有的 y，即使当 y 为已知时要计算 $f^{-1}(x)$ 也是不可行的。若当给定某些辅助信息（陷门信息）时易于计算 $f^{-1}(y)$，就称单向函数 f 是一个陷门单向函数。公钥密码体制就是基于这一原理而设计的，它将辅助信息（陷门信息）作为秘密密钥。这类密码的安全强度取决于它所依据的问题的计算复杂度。

自从1976年公钥密码的思想出现以来，国际上已经提出了许多种公钥密码体制，如基于大整数因子分解问题的RSA体制和Rabin体制、基于有限域上离散对数问题的Diffie-Hellman公钥体制和ElGamal体制、基于椭圆曲线上的离散对数问题的Diffie-Hellman公钥体制和ElGamal体制、基于背包问题的Merkle-Hellman体制和Chor-Rivest体制、基于代数编码理论的MeEliece体制、基于有限自动机理论的公钥体制等。

2）对称密码

对称密码也称为共享密钥密码，是指用相同的密钥进行加密解密，其中的"对称"指的是加密密钥和解密密钥是相同的，或者用简单的运算就可以推导两个密钥。对称密码算法在逻辑上非常容易理解，因此出现得比较早，有时候也叫传统密码算法，以区别于公钥密码算法。对称密码算法有两种主要形式：分组密码和序列密码。

分组密码的输入数据和密钥皆为固定长度，在运算前会将数据按该长度分组，其加解密过程互逆。

用抽象的观点来看，分组密码就是一种满足下列条件的映射 $E: F_{2m} \times \mathrm{SK} \rightarrow F_{2m}$，对于每个 $k \in \mathrm{SK}$，$E(k)$ 是从 $F_{2m} \sim F_{2m}$ 的一个置换。可见，设计分组密码的问题在于找到一种算法，能在密钥控制下从一个足够大且足够"好"的置换子集合中简单而迅速地选出一个置换。一个好的分组密码应该是既难破译又容易实现，即加密函数 $E(k)$ 和解密函数 $D(k)$ 都必须容易计算，但是至少要从方程 $y=E(x,k)$ 或 $x=D(y,k)$ 中求出密钥 k 应该是一个困难问题。

随着DES的出现，人们对分组密码展开了深入的研究和讨论，现已有大量的分组密码。

如DES的各种变形、IDEA算法、SAFER系列算法、RC系列算法、Skipjack算法、FEAL系列算法、REDOC系列算法、LOKI系列算法、CAST系列算法、Khufu、Khafre、MMB、TEA、MacGuffin、SHARK、BEAR、LI-ON、CRAB、Blowfish、GOST、SQUARE、MISTY、Rijndael算法、AES及NESSIE候选算法等。在分组密码设计技术发展的同时,分组密码分析技术也得到了空前的发展。现在已有很多分组密码分析技术,如强力攻击、差分密码分析、线性密码分析、差分-线性密码分析、插值攻击、密钥相关攻击、能量分析、错误攻击、定时攻击等。

序列密码又称流密码,基于伪随机序列完成数据加密,其密钥长度可变。序列密码具有实现简单、便于硬件实施、加解密处理速度快、没有或只有有限的错误传播等特点,因此在实际应用中,特别是专用或机密机构中保持着优势,典型的应用领域包括无线通信、外交通信。

1949年Shannon证明了只有一次一密的密码体制是绝对安全的,这给序列密码技术的研究以强大的支持,序列密码方案的发展是模仿一次一密系统的尝试,或者说"一次一密"的密码方案是序列密码的雏形。

9.2.2 数据传输加密技术

数据加密技术主要分为数据传输加密和数据存储加密两种。数据传输加密技术主要是对传输中的数据流进行加密,常用的有链路加密、节点加密和端到端加密3种方式。

1. 链路加密

链路加密是指传输数据仅在OSI/RM数据链路层上进行加密,只对中间的传输链路进行加密,不考虑信源和信宿(也就是信号的发送节点和接收节点)。

链路加密过程中,所有消息在从源节点流出后,被传输之前需要由加密设备(加密机或者集成在网卡上的安全模块)使用下一个链路的密钥对数据进行加密,在下一个中间节点接收消息前再由加密设备用本链路的密钥进行解密;在流出该中间节点进行下一链路传输前再由加密设备使用下一个链路的密钥对消息进行加密;然后再进行传输,直到消息到达目的节点。

链路加密只用于保护数据在通信节点间的传输安全,节点中的数据并不是加密的。在到达目的节点之前,一条消息可能要经过许多条通信链路的传输,中间要经过许多中间节点,这样也就需要加、解密多次。由于在每一个中间节点消息均被解密后重新进行加密,因此包括路由信息在内的链路上的所有数据在传输链路上均是以密文形式出现的。

如图9-1所示为链路加密示意图。

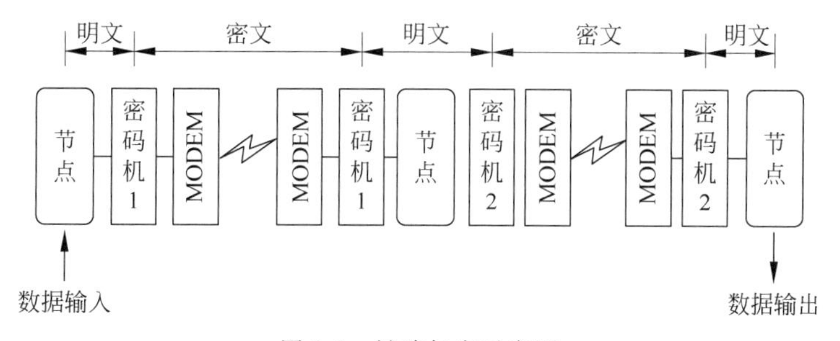

图9-1 链路加密示意图

2. 节点加密

节点加密与上面介绍的链路加密有相同的地方,也有一些不同。相同之处是它与链路加密一样,是基于数据链路层的加密,两者均在通信链路上为传输的消息提供安全性,而且都需要在中间节点上先对消息进行解密,然后进行加密;不同之处是,节点加密的加密功能是由节点自身的安全模块完成的,而且消息在节点中处于加密状态,而链路加密中间节点中的消息是以明文形式存在的。

节点加密不允许消息在网络节点以明文形式存在,消息到达节点时,先把收到的消息进行解密,然后采用另一个不同的密钥进行加密,再继续进行数据传输,以此类推。因此,它比链路加密更安全。但由于在节点加密方式中要对所有传输的数据进行加密,并且包括节点和传输链路都是加密的,所以要求报头和路由信息以明文形式传输,以便中间节点能得到处理消息的信息。这样就带来了一定的安全风险,特别是对于通信业务分析类型的攻击。再加上也需要对每条链路分别加密,所以节点加密比较适合于经过较少链路的两端点间通信,如专线接入、帧中 ATM 等接入方式,或者局域网内部端点间的通信。

如图 9-2 所示为节点加密示意图。

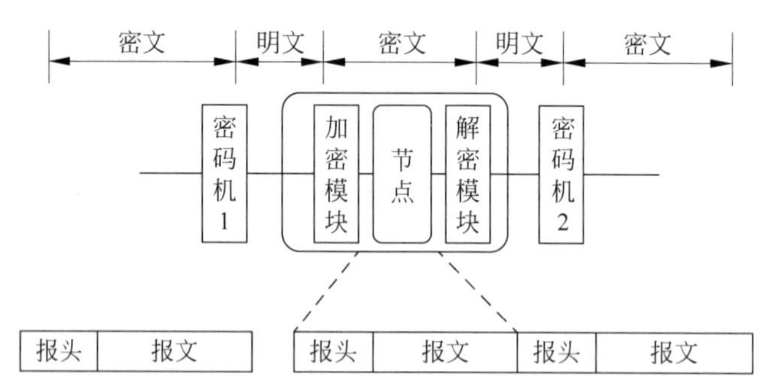

图 9-2 节点加密示意图

3. 端到端加密

端到端加密是数据通信中的一端到另一端的全程加密方式,而且加密、解密过程只进行一次,中间节点没有这两个过程,如图 9-3 所示。在端到端加密方式中,数据在发送端被加密,只在接收端解密,中间节点处不以明文的形式出现。但端到端加密是在应用层完成的。

图 9-3 端到端加密示意图

在端到端加密中,除报头外的报文均以密文的形式贯穿于全部传输过程,只是在发送端和接收端才有加、解密设备,而在中间任何节点报文均不解密,因此中间节点不需要有密码设备。与链路加密相比,由于只对通信的源端和目的端进行加、解密操作,所以中间节点无须配备加、解密设备，可以减少整个加密过程和密码设备的数量，大大降低了加密成本。另一方面，信息是由报头和报文组成的，报文为要传送的信息，报头为路由选择信息；由于网络传输中涉及路由选择，在端到端加密时，通道上的每一个中间节点虽不对报文解密，但为将报文传送到目的地，必须检查路由选择信息，因此只能加密报文而不能对报头加密。这与节点加密是相同的，同样会被某些通信分析人员发觉而从中获取某些敏感信息。

端到端加密方式总体成本低些，并且与链路加密和节点加密相比更可靠，更容易设计、实现和维护。端到端加密还避免了其他加密系统固有的同步问题，因为每个报文包均是独立被加密的，所以一个报文包所发生的传输错误不会影响后续的报文包。此外，从用户对安全需求的直觉上讲，端到端加密更自然些。单个用户可能会选用这种加密方法，以便不影响网络上的其他用户。

9.2.3 数据存储加密技术

数据加密技术在数据存储阶段主要可以分为文件级加密、数据库级加密、介质级加密、嵌入式加密设备以及应用加密。

1. 文件级加密

文件级加密可以在主机上实现，也可以在网络附加存储（NAS）这一层以嵌入式实现。对于某些应用来讲，这种加密方法也会引起性能问题；在执行数据备份操作时，会带来某些局限性，对数据库进行备份时更是如此。特别是，文件级加密会导致密钥管理相当困难，从而需要另外一层管理：根据文件级目录位置来识别相关密钥，并进行关联。

在文件层进行加密也有其不足的一面，因为企业所加密的数据仍然比企业可能需要使用的数据要多得多。如果企业关心的是无结构数据，如法律文档、工程文档、报告文件或其他不属于组织严密的应用数据库中的文件，那么文件层加密是一种理想的方法。如果数据在文件层被加密，当其写回存储介质时，写入的数据都是经过加密的。任何获得存储介质访问权的人都不可能找到有用的信息。对这些数据进行解密的唯一方法就是使用文件层的加密/解密机制。

2. 数据库级加密

当数据存储在数据库里面时，数据库级加密就能实现对数据字段进行加密。这种部署机制又叫列级加密，因为它是在数据库表中的列这一级来进行加密的。对于将敏感数据全部放在数据库中一列或者两列的公司而言，数据库级加密比较经济。不过，因为加密和解密一般由软件而不是硬件来执行，所以这个过程会导致整个系统的性能出现让人无法承受的下降。

由于数据库中数据的结构和组织都非常明确，因此对特定数据条目进行控制也就更加容易。用户可以对一个具体的列进行加密，如国家识别码列或工资列，而且每个列都会有自己的密钥。根据数据库用户的不同，企业可以有效地控制其密钥，因而能够控制谁有权对该数据条目进行解密。通过这种方式，企业只需要对关键数据进行加密即可。

这种加密方法所面临的挑战是，用户希望加密的许多数据条目在应用查询中可能也具备同样的值。因此系统设计师应当确保加密数据不参加查询，防止加密对数据库的性能造成负面影响。例如，如果账户编号已经加密，而用户希望查找一系列的编号，那么系统就必须读取整个表，解密并对其中的值进行对比。如果不使用数据库索引，那么这种原本只需要三秒钟就可执行完毕的任务可能会变成一个三小时的漫长查询。但这种方法也有积极的方面，数据库厂商已经在其新版产品中加入了一些服务，能够帮助企业解决这一问题。

3. 介质级加密

介质级加密是一种新出现的方法，它涉及对存储设备（包括硬盘和磁带）上的静态数据进行加密。虽然介质级加密为用户提供了很高的透明度，但提供的保护作用非常有限：数据在传输过程中没有经过加密。只有到达了存储设备，数据才进行加密，所以介质级加密只能防范有人窃取物理存储介质。另外，要是在异构环境使用这项技术，可能需要使用多个密钥管理应用软件，这就增加了密钥管理过程的复杂性，从而加大了数据恢复面临的风险。

4. 嵌入式加密设备

嵌入式加密设备放在存储区域网(SAN)中，介于存储设备和请求加密数据的服务器之间。这种专用设备可以对通过上述这些设备一路传送到存储设备的数据进行加密，可以保护静态数据，然后对返回到应用的数据进行解密。

嵌入式加密设备很容易安装成点对点解决方案，但扩展起来难度大，或者成本高。如果将其部署在端口数量多的企业环境，或者多个站点需要加以保护时，就会出现问题。这种情况下，跨分布式存储环境安装成批硬件设备所需的成本会高得惊人。此外，每个设备必须单独或者分成小批进行配置及管理，这给管理添加了沉重负担。

5. 应用加密

最后一种方法可能也是最安全的方法。将加密技术集成在商业应用中是加密级别的最高境界，也是最接近"端对端"加密解决方案的方法。在这一层，企业能够明确地知道谁是用户，以及这些用户的典型访问范围。企业可以将密钥的访问控制与应用本身紧密地集成在一起。这样就可以确保只有特定的用户能够通过特定的应用访问数据，从而获得关键数据的访问权。任何试图在该点下游访问数据的人都无法达到自己的目的。

在这一层，集成加密技术确实有助于避免数据库层的性能受到影响，因为用户可以改变查询的类型。然而，虽然这种方法是最安全的，但许多数据条目需要通过被多种不同的应用访问，企业对这种应用甚至不同用户群的变化要进行及时的管理。事实上，如果企业使用厂商提供的打包应用，它们很可能根本无法实施这一层的解决方案，因为企业不可能获得这些应用的源代码。

9.2.4 典型加密技术——区块链技术

随着互联网与物联网技术的发展，部分应用程序为了向用户提供更精准的服务，需要采集各种用户数据。而且采集的用户信息越来越私密，涉及隐私的部分越来越多，而在大数据横行的互联网环境之下，每个人都可以利用这些信息去做一些可以获取利益的事，比如根据个人商品的买卖记录推广商品，根据网站或者 APP 注册的手机号进行电话推销或者诈骗等。目前现有的框架结构融合了大量具有"所有权"特征的数据，这些数据往往牵扯到个人隐私权限，虽然平台也对此采取了一些安全措施，但只要中心服务器一旦被攻破，破坏者就可以访问到所有数据。同时，为了方便统一管理，在中心化服务器上集中了所有的关系权限隐私的数据，这样一来，用户也必须依赖于这一模式，依赖于第三方的中心服务器，第三方机构大量收集和控制个人隐私数据已威胁到其信息安全，在大数据时代下，这样的体系结构存在着太多不稳定因素。而去中心化的区块链技术就很好地解决了这一问题，区块链既是分布式且可验证的公共账本，还有着去信任、匿名性等特性，可以作为网络安全的重要技术。

1. 区块链的概念

区块链(block chain)是一种基于分布式数据记录技术，对一段时间内所有交易或者电子行为进行记录，并以密码学方式保证信息不可篡改和不可伪造的分布式存储的设计思路，具有去中心化、不可篡改、全程留痕、可以追溯、集体维护、公开透明等特点。这些特点保证了区块链的"诚实"与"透明"，为用户对区块链的信任奠定基础。区块链丰富的应用场景，基本上都基于区块链能够解决信息不对称问题，实现多个主体之间的协作信任与一致行动。

2. 区块链技术的基础架构模型及常见类型

一般说来，区块链系统由数据层、网络层、共识层、激励层、合约层和应用层组成，如图 9-4 所示。其中，数据层封装了底层数据区块以及相关的数据加密及时间戳等基础数据和基本算法；网络层则包括分布式组网机制、数据传播机制和数据验证机制等；共识层主要封装网络节点的各类共识算法；激励层将经济因素集成到区块链技术体系中来，主要包括经济激励的发行机制和分配机制等；合约层主要封装各类脚本、算法和智能合约，是区块链可编程特性的基础；应用层则封装了区块链的各种应用场景和案例。该模型中，基于时间戳的链式区块结构、分布式节点的共识机制、基于共识算力的经济激励和灵活可编程的智能合约是区块链技术最具代表性的创新点。

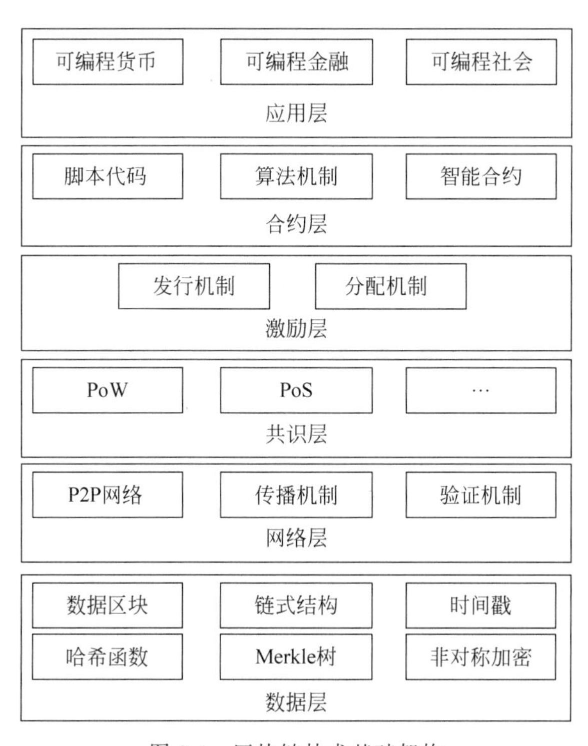

图 9-4　区块链技术基础架构

区块链一般可分为以下几种：

(1) 公有区块链(public block chains)：是指世界上任何个体或者团体都可以发送交易，且交易能够获得该区块链的有效确认，任何人都可以参与其共识过程。公有区块链是最早的区块链，也是应用最广泛的区块链，各大 bitcoins 系列的虚拟数字货币均基于公有区块链，世界上有且仅有一条该币种对应的区块链。

(2) 行业区块链(consortium block chains)：由某个群体内部指定多个预选的节点为记账人，每个块的生成由所有的预选节点共同决定(预选节点参与共识过程)，其他接入节点可以参与交易，但不干预记账过程(本质上还是托管记账，只是变成分布式记账，预选节点的多少、如何确定每个块的记账者成为该区块链的主要风险点)，其他任何人都可以通过该区块链开放的 API 进行限定查询。

(3) 私有区块链(private block chains)：仅仅使用区块链的总账技术进行记账，可以是一个公司，也可以是个人独享该区块链的写入权限，本链与其他的分布式存储方案没有太大区别。传统金融都是想实验尝试私有区块链，而公链的应用例如 bitcoin 已经工业化，私链的应用产品还在摸索当中。

3. 区块链技术的应用

区块链技术在各个领域都有创新性的应用。截至目前，金融领域是区块链技术介入最多、应用最广泛的一个领域。首先，金融领域对区块链的第一个需求是数字货币，标志性的应用是比特币。其次，数字货币的成功发行大大刺激了传统银行业，银行、股权/有价证券交易领域、保险领域也纷纷表现出了对区块链技术的强烈需求。由于金融领域与社会经济直接挂钩，因此其对区块链技术的探索也是走在时代最前沿的，技术需求会更快地转化为动力，加速区块链技术应用的落地。目前，区块链在金融领域的应用主要集中在数字化货币、跨国支付与清算、私有证券及资产数字化记录上。

在工业领域，区块链技术也有着极大的应用前景。以下列举了区块链技术在工业互联网领域的主要应用。

1) 工业互联网设备工控安全

经过智能化改造的“三哑”设备(没有入网、不能自动汇报、不能透明化管理的设备)具备了互联互通的能力，但伴随而来的信息安全问题也从虚拟互联网世界向物理世界中的真实工业制造设备上迁移。传统的防火墙、网闸等中心化防护设备及工控防护策略缺乏有效的交互校验机制，仍存在较大的脆弱性。特别是对于流程工业而言，一旦关键控制逻辑被篡改，其故障流将随生产的进行向制造流程上下游传递。基于区块链设计思路，通过将设备安全信息基于去中心化存储策略，存放于在网节点，可有效避免因单点的工业流程控制程序遭到恶意篡改造成的工业制造安全问题。

2) 工业互联网数据安全

随着云网公司对工业大数据应用的不断深入，将有海量数据汇入云网的存储端，传统的中心化数据管理难以确保能够在不侵犯数据隐私的情况下开展数据资产运营。区块链具备可信任性、安全性和不可篡改性，可有效保障用户数据资产的安全、可靠和不可篡改，为云网公司开展大数据运营业务筑牢安全基础。

3) 工业大数据存储和挖掘

工业大数据运营的核心问题是数据存储，随着“互联网＋”行动的持续推进，不断增加的工业数据资源也加大了存储、计算介质的负载。基于区块链技术的去中心化理念，通过共享经济模式，盘活网络上的存量存储和计算资源，将有效缓解工业大数据运营商的数据存储及运维压力，进一步有效实现数据挖掘和价值增值。

4）云制造认证服务

供应链管理机制难以实现物流全流程实时追溯，为工业物料中间链的偷、跑、冒、漏提供了风险漏洞。以区块链设计理念，将供应链管理与工业互联网技术结合，创新云制造认证服务技术和模式，利用区块链数据库的源头追踪功能实时追踪物料流转信息，可以为供应链中的物流信息提供云制造认证服务，支撑工业互联网跨企业业务协同，实现供应链全链透明。

5）云制造协同管理

随着工业制造向小批量个性化制造的趋势发展，对企业精益制造的要求持续升高。然而，当前的中国制造企业普遍存在因通信协议不同、开发商不同等原因导致的ERP、MES、CRM等流程信息化管理系统间数据无法打通，信息孤岛导致企业无法发现流程管理的隐性漏洞（以中国某大型重工机械企业为例，与SAP相关联的系统共计147个，SAP中的BOM清单可随意修改，机床加工程序可由操作工任意编写，无须备案）。根据去中心化的理念，将流程管理信息以云端开放的方式分而治之，将工业软件与云平台结合，实现工业软件"云化"发展，在流程与流程、工厂与工厂、供应商与供应商之间，依托云平台实现端到端直连、网络中各节点互联、数据互为备份，有效防止对流程信息的擅自篡改、有效控制产品质量。

6）企业征信服务

目前，各大行业系统均在建设企业信用系统，系统之间彼此割裂，政府、金融等领域信用板块之间并不互通，导致企业信用信息不对称。信用数据的共享是征信发展的必然趋势，区块链技术可以将征信系统变为分布式存储，每个节点之间的数据是完全同步且不可被篡改的，这将有助于促进统一的信用系统建设，保障企业征信信息安全共享。

9.2.5　加密技术的应用

1. 数据加密技术运用于工业领域

数据加密技术在工业领域有着广泛的应用。随着智能化车间的发展以及工业大数据的应用，工业企业数据安全问题得到了企业家们的高度重视，改变以往企业数据安全格局显得尤为重要。

以工业控制系统为例，工业控制系统用于控制关键生产设备的运行，广泛应用于国家关键基础设施中，包括电力、石油化工、轨道交通、航空航天等领域。工业控制系统信息安全防护长期侧重于网络域的"纵深防御"，通过隔离网络保护重要资产，使得传统的外网渗透攻击手段失效。传统防护技术手段具有局限性，网络无法阻断物理介质传输数据和物理设备的接入，随着高级可持续威胁（advanced persistent threat，APT）攻击愈演愈烈，即使是物理隔离的工业测控设备，亦可以成为攻击目标。增强工业测控设备自身的内生安全防护能力是解决问题的根本途径之一。

2. 数据加密技术运用于电子商务中

电子商务要求消费者可以在网上进行一切消费活动，并且不用担心自己的银行卡会被盗刷。以前人们为了防止银行卡的密码被盗取,一般都是通过电话服务来预定自己所需要的消费品,但是现在由于时代的进步,人们把加密技术运用到各种商务中,从而保障了银行卡消费的安全性,使消费者可以进行在线支付,加密技术的运用保证了消费者和商家双方的利益和信息的安全交换。

3. 数据加密技术运用于 VPN 中

顾名思义,VPN 就是虚拟专用网,它大多数情况下都被应用于国际化的公司中,这些公司都拥有自己的局域网,但是人们在享受其带来的便利性的同时也会担心局域网的安全问题。由于科技的迅猛发展,这些都已经不再是问题了,人们把需要用的各种数据发送到互联网上,再由互联网上的路由器进行加密,以互联网加密的形式传送信息,信息到达路由器的同时就会被该路由器解密,这样既可以防止别人盗取信息,又可以让用户看到自己所需要的信息。

4. 数据加密技术运用于身份认证中

身份认证在计算机网络中得到了极大的应用,可以采用非对称加密技术来解决确认数字签名的真假、仿冒等一系列的问题,通过数字签名技术的转换,得到一个核实的签名,然后接收者对其签名进行解密,如果能正确进行解密,就证明签名有效,从而证明对方的身份是真的,从而进行的交易。

5. 数据加密技术运用于电子邮件中

电子邮件用来传输信息。现在网络技术越来越发达,通信双方不用见面就可以传输信息,然而这就给一些人创造了投机取巧的机会,他们会利用电子邮件仿冒别人的名字和信息来进行诈骗、盗用别人的信息,或者换取一些利益。因此现在网络电子邮件都会采用数据加密的方法来防止别人盗用信息,从而保证了信息的安全性,保证了电子邮件的机密性和完整性,也便于加密信息和数据同时进行存储和传输。加密技术运用于电子邮件中还可以检查邮件的信息完整性,使得用户的一切基本信息可以得到证实。

9.3 数据完整性技术

数据完整性是指与损坏和丢失相对的数据状态,是"一种未受损的状态",即存储器中的数据必须和被输入时或最后一次修改时一样,通常表明数据在可靠性与准确性上是可信赖的,若丧失数据的完整性,则意味着数据可能被改变或丢失,成为无效的数据。因此,数据完整性技术是保证数据安全的一种有效手段。

9.3.1 数据完整性概述

数据完整性用来确保信息没有被修改,也可以防止假冒的信息。对于一份印刷在书面上的文件而言,要想通过修改其上面的文字或者数字来破坏其完整性是不容易的,人们可以涂抹文件上面的文字,但可能很容易就被发现了。相对于现实世界而言,存储在计算机中的数字信息的完整性受到破坏的风险就大大增加了。一个存储在计算机中重要的文本文件,可能被其他人恶意修改了其中一个重要的数字,甚至可能整个文件都给替换了,如果用户在不知情的情况下将这种文件发出去,后果可想而知。在网络传输中,完整性面临的风险就更大,这种风险有两种,一种是恶意攻击,一种是偶尔的事故。恶意攻击者可以监听并截获用户的信息包,然后修改或替换其中的信息,再发给接收方,这样能够不知不觉地达到其目的。网络是一个物理设备,虽然其出错的可能性极低,但还是有可能发生的,如果用户在给某个商家转账的过程中其中的付款数字在网络传输时发生了错误而没有被发现,后果是很严重的。

数据完整性是指数据库中数据在逻辑上的一致性、正确性、有效性和相容性。

(1) 数据的逻辑一致性。例如在表中插入两个工号相同而姓名不同的工人信息,则无法保证工号的唯一性从而违反数据的一致性。

(2) 数据的正确性。例如银行的数据库在插入存款金额时比实际存入数额少,显然顾客是不同意的,因此数据正确性非常重要。

(3) 数据的有效性。例如工人离职,但工人数据库未及时更新,那么该人可凭借过期的工资卡领工资,这显然也是不合理的。

(4) 数据的相容性。例如在工人表中的工人信息应该和工资表中工人信息一致,否则就可能会出现问题。

具体地说,数据完整性体现在以下四个方面:

(1) 域完整性:又称列完整性,它指定一个数据集对某个列是否有效和确定是否允许空值。

(2) 实体完整性:又称行完整性,它要求表中的所有行有一个唯一的标识符,这种标识符一般称为主键。

(3) 引用完整性:它可以保证主键和外键之间的关系总是得到维护。如果参考表中的一行被一个外键所参考,那么这一行的数据便不能直接删除,用户也不能直接修改主键值。当然引用完整性也是有条件的,可以通过设置级联(CASCADE)改变这个完整性。

(4) 用户自定义完整性:是指针对某一具体关系数据库的约束条件,它反映某一具体应用所涉及的数据必须满足的语义要求。主要包括非空约束、唯一约束、检查约束、主键约束、外键约束等。

9.3.2 数据完整性主要技术

目前完整性的解决方案主要是基于单向散列函数的加密算法。

单向散列函数能够将一个大的文件映射成一段小的信息码并且不同文件散列成相同信息的概率极低。通常我们会将原始信息使用单向散列函数进行处理得到一段信息码,然后将其加密,与文件一起保存。如果有人更改了文件,当我们再次使用该文件时,先使用同样的单向散列函数得到信息码,然后用自己的密钥解密原来生成的信息码,将其与新得到的信息码对比,就会发现不一样,从而可以发现文件已经被修改。单向散列函数(one-way hash function)有一个输入和一个输出,其中输入称为消息(message),输出称为散列值(hash value)。单向散列函数也称为消息摘要函数、哈希函数,或者杂凑函数。

单向散列函数的性质如下:①单向散列函数的输入为任意长度的消息。②无论输入多长的消息,单向散列函数须生成长度很短的散列值,如果消息越长生成的散列值也越长的话使用就不是很方便了,从使用方便的角度来讲,散列值的长度最好是短且固定的。③计算散列值所花费的时间必须要短。尽管消息越长，计算散列值的时间也会越长，但是如果不能在一定的时间内完成计算就没有意义了。④ 如果单向散列函数计算出的散列值没有发生变化，那么消息很容易就会被篡改，这个单向散列函数也就无法被用于完整性检查。两个不同的消息产生同一个散列值的情况称为碰撞。理论上单向散列函数的碰撞概率应该为 0，但是实际上不存在这种单向散列函数。⑤单向散列函数具有单向性。单向性指的是无法通过散列值反算出消息，但是根据消息计算散列值可以很容易。

9.3.3 数字证书管理

数字证书是互联网通信中用来标识通信各方身份信息的一串数字文件，它提供了一种在 Internet 上验证通信双方身份的方式。

数字证书是一个经证书授权中心(CA)数字签名的包含公开密钥拥有者信息以及公开密钥的文件口。数字证书中一般包括证书名、公钥和证书授权中心的数字签名等信息口。另外，数字证书只在一定的时间段内有效。

数字证书就像日常生活中的身份证和驾驶证等证件一样，其内容包括签发机关(CA 认证中心)、序列号、版本信息、用户身份信息、用户的公钥信息、签发机关的签名以及证书的有效期等信息，X. 509 标准是目前数字证书主要采用的标准。数字证书按用途分类可以分为服务器证书、传输通道证书、个人证书等类型。

9.3.4 数字证书的应用

数字证书主要应用于各种需要身份认证的场合，目前除广泛应用于网上银行、网上交易等商务应用外，还用于发送安全电子邮件、加密文件等方面。以下列举 7 个数字证书最常用的应用实例，读者从中可以更好地了解数字证书技术及其应用。

1. 保证网上银行的安全

只要你申请并使用了银行提供的数字证书，就可保证网上银行业务的安全，即使黑客窃取了你的账户和密码，但因为他没有你的数字证书，所以也无法进入你的网上银行账户。

2. 通过证书防范自己的网站被假冒

目前许多著名的电子商务网站都使用数字证书来维护和证实信息安全。为了防范黑客假冒你的网站，你可以到广东省电子商务认证中心申请一个服务器证书，然后在自己的网站上安装服务器证书。安装成功后，在你的网站醒目位置将显示“VeriSign 安全站点”签章，并提示用户点击验证此签章。只要你一点击此签章，就会连接 VeriSign 全球数据库验证网站信息，然后显示真实站点的域名信息及该站点服务器证书的状态，这样别人即可知道你的网站使用了服务器证书，是个真实的安全网站，从而可以放心地在你的网站上进行交易或提交重要信息。

另外，如果你发现某个网站有以下两样标志，则表明该网站激活了服务器证书，此时已建立了 SSL 连接，你在该网站上提交的信息将会全部加密传输，因此能确保你隐私信息的安全。

(1) 观察网址。观察要你提交个人信息页面的网址前，是否带有“https://”标志(这里 s 代表安全网站)。

(2) 网页状态栏是否有金色小锁。若无金色小锁才是打开的,那么表示提交的信息不会加密,若有金色小锁,双击该锁会弹出该站点的服务器证书,里面包含了真实站点的域名及证书有效期。

3. 发送安全邮件

数字证书最常见的应用就是发送安全邮件,即利用安全邮件数字证书对电子邮件签名和加密,这样既可保证发送的签名邮件不会被修改,外人又无法阅读加密邮件的内容。

4. 对付网上投假票

目前网上投票一般采用限制投票IP地址的方法来对付作假,但是如果断线后重新上网,你就会拥有一个新IP地址,因此只要你不断上网和下网,即可重复投票。为了杜绝此类造假,建议网上投票使用数字证书技术,要求每个投票者都安装使用数字证书,在网上投票前要进行数字签名,没有签名的投票一律视为无效。由于每个人的数字签名都是唯一的,即使他不断上网、下网,由于每次投票的数字签名都是相同的,因此也无法再投假票。

5. 使用代码签名证书,维护自己的软件名誉

某些公司提供了代码签名证书,你可以利用代码签名证书给你的软件签名,防止别人篡改你的软件(例如在你的软件中添加木马或病毒),维护你的软件名誉。

6. 保护Office文档安全

Office可以通过数字证书来确认来源的可靠,你可以利用数字证书对Office文件或宏进行数字签名,从而确保它们都是你编写的,没有被他人或病毒篡改过。

9.4 数据备份与还原

计算机数据库属于一种存储着海量数据信息的仓库,在经过长期不间断使用之后,难免会导致诸多无法避免的安全因素及问题出现。许多核心业务对于数据资源的依赖性逐渐增强,尤其是那些对数据可靠性呈现出较高要求的行业。倘若出现任何自然或者人为灾难,例如突然断电、服务器或者计算机系统崩溃、用户操作失误、磁盘损坏以及数据中心灾难性丢失等,都会导致数据库无法继续使用,一些数据文件丢失,其所带来的损失将十分严重。而对数据库安全的维护,不仅要求计算机操作系统具有良好的安全性与可靠性,还应构建起一种更具完备性的数据库备份以及恢复机制。数据备份与还原是数据安全的最后一道防线。

9.4.1 数据备份与还原概述

数据备份是数据容灾的基础,是指针对应用系统至少有一个完整的数据拷贝,当应用系统发生故障时,可以随时通过已有的备份来获取所需要的数据。归根结底,备份其实是应对数据故障的一种解决方案。因此,谈到数据备份,首先要从数据故障的概念说起。数据故障就是指数据损坏、数据丢失或数据的完整性遭到破坏。数据故障大体可分为两种,一种为物理故障,即硬件损坏导致设备内存储的数据不可用,如常见的磁盘损坏、存储介质失效,或灾难性的地震、海啸等摧毁数据中心，都可导致物理故障的发生；另一种为逻辑故障，即软件自身存在的缺陷、人为的误操作、病毒或网络攻击、程序错误等导致数据被删除或篡改。经数据统计，硬件故障或软件错误占数据失效原因的 50%，而人为误操作则占数据失效原因的 30%。

针对以上两种类型的数据故障，可以将数据备份分为两个层次：硬件级备份和软件级备份。硬件级备份采用的备份方式主要有设备冗余、磁盘阵列等。这种方式可以通过冗余保存双份甚至多份副本，在一定程度上规避物理故障的发生。但是一旦发生逻辑故障，错误的指令会立刻或在较短时间内同步至多份副本中，因此这种实时或准实时的同步机制对于逻辑故障几乎是无能为力的。软件级备份，即在软件层面对需要备份的数据进行统一管理和保存，可以将多个历史数据版本保存在相应的磁盘或磁带存储中，在应对逻辑故障时，解决方案灵活多样。硬件级备份的优点在于屏蔽了应用、逻辑卷甚至操作系统的差异，备份效率高、实时性高，但需要配置不低于原设备的“备机”作为冗余节点，价格会成倍地增长，“备机”的安装及后续的故障处理也较为复杂，通常需要专门的厂商来进行维保工作；而软件级备份的配置工作（即备份软件的安装使用）通常较为简单，对于用户来说更加友好，用户经过简单的培训就可以承担一些简单的维护工作，相对于硬件设备，软件的价格较为低廉，且与业务系统耦合度低，十分灵活。因此备份软件也是企业应对大量备份需求时一个很好的选择。

数据还原，是指当保存于各种存储介质中的数据丢失、损坏或不可用时，通过某些手段对其进行有效的还原的过程，它是数据备份的逆过程，也是进行数据备份的目的和意义所在。换句话说，数据备份就是为了在故障发生时能够实现快速有效的恢复，不能进行恢复的备份是毫无意义的。因此，数据备份与数据还原是一个不可割裂的整体，一套数据备份系统必然要能够实现一种甚至多种方式的还原功能。

9.4.2 数据备份策略

传统的数据备份方式，从网络架构上可以分为 LAN 备份、SAN 备份和 Server Free 备份。LAN 备份又叫作网络备份，是一种流行的备份解决方案。通常，介质服务器与存储资源置于局域网中，备份服务器负责整个系统的备份，所有的备份数据必须通过网络进行传输。这种方式配置简单，与业务系统易解绑，十分灵活。SAN 备份是指数据备份流通过 SAN 网络中 FC 协议传输至备份设备，这种方式解放了网络上的流量，因此也叫作 LAN Free 备份。这种方式，备份客户端自己即作为介质服务器，自行管理备份介质，备份速度很快，但与业务系统高耦合，且配置复杂。Server Free 备份相比于 LAN Free 备份能够有效地节约服务器的资源。一些 Server Free 备份设备通常在服务器和存储子系统之间放置，这些设备负责全部的数据备份工作，它们会直接从存储阵列向存储设备发送数据。

三种备份方式各有优劣，其中 LAN 备份是目前的主流备份方式，用于数量较多、数据量较小、重要性一般的业务系统；SAN 备份则用于数据量极大、重要性很高的核心类业务系统；Server Free 备份通常用于存储级。多种备份方式相互结合，组成了目前企业中庞大的备份系统。

从备份策略的角度上来划分，又可以将传统的数据备份方式分为三种：全量备份（full backup）、增量备份（incremental backup）和差分备份（differential backup）。全量备份，是指对备份对象的完整拷贝,这份拷贝在完成后就可以独立存在,不需依赖其他条件就可以将备份的数据恢复至所需的环境;增量备份,是指仅备份相比于上一次备份后数据改变的部分,即数据的"增量",这样的备份集不能够独立存在,需要依赖它所参照的"上一个备份",在恢复时,也只能叠加在已完成的上一份数据之上;差分备份,是指仅备份相比于上一次全备份后数据变化的部分,也是数据的增量,但它仅依赖它所参考的上一份"全备",而不依赖介于上一份全备和本次增量之前的其他增量备份,差分备份也不能够单独存在。

全量备份所需的备份窗口较长,数据量较大,且每一次备份都包含了源端的全部数据,因此对存储空间的占用也是很高的;增量备份所需的备份窗口较短,备份过程中传输的数据量较小,占用存储空间也较少;差分备份则是介于二者之间的一种折中方案。因此在实际应用中,通常采用"全备+增量"或"全备+差分"的组合备份策略,在业务量较大的工作日选择增量备份,仅占用少量的带宽及时间窗口,来传输短时间内的数据变化量;在业务较为空闲的周末进行全量备份,生成一份新的完整数据副本。

这种"全量+增量"的备份策略至今仍是一种主流的手段,但它也存在一些明显的问题,比如:某一份全备数据已经到了过期时间,但由于以其为基础的部分增量仍处于有效期内,如果将这份全备删除,那么后续的增量将不可用,如果将这份全备保留,又要支出额外的空间。事实上,如使用这样的备份策略,存储中实际保存的数据通常比设定的数据保留周期要多出一个周期。进行数据恢复时,尽管可以直接操作增量的备份集,但实际上仍是采用先恢复全备份,再叠加增量备份的思路进行,耗时较长。

近几年,一种"永久增量"+"合成全备"的新兴备份解决方案开始兴起,该方案的原理为:备份时仅传输改变过的"增量数据",待传输完成后,由备份系统的后台进行数据的拼接组合,生成一份新的全量数据。这样使得一份"全备"所需的时间大大缩短,仅需要略长于一个"增量"的时间窗口即可完成,备份频率有了有效的提升。而因为每一份数据在逻辑上都是一份完整的"全备",因此用户也无须再担心恢复时"全备叠增量"所带来的效率问题。这样的解决方案逐渐成为一种富有竞争力的新型备份策略。

9.5 紧急事件与灾难恢复

近年来,许多威胁数据安全的不可控事件引出了灾难恢复的问题,在全球发生新冠疫情的大环境下,数据灾难恢复是企业的首要任务。疫情促使企业迅速转向云计算,以便团队能顺利开展工作,为客户和公司运营提供可用的数据。然而匆忙上云有时会让企业忽略即时更新灾难恢复计划的必要性;此外,严重的勒索软件攻击、自然灾害和意外危机,也使灾难恢复计划的扩展变得前所未有的紧迫。因此,企业需要制定一个全面的灾难恢复计划,以保护存储在云、本地和混合环境的所有数据,从而实现稳定运营和业务增长。

9.5.1 紧急事件

随着社会、经济和科学技术的不断发展,人类社会也已进入了以信息化、数据化为特点的新时代。电子政务、电子商务等方面的应用已经存在于社会生活中的各个方面。各种新兴的电子政务、电子商务、电子医疗以及社交网站等系统的用户也不断地增长,其中很多系统已经与人们的工作和生活息息相关,拥有了百万甚至千万级以上的用户。这些系统每一秒都在产生大量的文字、语音、图像和视频等数据,数据已经成了最重要的资源之一,数据问题也就自然成了人们持续关注的核心问题之一,数据的高可靠性和高可用性更是成了人们关注的关键属性。

影响数据的安全紧急事件层出不穷,其中最著名的例子是 2001 年 9 月 11 日发生在美国的“9·11”事件,在惨剧发生之后,世贸大厦及其周边建筑内许多公司的商务资料瞬间被毁,但是,与一般的公司不同,同样遭受冲击的摩根银行的业务却在第二天恢复了正常,这是因为该公司建立了一个数据远程灾难备份系统。在“9·11”事件之前,摩根银行就通过高速通信线路连接了世贸中心的服务器和位于新泽西州的公司备用服务器,并不断传输备份数据。在灾难发生之后,世贸中心内的主服务器被毁,但备份服务器内依然存有前一天的数据,这些数据在灾难之后就变成了极具意义的最完整、最新的数据,通过这些备份数据,摩根银行在很短的时间内就恢复了业务,大大降低了损失,避免了一系列的风险。另外,在 1999 年 IBM Summit 高级用户年会上,美洲银行资深副总裁 Micheal D. Cannon 曾就计算机系统灾难做过这样的描述:①在灾难发生后,无灾难应对措施的公司有 43%无法继续营业;②当计算机系统停止运行超过 7 天后,68%以上的业务无法继续;③在失去计算机系统的支持两周后,那些受影响的机构中有超过 75%失去了全部或部分关键业务。由此可见,数据灾难备份在社会经济生活中扮演着必不可少的关键角色。

9.5.2 灾难恢复

数据恢复就是将数据恢复到事故之前的状态。通过第三方的服务来完成数据灾备工作,作为备份中心(备份地点),一方面要具有系统环境,即有一个计算机配置,购置相应的计算机设备并安装相应的软件;另一方面还应具备网络环境,即确保客户端能够顺利地访问备份中心。与此同时,灾备中心要将数据和应用准备就绪,时刻处于待命状态。一旦遭遇灾难事故,数据和应用可以在远程备份地点尽快得到恢复。要达到这个目标,一定要考虑三个要素:①备份地点准备就绪;②数据在备份地点准备就绪;③两个不同地点(site)之间的数据如何传递。

数据备份的最终目的就是灾难恢复,灾难恢复技术也称业务连续性技术,是目前在发达国家十分流行的 IT 技术。它为重要的计算机系统提供在断电、火灾等各种意外事故发生,甚至在如洪水、地震等严重自然灾害发生时,保持持续运行的能力。

灾难恢复措施在整个数据备份策略中占有相当重要的地位,因为它关系到系统在经历灾难后能否迅速恢复。灾难恢复措施包括:①灾难预防制度。为了预防灾难的发生,需要进行灾难恢复备份。企业信息系统在数据实现大集中的节点上,应采用网络连接存储或存储区域网络备份技术进行灾难恢复备份系统建设,在紧急情况下,它会自动恢复系统的重要信息。②灾难演练制度。要保证灾难恢复的可靠性,只进行备份系统的建设是不够的,还要进行灾难恢复演练。各企业可以利用淘汰的计算机或多余的存储介质进行灾难模拟,以熟悉灾难恢复的操作过程,检验在用的存储备份系统运行是否正常和备份的数据是否可靠。灾难恢复拥有完整的备份方案,并严格执行制定的备份策略,当企业信息系统遭遇突如其来的灾难时,它可以应付自如。

9.6 数据安全案例

1. 业务描述

随着企业之间的市场竞争不断加剧，技术创新、管理创新都使得企业对信息化建设日益重视，各类应用软件和管理平台在企业内已得到充分利用，企业的核心资产已逐渐向电子数据转变，而电子数据在日益发达的内外部信息网络以及充斥着各种传播数据途径的企业环境中存在着严重的安全隐患，企业核心数据泄漏和被窃取的现象屡见不鲜，企业面临严重的数据安全挑战。

本节以某制造型企业为例，介绍数据加密技术在企业内部及企业之间的运用。数据加密的目的是对研发、工艺的二维图纸、三维模型、作业指导书等重要文件进行保护。具体的功能包括：

(1) 对研发阶段的AutoCAD、Creo、ANSYS、HyperMesh、ADAMS等设计软件及其输出文件自动加密，对办公阶段的Office文件进行特定加密。

(2) 在解密时，具有完备的解密审批流程，批准后系统自动解密，且在移动端同样可以使用，同时能够人工批量解密。

(3) 针对携带笔记本电脑出差、回家办公或外出交流的行为可离线授权，使得保密文件依然处于受控状态。

(4) 对外发文件进行管控，包括打开时间、打印时间、有效时间等，防止截屏和拍照后数据外泄，使用水印使得文件可溯源。

(5) 对用户和系统的操作自动形成日志，使泄密事件有据可查。

(6) 与PLM系统集成，上传自动解密，下载自动加密。

(7) 加密邮件和签名邮件安全。

(8) 公司全部数据备灾。

2. 解决方法

对该企业内部产生的数据文件进行加密管控，如图9-5所示，使用对称加密算法对数据文件进行自动加密。在加密数据传输方式上选择端到端数据加密传输方式，各种介质上存储的数据都以密文的形式存在，在内部授信环境下各部门之间交流数据时不受影响。

通过授权使用的方式，出差、家庭办公时也可以正常地使用加密文件。当需要对外交流时，须通过审核解密的方式将文件解密成明文供第三方使用。除此之外，避免了其他途径的非法流出。

当企业间需要文件外发时，对于特别重要的数据，可以通过外发管控将文件转换成防篡改保护的特定格式文件，在转换时可以对验证信息、权限信息、时效信息和水印信息等进行设置，如图9-6所示。接收单位收到文件后只能在权限范围内使用专用浏览器进行查看。

服务器对研发加密区和办公加密区的计算机下发不同策略，通过不同的密钥进行隔离，公司内部授信环境下透明使用。当需要和OA、iWorking、PLM等企业业务应用系统之间进行数据交互时，通过数据集成的方式使得加密文件在业务系统内的使用不受影响，从业务

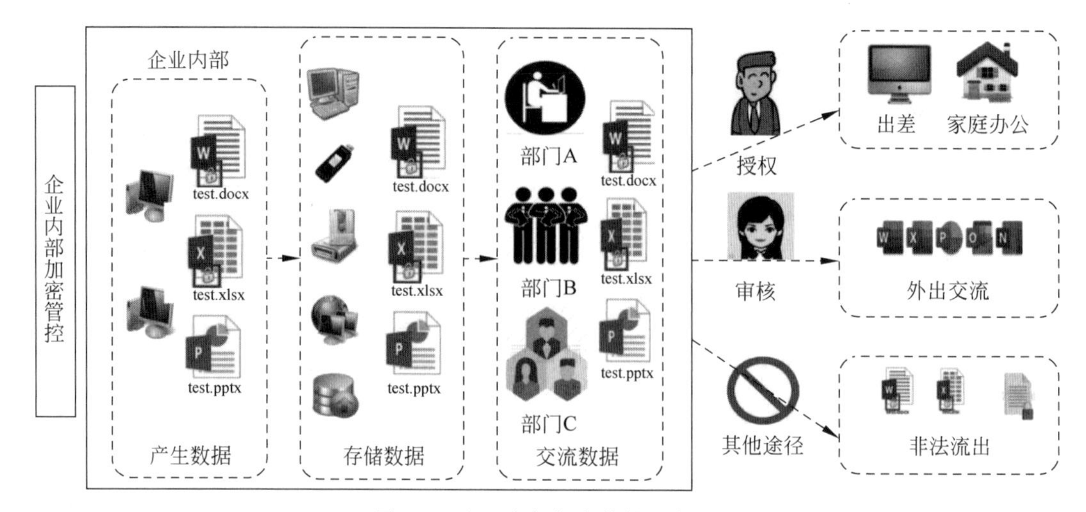

图 9-5　企业内部加密管控示意图

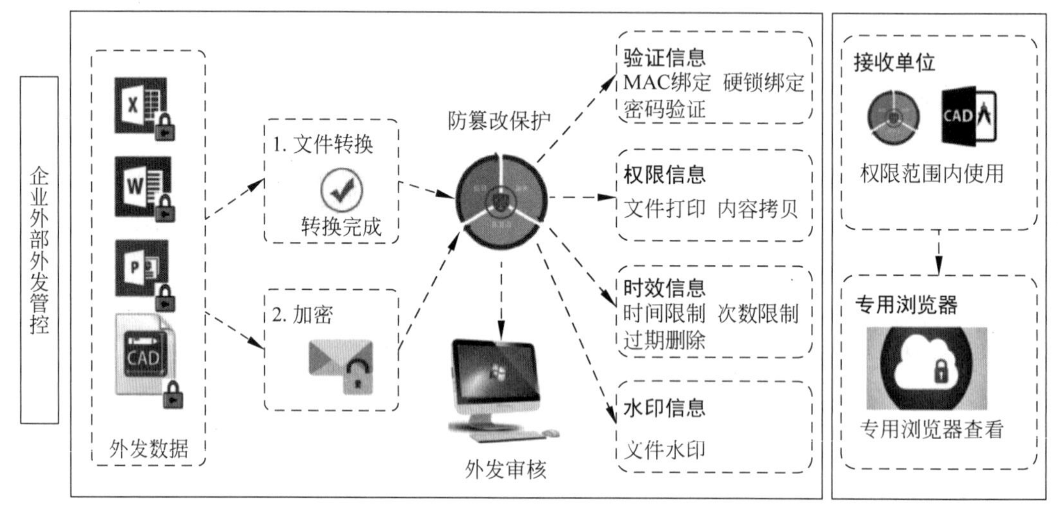

图 9-6　企业外部外发管控示意图

系统上下载存储到本地时自动加密。当加密文件脱离企业内部环境时，针对合法的不同应用场景，可以通过授权使用、审核解密、外发审批、设备授权的方式进行处理。

企业内部 OA、iWorking、PLM 等企业业务应用系统利用数据完整性技术，保证系统内数据域完整性、实体完整性、引用完整性和用户自定义完整性。

针对邮件的安全性，为保证签名邮件和加密邮件不被篡改，使用数字证书技术，即利用安全邮件数字证书对电子邮件签名和加密，这样既可保证发送的签名邮件不会被篡改，外人又无法阅读加密邮件的内容。

公司内部设置 LAN 备份（网络备份），介质服务器与存储资源置于局域网中，备份服务器负责整个系统的备份，所有的备份数据必须通过网络进行传输。这种方式配置简单，与业务系统易解绑，十分灵活。备份方式设置为增量备份，仅备份相比于上一次备份后数据改变的部分，即数据的“增量”。

本章小结

本章首先针对数据生命周期的采集、存储、处理、分析、挖掘、使用等阶段进行了安全风险分析，然后重点介绍了数据加密技术与数据完整性技术，简要介绍了数据备份与还原、紧急事件与灾难恢复等技术，最后通过某制造企业的数据安全实例介绍了数据安全技术的企业应用。

习题

1. 简述你在生活中遇到的数据安全问题，以及自己的处理方法。
2. 大数据生命周期包括哪些阶段？简述数据使用阶段存在的风险。
3. 简述数据完整性的内容。
4. 简述生活中的数字证书的实际应用。
5. 简述区块链的组成部分。
6. 从备份策略的角度上来划分，数据备份方式有哪几种？

参考文献

[1] 陈兴跃.《中华人民共和国数据安全法(草案)》公开征求意见：数据分级分类正式入法[J].中国信息化，2020，315(7)：8-10.

[2] 胡杰.公安领域大数据安全探讨[J].网络安全技术与应用，2017，203(11)：139-140.

[3] 潘积文，陆宝华.大数据安全风险分析及保障策略技术研究[J].计算机时代，2019，325(7)：27-28，32.

[4] 王保仓，贾文娟，陈艳格.密码学现状、应用及发展趋势[J].无线电通信技术，2019，45(1)：1-8.

[5] 林德敬，林柏钢.三大密码体制：对称密码、公钥密码和量子密码的理论与技术[J].电讯技术，2003(3)：6-12.

[6] 张铁军，韩文涛，韩静.数据完整性对中国制药企业GMP检查的影响分析[J].中国新药杂志，2017，26(9)：985-989.

[7] 辛运帏，廖大春，卢桂章.单向散列函数的原理、实现和在密码学中的应用[J].计算机应用研究，2002(2)：25-27.

[8] 朱智强，林韧昊，胡翠云.基于数字证书的openstack身份认证协议[J].通信学报，2019，40(2)：188-196.

[9] 刘厚贵，邢晶，霍志刚，等.一种支持海量数据备份的可扩展分布式重复数据删除系统[J].计算机研究与发展，2013，50(S2)：64-70.

[10] 封令宇.计算机取证中数据恢复关键技术研究与实现[D].北京：北京邮电大学，2014.

[11] 朱崇来.基于MySQL组复制技术数据备份策略实现[J].电子世界，2018，540(6)：193，195.

第10章

数据技术应用

数据感知技术、数据预处理技术、数据分析技术、数据挖掘技术、数据可视化技术、数据计算技术、数据储存技术和数据安全技术是数据技术应用实现的必要条件，对于数据技术的应用首先需要进行数据获取即数据感知，将采集到的数据进行储存；由于采集的数据存在耦合、冗余等不利因素，所以需要进行数据预处理；最后对有效数据进行分析与计算，挖掘其中蕴含的可用信息，从而实现数据技术的应用。值得注意的是，数据安全技术是保障企业信息安全的重要技术，上述所有流程都应遵循相关操作规范，避免数据泄露。

为了更加具体地了解数据技术的应用场景，本章阐述在数据业务化需求的驱动下，数据技术在工业制造领域的具体应用，如在产品设计、生产调度、物流规划、工艺规划、质量控制等方面的应用，同时介绍数据与实体融合所产生的数字孪生模型及其应用场景。

10.1 数据业务化

数据业务化的前身是业务数据化，也可称为信息化，目前应用在各个领域的自动化办公(office automation，OA)系统、客户关系管理(customer relationship management，CRM)系统和企业资源计划(enterprise resource planning，ERP)系统其实都属于业务的数据化，只是由于传统行业许多业务是在线下展开的，完全数据化十分困难。随着互联网，尤其是移动互联网的普及，数据技术(data technology，DT)时代来临，才有条件实现完全的业务数据化。其实现的前提是业务相关环节或流程能够以数据方式存储，这是起码的也是最直接的表现。其次实现数据化必须经由第二个阶段即数据运营阶段。这里主要包括数据监测、数据分析、数据智能、数据创新等环节，即对业务本身进行分析、改进，不仅能存数据，还能利用数据对业务进行优化。而数据业务化是业务数据化的自然延伸，也可以说是一种升华，即将收集的数据用于业务或产品本身。这里主要包含两个层面，一是数据智能，二是数据创新。前者主要是利用大数据技术提升产品体验，如推荐系统、信用评级等；后者主要是利用积累的数据开展新业务。

具体的数据业务化是指在数据整合的基础上，将数据进行产品化封装，并升级为新的业务板块，由专业团队按照产品化的方式进行商业化推广和运营。数据业务化的本质是数据的产品化、商业化与价值化。数据业务化实际上强调产品化封装、新业务发展和专业化运作，也就是以数据为主要内容和生产原料，打造数据产品，按照产品定义、研发、定价、包装和推广的流程进行商业化运作，把数据产品打造成能为企业创收的新兴业务。对于重视数字化转型的企业来讲，数据业务化是一项长期性工程，推进数据业务化是数字化转型战略落地的需要，是赋能业务运营的需要，也是数据价值变现和数据技术团队自身价值实现的需要，而要想利用数据，我们就需要了解数据的特点以及数据可以带来哪些附加价值。

10.1.1 产品全生命周期数据

世界上的任何事物都是有生命周期的。产品也是一样，从产品设计、产品制造到投入市场，最后更新换代再到退出市场所经历的全过程，叫作产品的生命周期。产品的生命周期中所产生的数据是庞杂且蕴藏量丰富的可用信息，我们在搭建产品数据指标体系时，也需要跟随产品的不同时期进行逐步完善，这样有助于延长产品生命周期，提升价值。产品的全生命周期包括产品的孕育期（产品市场需求的形成、产品规划和设计）、生产期（材料选择、产品制造、装配）、储运销售期（存储、包装、运输、销售、安装调试）、服役期（产品运行、检修、待工）到转化再生期（产品报废、零部件再用、废件的再生制造、原材料回收再利用、废料降解处理等）的整个闭环周期。在这整个闭环周期中会产生多种类、大数据量的数据，这些数据统称为产品全生命周期数据。对数据类型的划分通常有以下几种。

（1）按产品制造流程划分：①功能信息：描述产品和零件的功能。②结构信息：描述产品的构成元素及其构成关系。③设计信息：描述产品的设计过程。④工艺信息：描述产品的工艺特征。⑤制造信息：描述制造特征。⑥装配信息：描述产品零件之间的装配特征。⑦评价信息：描述产品的评价指标及其权值大小、评价方法，以及产品质量的优劣。内容包括技术评价（如先进性、新颖性等）、企业的主观评价（因为产品的开发与企业有关）。⑧顾客信息：描述产品的使用对象的情况。⑨市场信息：描述产品的市场分布、产品订货等信息。⑩维护信息：描述产品的售后服务、维修等存在的优势和问题，如零配件是否容易购买、维修的成本高低、维修好的时间长短等情况。

（2）按照信息的结构特征划分：①结构化信息：这类信息结构简单，可用关系模型来表示其数据结构，完全可以在关系数据库中存放与管理，如一般的管理信息、质量信息等。②非结构化信息：这类信息结构复杂，一般无法用关系模型来表示，用数据库来存放和管理有一定的困难，如产品的几何模型、工艺信息、数控程序、声音图像等。

（3）按照信息的生成方式划分：①人工输入信息：这类信息完全靠工作人员通过手工方式或系统提供的人机界面输入系统中，以进行管理和交流，如产品设计任务书、设计规范等原始信息。②自动生成信息：这类信息通过计算机应用程序自动生成，不需要人工的干预，如有限元分析结果、统计结果等信息。③半自动生成信息：这类信息不完全由程序生成，需要进行人工干预，如编辑、修改、转换，例如产品几何模型、工艺规程等信息。

（4）按照信息的使用范围划分：①全局信息：也称公共信息，这类信息要在产品开发各环节之间传送、交换和共享，体现了各环节间的相互关系和作用，如物料清单（BOM）、工艺规程、生产计划等信息。②局部信息：也称私有信息，这类信息只在各应用系统内部传送、处理和使用，不直接与其他应用系统发生关系，如设计规范、工艺经验等信息。

（5）按照信息存在的属性划分：①显式信息：显式地描述了产品及零部件的外形、制造要求等信息，如产品形状、尺寸、精度、材料、技术要求等。②隐式信息：隐式地描述了在设计过程中定义的产品信息，这些隐式信息隐含的定义在产品显示信息中，如零部件的功能描述、功能结构关系、结构形状选择、参数匹配等。

通过以上分类不难得出，产品的全生命周期所产生的数据规模十分庞大，且数据结构复杂，而随着生命周期的进行，数据是动态积累的，为了完整地、正确地反映客观情况的全貌，就必须在实事求是原则的指导下，经过对大量的、丰富的统计资料和数据进行加工制作和分析研究，挖掘其中的有用信息，才能做出科学的判断。这些判断可能是人工无法进行的，就需要利用计算机辅助技术进行相关分析。

10.1.2 数据驱动的业务增值

数据驱动的业务增值是指让来自产品的数据反哺产品，使产品产生额外的附加价值。因此，利用在产品的全生命周期中存在的各种各样的数据，数据智能可以使产品的质量和用户的体验得到提升，而数据创新则会使原本产品拓展出新的业务，这些业务可以是服务于企业本身的，亦可以是服务于客户群体的，而且可以贯穿产品全生命周期的各个阶段。如数据驱动的故障预测与健康管理(prognostics and health management，PHM)业务，对于企业来说，在设计与制造阶段对产品的故障预测与健康管理是产品试验，可以及时发现产品缺点，提升产品质量，使产品在市场中更具有竞争力。而对于客户群体而言，对企业生产设备进行及时的保养与维护有利于降本提能。在办公领域，企业运转时会产生大量的电子文件、数据，而这些电子文件、数据需要合适的载体，由此驱动了 U 盘的发展，而随着数据量的不断增大，且由于 U 盘的不便捷性，网盘便出现了，这些业务的发展与增值都是由数据所产生的。在工业制造领域，随着传感器技术的不断完善，机器的各项生产指标、参数等数据都可以进行记录，在此基础上，衍生出了工业互联网，使得互联网不单单用于人际交往，也服务于“人-物”“物-物”，让企业对生产力有更加直观的了解，从而降低生产成本，变相增值。综上，数据驱动的业务增值可以遍布在人类生活的各个领域，由产品本身产生的数据业务对产品又有良多益处，使产品本身价值提升的同时，亦可产生额外的附加价值，而在业务增值的驱动下，数据应用技术得以全面发展。

10.2 数字孪生模型

在数据驱动的业务增值的需求下，数字孪生技术基于前述章节的数据感知、数据预处理等技术，对产品全生命周期数据进行有效的发掘、利用与开发。数字孪生的概念最初由 Grieves 教授于 2003 年在美国密歇根大学的产品全生命周期管理课程上提出，并被定义为三维模型，包括实体产品、虚拟产品以及二者间的连接，但由于当时技术和认知上的局限，数字孪生的概念并没有得到重视。随着传感器、计算机技术的不断发展，数字孪生重新引起了国内外学者的重视。全球最具权威的 IT 研究与顾问咨询公司 Gartner 连续两年(2016 年和 2017 年)将数字孪生列为当年十大战略科技发展趋势之一。世界最大的武器生产商洛克希德・马丁公司 2017 年 11 月将数字孪生列为未来国防和航天工业六大顶尖技术之首；2017 年 12 月 8 日，中国科协智能制造学术联合体在世界智能制造大会上将数字孪生列为世界智能制造十大科技进展之一。

数字孪生模型是数字孪生技术实现的方式，数字孪生模型以数字化方式在虚拟空间呈现物理对象，即以数字化方式为物理对象创建虚拟模型，模拟其在现实环境中的行为特征，它是一个应用于整个产品生命周期的数据、模型及分析工具的集成系统。对于制造企业来说，它能够整合生产中的制造流程，实现从基础材料、产品设计、工艺规划、生产计划、制造执行到使用维护的全过程数字化。通过集成设计和生产，它可帮助企业实现全流程可视化、规划细节、规避问题、闭合环路、优化整个系统。从产品的角度理解数字孪生模型，产品本身的数字孪生模型、制造过程的数字孪生模型以及生产产品的工厂数字孪生模型构成了产品从定义、设计到制造的全流程数字孪生模型。

10.2.1　产品数字孪生模型

从全生命周期的角度分析产品数字孪生体的数据组成、实现方式、作用及目标，其结构如图10-1所示，从设计、工艺、制造、服务、回收五个方面构建五维产品数字孪生模型，构建由底层至顶层，顶层又反馈至底层的闭环模型。

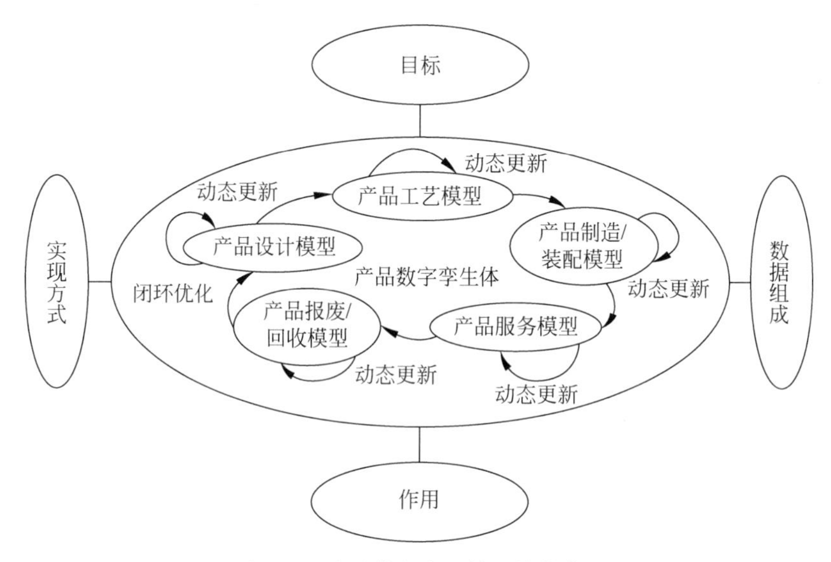

图10-1　产品数字孪生体的结构体系

如图10-2所示，产品数字孪生体的数据组成主要包括产品设计数据、产品工艺数据、产品制造数据、产品服务数据以及产品报废/回收数据等。各部分具体的数据组成如下：产品设计数据，包括产品设计模型、产品设计物料清单（bill of material，BOM）、产品设计文档等；产品工艺数据，包括工艺模型、工艺BOM、工艺设计文档（如工艺卡片、检验/测量要求、关键工序质量控制卡、物料配套表）等；产品制造数据，包括制造BOM、质量数据、技术状态数据、物流数据、检测数据、生产进度数据、逆向过程数据等；产品服务数据，包括产品使用数据、产品维护数据、产品升级数据、产品使用过程监控数据、产品健康预测与分析数据等；产品报废/回收数据，包括产品报废数据、产品回收数据等。需要指出的是，产品数字孪生体不是一个静态模型，而是一个过程模型和动态模型，会随着数据的产生而不断演化。

基于产品全生命周期的阶段划分，产品数字孪生体的实现方式大致可分为以下五步：

（1）产品设计阶段构建一个全三维标注的产品模型，包括三维设计模型、产品制造信息

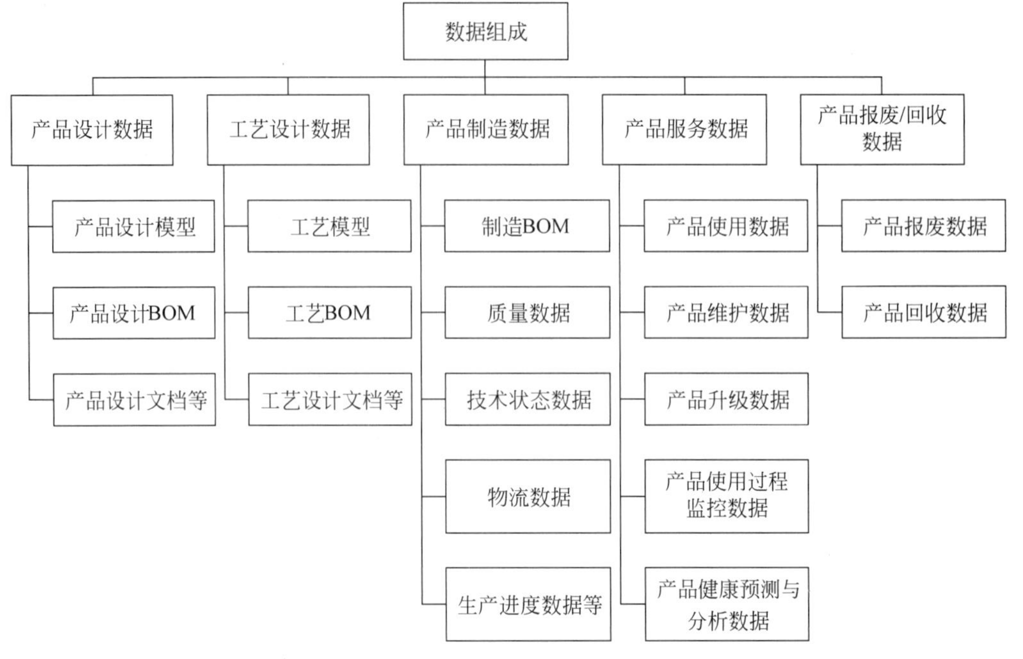

图 10-2 产品数字孪生体数据

(product manufacturing information，PMI)、关联属性等，PMI 包括物理产品的几何尺寸、公差，以及 3D 注释、表面粗糙度、表面处理方法、焊接符号、技术要求、工艺注释和材料明细表等，关联属性包括零件号、坐标系统、材料、版本、日期等。

(2) 工艺设计阶段在三维设计模型、PMI、关联属性的基础上，实现基于三维产品模型的工艺设计，具体实现步骤包括三维设计模型转换、三维工艺过程建模、结构化工艺设计、基于三维模型的工装设计、三维工艺仿真验证以及标准库的建立，最终形成基于数模的工艺规程，具体包括工艺 BOM、三维工艺仿真动画、关联的工艺文字信息和文档。

(3) 产品生产制造阶段主要实现产品档案或产品数据包即制造信息的采集和全要素重建，包括制造 BOM、质量数据、技术状态数据、物流数据、产品检测数据、生产进度数据、逆向过程数据等的采集和重建。

(4) 产品服务阶段主要实现产品的使用和维护，主要指操作、维修、保养，也包括升级和改造。

(5) 产品报废/回收阶段主要记录产品的报废/回收数据，包括产品报废/回收原因、产品报废/回收时间、产品实际寿命等。当产品报废/回收后，该产品数字孪生体所包含的所有模型和数据都将成为同种类型产品组历史数据的一部分进行归档，为下一代产品的设计改进和创新、同类型产品的质量分析及预测、基于物理的产品仿真模型和分析模型的优化等提供数据支持。

综上所述，产品数字孪生体的实现方法有如下特点：面向产品全生命周期，采用单一数据源实现物理空间和信息空间的双向连接；产品档案要确保产品所有的物料都可以追溯(例如实做物料)，也要能够实现质量数据(例如实测尺寸、实测加工/装配误差、实测变形)、技术状态(例如技术指标实测值、实做工艺等)的追溯；在产品制造完成后的服务阶段，仍要实现与物理产品的互联互通，从而实现对物理产品的监控、追踪、行为预测及控制、健康预测与管理等，最终形成一个闭环的产品全生命周期数据管理。

10.2.2　制造数字孪生模型

制造数字孪生模型是在美国国防部提出的信息镜像模型（information mirroring model）的基础上发展而来的，利用制造数字孪生技术可对航空航天飞行器进行健康维护与保障。实现过程是：先在虚拟空间中构建真实飞行器各零部件的模型，并通过在真实飞行器上布置各类传感器，实现飞行器各类数据的采集，实现模型状态与真实状态完全同步，这样在飞行器每次飞行后，根据飞行器结构的现有情况和过往载荷，及时分析与评估飞行器是否需要维修，能否承受下次的任务载荷等。

信息镜像模型如图 10-3 所示，它是数字孪生模型的概念模型，包括三个部分：

（1）真实空间的物理产品；

（2）虚拟空间的虚拟产品；

（3）连接虚拟和真实空间的数据和信息。

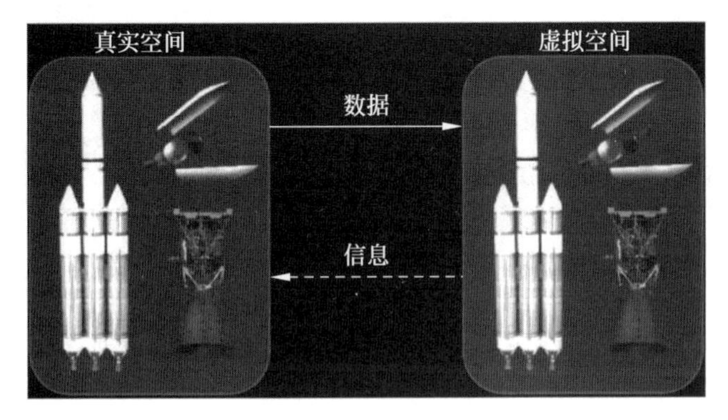

图 10-3　信息镜像模型

数字孪生模型不是一种全新的技术，它具有现有的虚拟制造、数字样机等技术的特征，并以这些技术为基础发展而来。虚拟制造技术（virtual manufacturing technology，VMT）是以虚拟现实和仿真技术为基础的，对产品的设计、生产过程统一建模，在计算机上实现产品从设计、加工和装配、检验、使用及回收整个生命周期的模拟和仿真，从而无须进行样品制造，在产品的设计阶段就可模拟出产品及其性能和制造流程，以此来优化产品的设计质量和制造流程，优化生产管理和资源规划，达到产品开发周期和成本的最小化、产品设计质量的最优化和生产效率最高化，从而形成企业的市场竞争优势。如波音 777，其整机设计、零部件测试、整机装配以及各种环境下的试飞均是在计算机上完成的，其开发周期从过去的 8 年缩短到 5 年；Chrycler 公司与 IBM 公司合作在虚拟制造环境中进行新型车的研制，并在样车生产之前就发现了其定位系统和其他许多设计有缺陷，从而缩短了研制周期。由此可见，虚拟制造的应用将会对未来制造业的发展产生深远的影响。

数字孪生模型更加强调了物理世界和虚拟世界的连接作用，从而做到虚拟世界和真实世界的统一，实现生产和设计之间的闭环。可通过 3D 模型连接物理产品与虚拟产品，而不只是在屏幕上进行显示，3D 模型中还包括从物理产品获得的实际尺寸，这些信息可以与虚拟产品重合并将不同点高亮,以便于人们观察、对比。

10.2.3 工厂数字孪生模型

数字孪生工厂是集成多学科、多物理量、多尺度、多概率的车间仿真过程,在某企业里主要应用以下三种核心技术。

(1) 三维建模仿真技术(如图 10-4 所示):①集成物理建模工具,实现基于三维扫描建模工具的自动化几何建模,提高数字孪生模型构建效率。②集成虚拟现实和可视化技术,提供全新人机交互模式下的车间虚实反馈。

(2) 数据传感交互技术(如图 10-5 所示):①应用基于华为芯片的传感控制技术。②提供基于数字线程技术的智能传感、多传感器融合和分布式控制等服务。

图 10-4 三维仿真建模技术

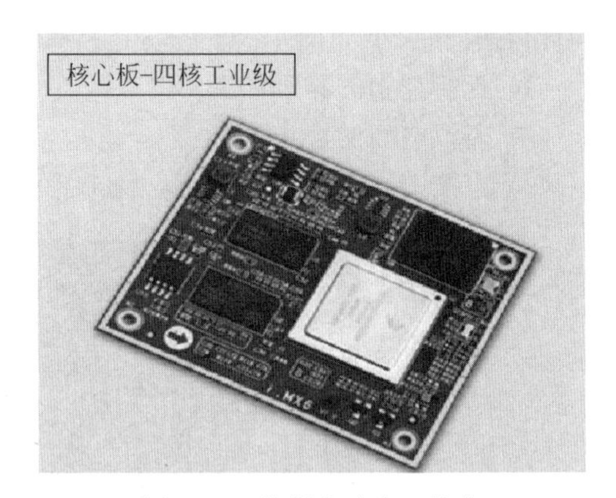

图 10-5 数据传感交互技术

(3) 数据治理技术:①基于传统业务数据集成技术和产品数据集成技术结合数字孪生管理壳技术提供数据治理服务;②提供基于数据孪生基础管理环境下的标识解析、数据管理、模型管理等应用。

10.3 数据驱动的业务场景

数据技术在各个领域中均有应用,而数据驱动的核心是数据,要想促进数据驱动理念在产品全生命周期中落地应用,就必须结合智能制造服务、制造物联、制造大数据等方面的研究基础和认识。下面围绕产品生产生命周期的各个阶段,介绍数据技术在智能产品设计、智能生产调度、智能物流规划、智能工艺规划和产品质量控制五个方面的应用。

10.3.1 智能产品设计

1. 业务描述

随着社会经济快速发展和人民生活水平大幅提升,客户个性化需求日益凸显。与此同时,信息技术飞速发展推动企业制造和服务能力显著增强,数据已成为有效且高效满足个性化需求的关键驱动要素。现代鞋子是一个从大批量通用化设计到大数据驱动个性化设计的典型案例。相比传统鞋子,智能鞋子是一款完全基于人体全数据开发的个性化产品,同时能够兼顾企业的大规模制造要求。根据数据驱动产品大规模个性化设计方法框架，整款产品设计分为全数据采集、数据驱动创新设计、虚拟样机展示、物理样机测试、产品制造与配送、产品使用检测6个环节。

2. 解决方案

针对数据驱动的产品大规模个性化智能鞋子设计的需求，以流程为导向，建立了相应的研究框架，如图10-6所示。该研究框架主要包含以下环节：

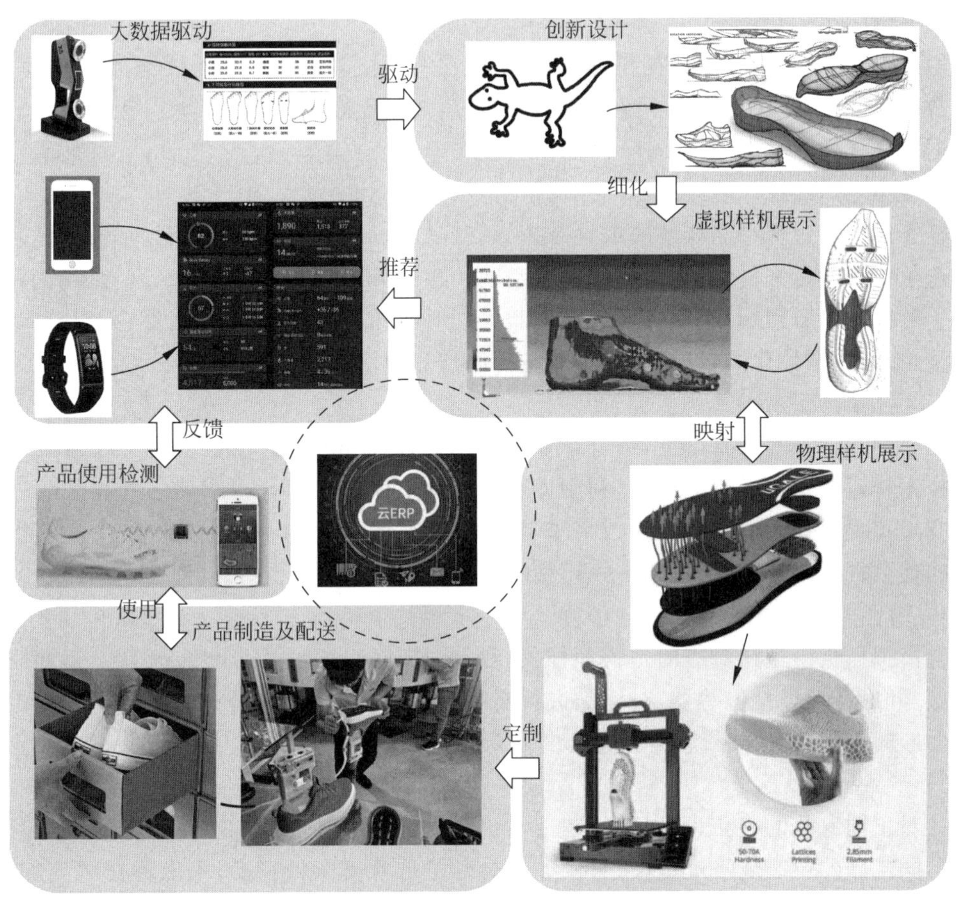

图10-6　数据驱动鞋子产品个性化设计案例框架

(1) 针对个性化设计通过市场调研对数据来源进行分类，并对数据获取渠道进行遴选及其数据特点进行分析。

(2) 通过结合自然语言处理、机器学习、神经网络、关联规则等算法对数据进行切割、打标、匹配，分别利用统计方法及时间序列对变量进行评价及预测。

(3) 考虑到产品创新性及详细设计阶段参数优化的需要，融合质量屋、创新方法、价值理论、结构矩阵等设计方法及参数优化、模块设计等优化方法，结合前述数据分析结果对个性化设计过程中的功能、原理及结构进行映射，对最终设计方案进行评价，并推荐给用户，以得到反馈。

(4) 设计过程还会融合多样化展示功能，即通过虚拟仿真、虚拟样机、3D打印等多样化手段提高设计过程的展示性，进一步改善设计过程的人机交互性，提高设计效率。

(5) 为了实现数据驱动与产品设计的有效融合，最后构建开放式设计平台生态系统，该系统可以同时融合数据端和设计端，具有多样化接口，不仅可以实现多源异构数据的输入、输出及存储，还能够实现多模态数据的并行处理，而且支持多样化设计理论模块协同的功能，实现设计过程的兼容性，具有针对方案需求建立数字孪生模型的能力。

3. 应用情况

1) 全数据采集

通过位移传感器、脚型扫描仪、电商网络爬虫等手段采集用户基本数据、偏好数据、脚步运动数据、运动者生理数据等个性化信息，最终生成涵盖脚部全部外形尺寸及人体全天候运动数据的数据库。

2) 数据驱动创新

鞋子的设计过程中需要解决触地摩擦力、舒适性、鞋底弯曲力等方面的问题，同时需要规避竞争对手的专利雷池，为此利用爬行动物仿生学知识库、科学效应库、企业数据库等解决鞋子的技术矛盾问题，进而实现产品创新。同时兼顾产品制造成本，对颜色及鞋底参数进行调整，在满足个性化需求的基础上，尽量提高产品通用性水平。

3) 虚拟样机展示

在早期设计方案的基础上，结合计算机辅助设计(computer aided design, CAD)二维及三维技术构建鞋子的虚拟样机，并利用计算机辅助工程(computer aided engineering, CAE)技术及虚拟现实技术构建鞋子的数字孪生模型，通过多路况、多场景、多人群的仿真测试，对鞋子的参数进行调整，并映射到实体模型中。

4) 物理样机测试

与虚拟样机模型相对应的是物理样机，利用 3D 打印技术及智能装配系统实现样品快速成型，并融合多类型传感器，对样品进行实际测试，最大化保证设计方案的可靠性。测试数据会即时传输到云端系统，并对虚拟样机模型进行即时调整，可以提高研发效率。

5) 产品制造及配送

针对不同参数的产品，利用柔性制造系统对鞋子进行粘贴、填充、传感器嵌入、包装等，并对不同产品的包装规格进行设计，例如针对鞋子形状复杂的特点，采取泡沫填充的方法，一方面保证了封装的贴合性，另一方面降低了包装的成本，从物流上进一步降低成本。

6) 产品使用检测

通过在智能鞋子中嵌入传感器，借助移动终端可以即时收集用户的运动及人体数据，并反馈到产品研发、制造中心，对现有产品状况进行反馈，同时可以对鞋子参数进行调整，使其能够进一步贴合用户实际需求，从产品智能化角度实现个性化设计。

10.3.2 智能生产调度

生产调度可以为企业安排生产活动，解决生产资源的最优安排问题，并为计划执行和控制提供指导。它直接决定了生产任务是否能稳定和有序地执行，特别是良好的生产调度，往往能够预先解决或者快速响应生产过程中的各种干扰，帮助缩短产品制造周期、减少在制品库存、保证准时交货。具体来说，在产品结构复杂、工艺环节多样、协作关系复杂等生产特点下，容易出现订单插单、设备故障、人员缺班等扰动事件，会对生产过程产生不利影响。但是传统基于机理的生产调度方法，由于机理模型结构固化且在应用时是相互独立的，难以准确描述实际调度问题中工艺、参数的数据特征和运行规律，也很难深层次挖掘扰动事件的影响机理，使得生产调度的全局性和响应能力都受到制约。随着数据技术的迅速发展，各类数据感知、预处理、分析、挖掘、可视化、计算、储存与管理、安全等技术开始被广泛应用到生产调度过程中，在构建工厂数字孪生模型的基础上，形成智能生产调度方法。在数据技术使能下，智能生产调度方法可以主动感知物理世界的生产状态，以实时数据驱动工厂数字孪生模型，通过仿真、学习方式进行生产状态分析、调度方案优化和调度决策评估，从而实现智能生产调度决策、快速响应动态扰动，帮助提高生产效率和降低生产成本。

以结构件生产调度为应用背景，由于在实际的结构件生产管理过程中车间资源、任务多，工艺约束复杂，调度方案的制定仍主要依赖于人工经验：调度人员以标准值或经验值为输入确定生产参数取值，针对特定的目标(通常是交付期)逆推得到任务排序，再通过任务开始时间的局部调整消解设备冲突，最后根据经验在调度方案中加入时间冗余以应对生产过程中的不确定性影响。这种以人工经验为基础的调度模式，其本质只是生成大致满足生产约束的可行解，无法有效保证调度方案的性能。此外，由于缺乏对生产过程不确定性的科学分析，调度方案在实际执行过程中往往会发生偏离，这就导致原调度方案难以按期执行，通过人为调整后的调度方案其整体性能又变得不可控。因此，亟须综合应用数据技术，提高结构件生产调度优化水平，确保调度过程的有效性和鲁棒性。具体智能生产调度的解决方案流程框架如图 10-7 所示。

(1) 通过在工厂现场部署物联网，运用传感器、PLC、监控设备、数字化测量设备、RFID 等数据感知技术，对整个结构件生产过程的物料清单表(bill of material，BOM)、零部件型号等产品数据，人员配置和设备信息等资源数据，以及配套的物料、工装、人员等生产现场相关数据进行全面采集。

(2) 利用数据清洗、数据转换、数据集成、数据归约等数据预处理方法提高所感知的生产数据的质量，并将其组织成合理的数据形态。并通过对航天结构件产品、设备、人员等关键要素进行数字孪生建模，构建工厂数字孪生模型，利用所感知且预处理后的生产数据驱动孪生工厂对物理工厂生产运行的实时映射与虚实交互。

(3) 在工厂数字孪生模型支撑下，针对航天结构件生产过程涉及工序多、设备多、工艺类型多样等特点，对影响调度方案性能的千余个工序参数，可以利用基于 SHAP 值量度的数据相关分析方法，识别关键生产参数。此外，可以利用核密度函数建立不确定性参数区间的数据统计方法，构建调度过程的约束规划模型，分析调度优化目标对生产参数变化的敏感性，为调度评价和鲁棒优化提供关联基础。

(4) 在数据分析基础上，建立表示调度方案结构特征的拓展析取图，设计基于条件图卷积网络结构的数据挖掘技术，以工厂数字孪生模型形成训练数据，描述不确定性影响沿不同维度的信息传递过程，实现调度方案的鲁棒性评价。综合利用关键参数区间分布与调度方案评价方法，主要考虑产品的最大完工时间、工序开始时间偏离度和交付时间偏离度三个调度鲁棒性指标，设计满足工艺约束、提高调度鲁棒性的动态师徒进化算法(dynamic master-apprentice evolutionary，DMAE)，实现不确定环境下航天结构件生产过程的持续动态优化。

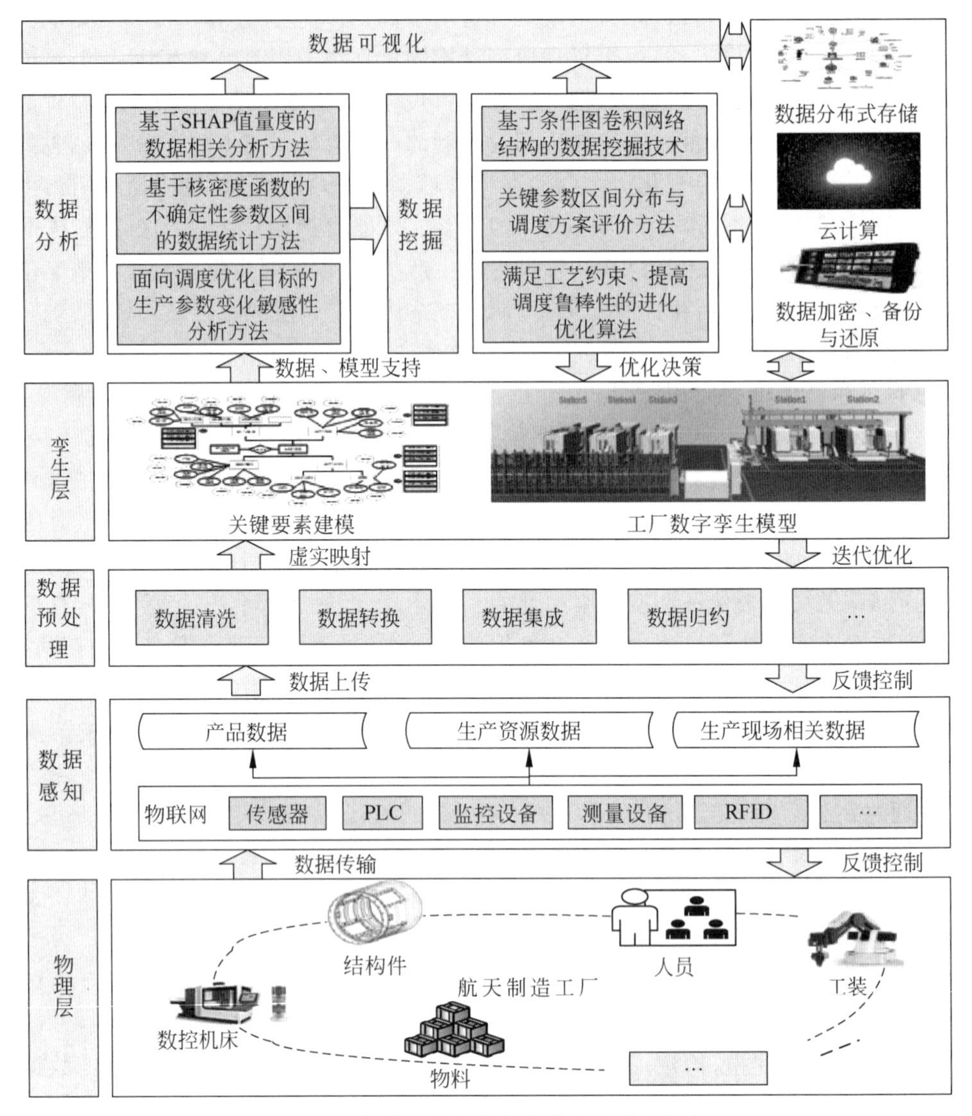

图 10-7　智能生产调度的解决方案流程框架

(5) 针对调度方案及其执行过程，利用数据可视化技术进行生动形象的交互展示。同时，利用数据分布式存储与云计算，支撑工厂数字孪生模型动态仿真与实时分析，并利用数据加密、备份与还原技术，保障在航天企业的安全可控应用。

基于上述提出的智能生产调度解决方案，根据某航天制造企业结构件加工车间 2020 年 6—12 月的投产计划进行鲁棒调度排产和应用效果验证。在验证工厂数字孪生模型有效性的基础上，根据各型号产品生产过程历史数据，通过设置关键参数比重(测试中选择 50%)选择关键参数，再根据参数类型通过核密度方法确定其柔性不确定区间范围(分别测试了 70%和 80%置信水平下的区间范围)；以生产参数的柔性不确定区间为输入，选择仿真训练得到的条件图卷积网络模型作为调度方案鲁棒性评价的代理模型；调用 DMAE 算法，设置算法参数，最终生成鲁棒调度方案。针对测试区间内的 5 类结构件产品，对比实际调度方案，统计结果如图 10-8 所示。

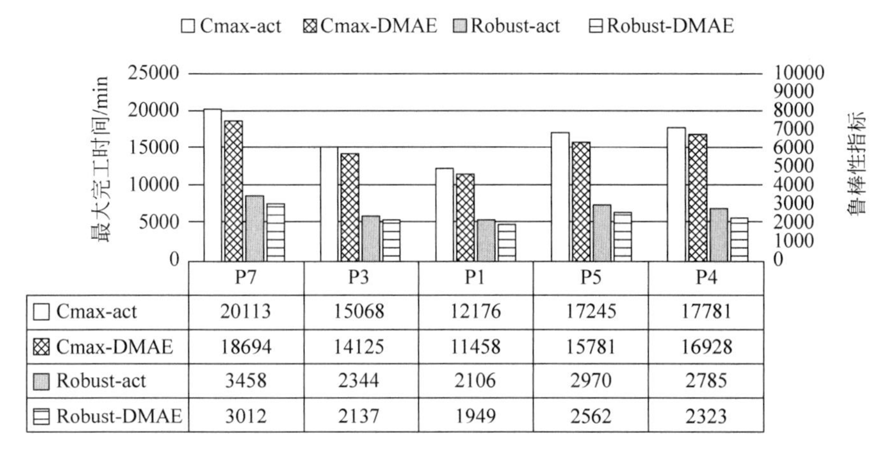

	P7	P3	P1	P5	P4
Cmax-act	20113	15068	12176	17245	17781
Cmax-DMAE	18694	14125	11458	15781	16928
Robust-act	3458	2344	2106	2970	2785
Robust-DMAE	3012	2137	1949	2562	2323

图 10-8 智能生产调度性能分析

其中,Cmax-act 表示实际调度方案对应的最大完工时间,Cmax-DMAE 表示数据技术使能下得到的鲁棒调度方案对应的最大完工时间,Robust-act 表示实际调度方案对应的鲁棒性指标值(工序开始时间偏离度+交付时间偏离度),Robust-DMAE 表示数据技术使能下得到的鲁棒调度方案对应的鲁棒性指标值。可以看出,由智能生产调度解决方案得到的鲁棒优化解在最大完工时间和鲁棒性两个优化指标方面均全面优于实际调度方案,有效提升了航天结构件生产系统的效率和鲁棒性。

10.3.3 智能物流规划

车间物流配送系统是指协调生产过程中物料、半成品等的存储在仓库与生产车间之间、生产车间内流水线之间、不同工位之间的流动的系统,它是现代车间制造系统的重要部分,其运行状态与生产车间的整体性能息息相关。

随着生产车间的自动化需求提升和相关技术的发展,生产物流配送系统经历了从早期的人工搬运,到物流设备的辅助搬运,再到无人自动化搬运,以及现在的智能配送的过程。传统的车间智能物流配送,存在物流效率低下、实物流转易与信息流脱节、生产线实时需求难以获取导致物料配送不及时等不足。随着数据技术的发展,特别是数据采集、数据传输、数据处理等技术的突破,为智能物流配送系统的改进带来了新的思路。在数据技术的支撑下,构建工厂数字孪生模型和智能数据处理中心,建立数据赋能的智能物流配送系统,通过实时的数据传输与数据更新,实现智能物流的快速响应和动态配送,可以有效提升整个车间的生产效率。

下面以晶圆制造厂中的 Intrabay 物料运输配送系统为应用场景进行分析,如图 10-9 所示。该系统具有大规模、随机、实时性和多目标等特征。考虑物料搬运过程中的临时性堵塞、晶圆卡搬运死锁和晶圆卡的工序间时效性约束,传统的物料配送系统以晶圆卡被小车搬运时间、晶圆卡总的运输时间、运输小车搬运量、运输小车利用率、晶圆产出量、晶圆加工周期、Intrabay 系统在制品和晶圆交货期满足率等为优化目标,进行实时、多目标的物流配送优化。该系统能够在一定程度上满足 Intrabay 物料运输配送系统的需求,但仍存在着响应速度不足、鲁棒性较低等问题。

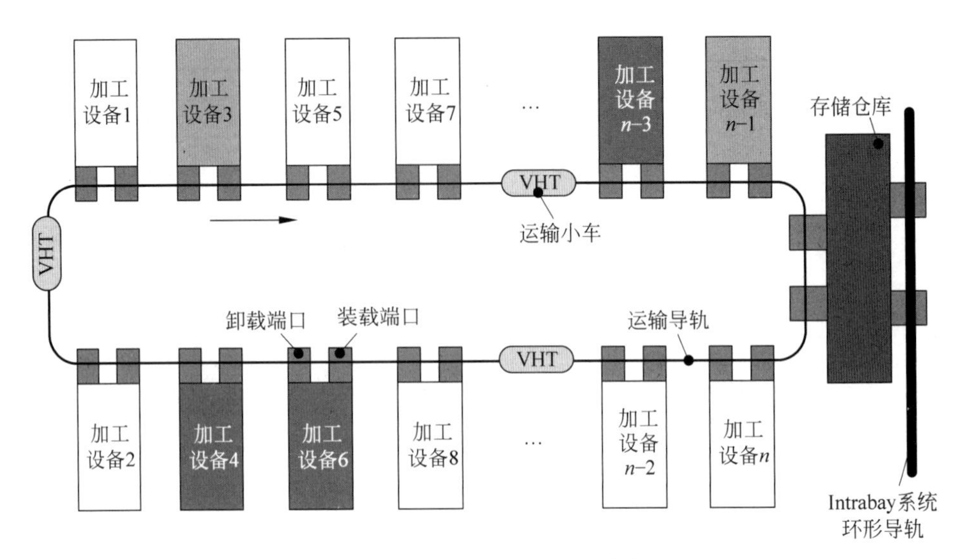

图 10-9 Intrabay 物料运输系统布局

因此，需要通过数据技术的综合应用(见图 10-10)，突破传统方法存在的不足，提高 Intrabay 物料运输配送系统的效率和鲁棒性。

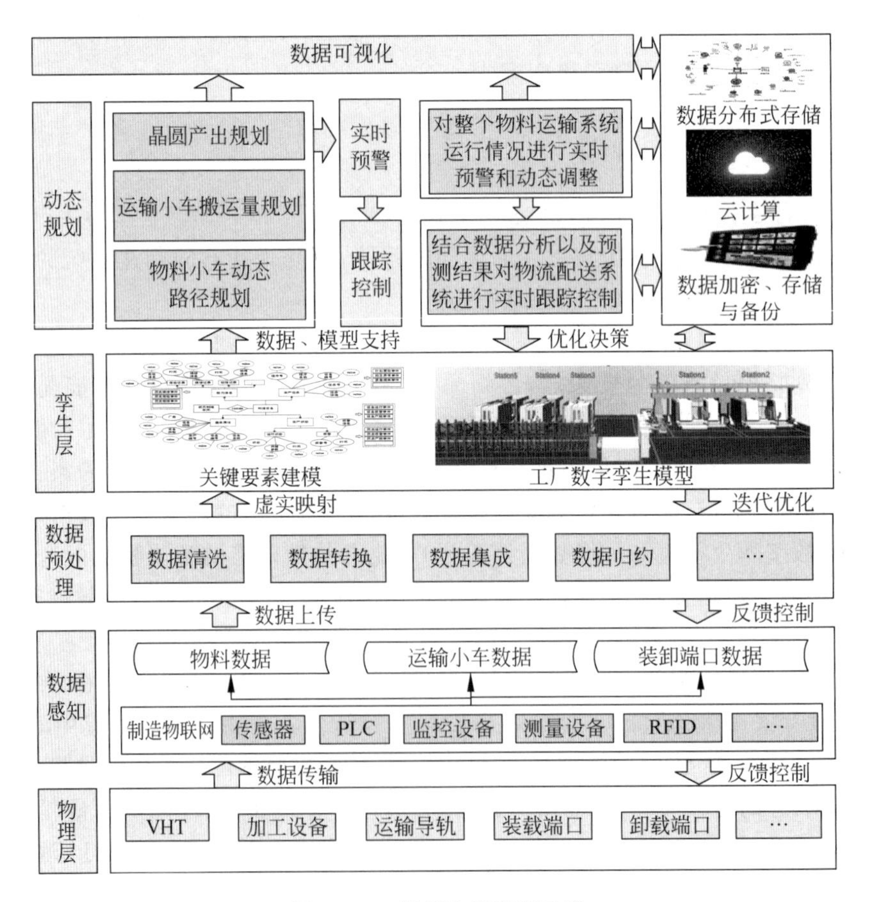

图 10-10 智能物流配送系统

(1) 将智能传感器、智能仪表、RFID读写器和二维码扫描仪等部署在Intrabay物料运输系统的运输导轨、存储仓库、加工设备装/卸端口和运输小车上，使用数据感知技术对相关设备和物料进行实时的数据采集。

(2) 利用数据清洗、数据转换、数据集成、数据归约等数据预处理方法提高所采集的物流过程数据的质量，并将其组织成合理的数据形态，同时对参与物流配送过程的要素进行数字孪生建模，构建工厂数字孪生模型中的物流配送部分，利用实时数据传送与处理形成物理工厂中物流配送的数字映射，实现动态、实时的虚实交互。

(3) 在数字孪生模型的支撑下，针对Intrabay物料运输系统的时效性、随机性和多目标等特征进行实时监控，并利用相关算法进行动态规划，比如物料小车的动态路径规划、运输小车搬运量的规划、晶圆的产出规划等。

(4) 在实时数据传输和分析的基础上，对整个物料运输系统的运行情况进行多步预测，实现实时预警和动态调整，以此提高整个系统的鲁棒性。

(5) 根据数据分析以及预测的结果，对物流配送系统进行实时跟踪控制，并将控制后的结果反馈给数字孪生模型系统，同时利用数据可视化技术进行实时、生动形象的交互展示。整个智能配送过程中的所有要素数据，将通过分布式储存和云计算技术进行加密、储存和备份，以便于后续的事故还原和故障排查，形成智能物流配送系统的闭环运行。

10.3.4 智能工艺规划

1. 业务描述

产品工艺规划是生产活动安排的前提，对产品的生产质量和效率影响重大，下面以复杂航天薄壁件的制造为背景介绍数据驱动的智能工艺规划技术。目前在航天结构件的数控加工工艺编制阶段，仍然保留“二维工艺为主，三维模型为辅”的模式，三维模型仅在计算机辅助编制NC程序时使用，二维图纸和工艺卡片仍然扮演着重要的角色。当前航天结构件的数控加工工艺模型存在如下工程问题：

(1) 二维工程图无法直观表达圆筒形结构件的数控加工工艺内容；

(2) 大量的孔、腔特征造成三维数控加工工艺建模效率低；

(3) 制造特征间的复杂关联导致数控加工参数和加工路径决策难度大。

因此，亟须转变现有的数控加工工艺编制模式，推进建模过程的三维数字化、自动化和智能化，提升数控加工工艺的编制效率和质量。

2. 解决方案

针对制造特征识别、工艺模型重用、加工路径规划等存在的难点，建立航天产品结构件的三维数控加工工艺模型快速生成体系架构。如图10-11所示，整个体系的输入为新零件的三维设计模型和已有的工艺模型案例库，最终生成三维数控加工工艺模型。

首先，设计航天结构件基于层次式属性邻接矩阵的混合相交特征识别方法。三维数控加工工艺模型的快速生成要求对结构件上数量庞大的数控加工对象——制造特征——实现自动识别与提取，利用数据感知技术中多传感器和数据采集技术，以层次式属性邻接矩阵对航天产品结构件包含的典型制造特征进行全面的信息描述，在此基础上设计针对凹-凸混合相交特征的识别算法，最终输出特征识别结果到后续环节。将制造特征识别结果与三维标

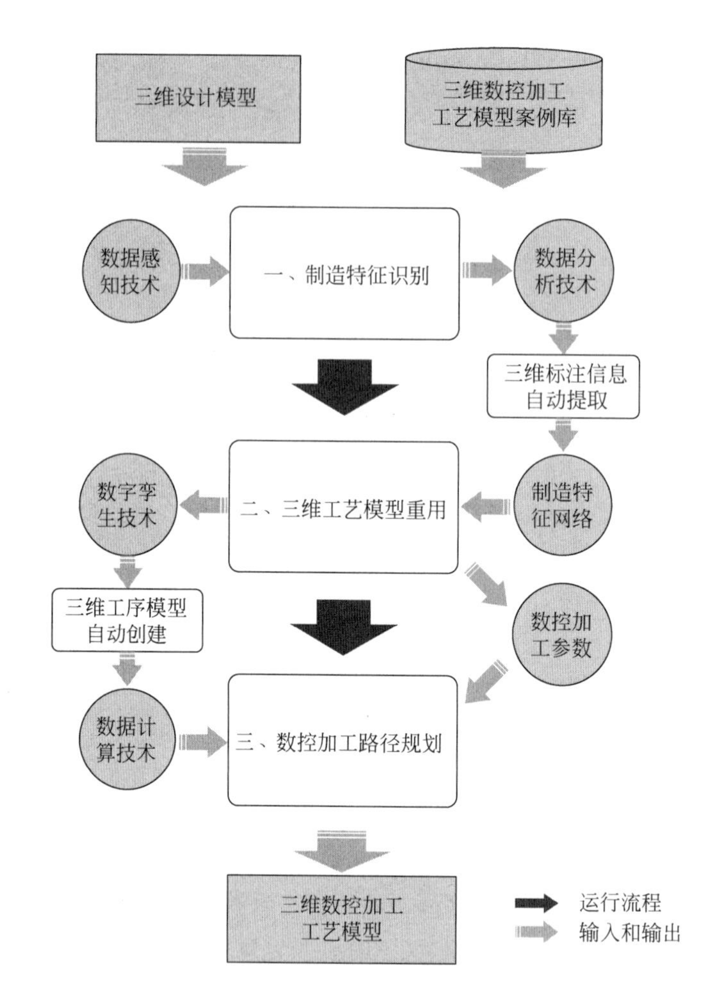

图 10-11　三维数控加工工艺模型快速生成方法体系

注自动提取结果相结合，可以构建与每个零件一一对应的制造特征网络，并以其为索引建立三维数控加工工艺模型案例库，从而支持工艺经验的积累和工艺信息的重用。

其次，构建基于制造特征网络的三维数控加工工艺模型重用方法。制造特征网络全面描述了零件的形状结构、设计尺寸、公差、表面精度等影响工艺决策的信息，因此，提出基于制造特征网络的工艺模型检索方法，通过制造特征网络的相似性匹配为成组加工工序序列、制造资源配置方案和数控加工参数的重用提供参考。制造特征的成组加工工序序列确定后，通过数字可视化的自动建模技术，快速创建每道工序对应的三维工序模型，作为 NC 编程的数字孪生参考模型，连同数控加工参数的重用结果输入到第三部分中。

最后，生成大规模腔体特征集合的数控加工路径智能规划方法。数控加工对象的加工表面可通过制造特征识别自动获取，相似零件的数控加工参数可以重用，但由于局部结构的差异，每道工序的 NC 程序需要重新编制。因此，提出大规模制造特征网络的数控加工路径规划计算方法，着重研究较为复杂的壁板加工路径优化问题，利用数据计算平台快速优化并生成其 NC 程序，最终完成整个三维数控加工工艺模型的构建。

3. 应用情况

通过三维数控加工工艺模型快速生成方法体系的优化，得到壁板零件制造特征识别的效果图如图10-12所示。通过单击“加工特征”菜单栏的“特征识别”按钮，利用MFC窗口显示结构件制造特征识别结果，界面展示信息包含特征编号、判定类型、所含表面的编号等。单击对应的特征编号还可获得构成制造特征面组的具体信息，如底面、侧面等相关信息。同时，界面集成了选定特征高亮显示、全部特征高亮显示等功能，在点选特征时，可以高亮显示壁板上所有104个被识别的腔体特征。

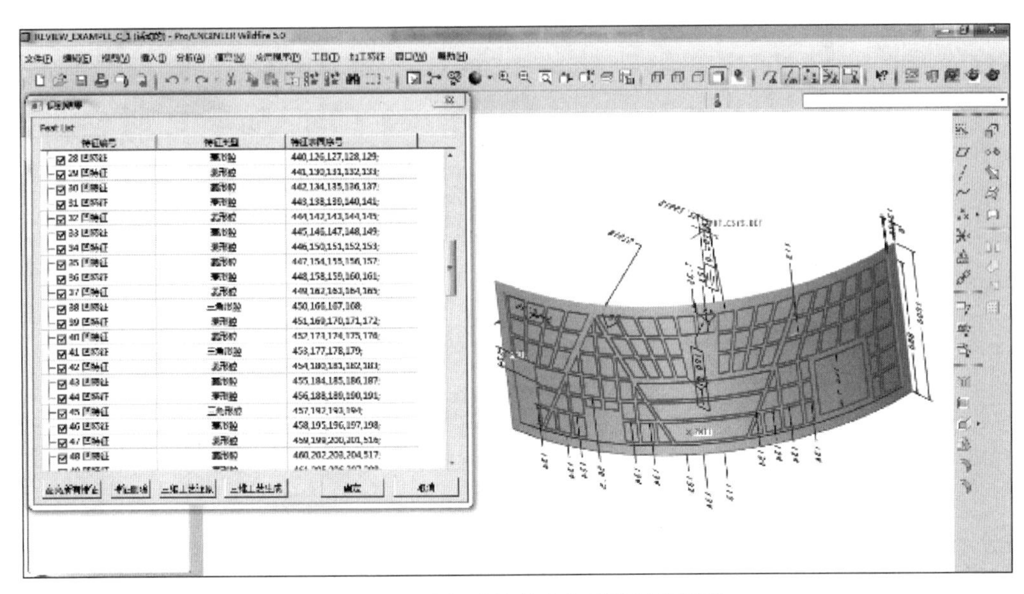

图10-12　壁板零件制造特征识别效果图

在三维工序模型重用方面，相似三维模型检索的功能界面可以给出三个历史工艺案例库中与查询零件相似度最高的三个零件，可在人机交互界面勾选需要重用的零件，单击“确定”按钮进入下一个步骤。选择了重用模型之后，进入工序序列的修改环节，如图10-13(a)所示，弹出窗口左边为当前零件的制造特征识别结果，右边为从重用模型继承得到的工序序列。工序序列在初始时只包含能够匹配的制造特征，对于其他未匹配的部分，可以按照操作步骤添加到工序序列中的指定位置。工艺重用的最后一步为制造特征数控加工参数的制定。可匹配的制造特征的数控加工参数都能从重用模型中继承得到，如图10-13(b)所示，对于未匹配的和需要调整数控加工参数的制造特征，弹出数控加工参数编辑页面。

NC程序是数控加工工艺设计阶段向制造阶段输出的核心内容。在航天结构件的工序流程确定之后，需要规划每道工序包含的所有制造特征的数控加工路径，进而完成NC程序的生成。航天结构件的制造特征数量庞大、尺寸不一、形状各异，其数控加工路径难以进行优化。将航天壁板的大规模腔体特征集合的加工路径规划问题抽象为带分区约束的非对称广义旅行商问题(AGTSP)，考虑到蚁群算法与AGTSP问题的契合性，提出一种最大最小蚁群系统与局部搜索相结合的求解方法，对加工路径进行智能规划，有效提高了加工效率，如图10-14所示。

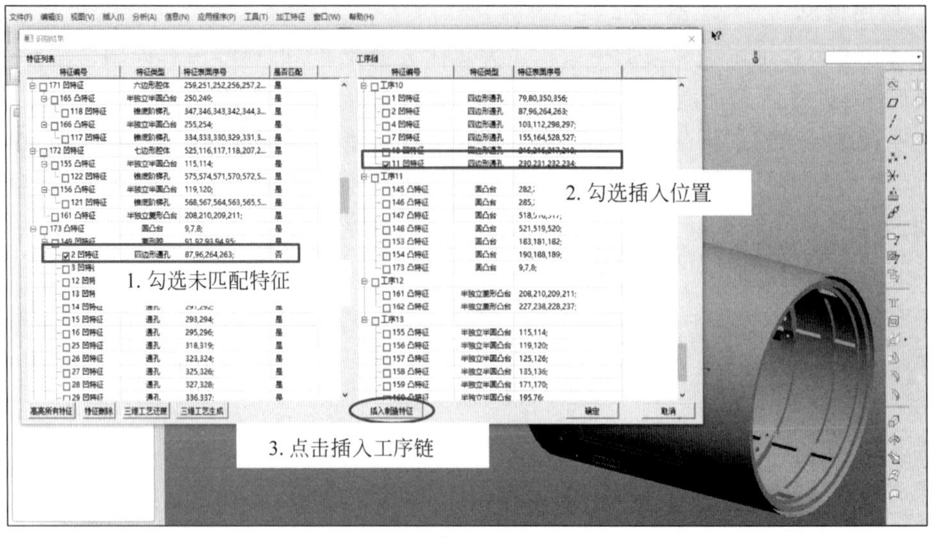

(a)

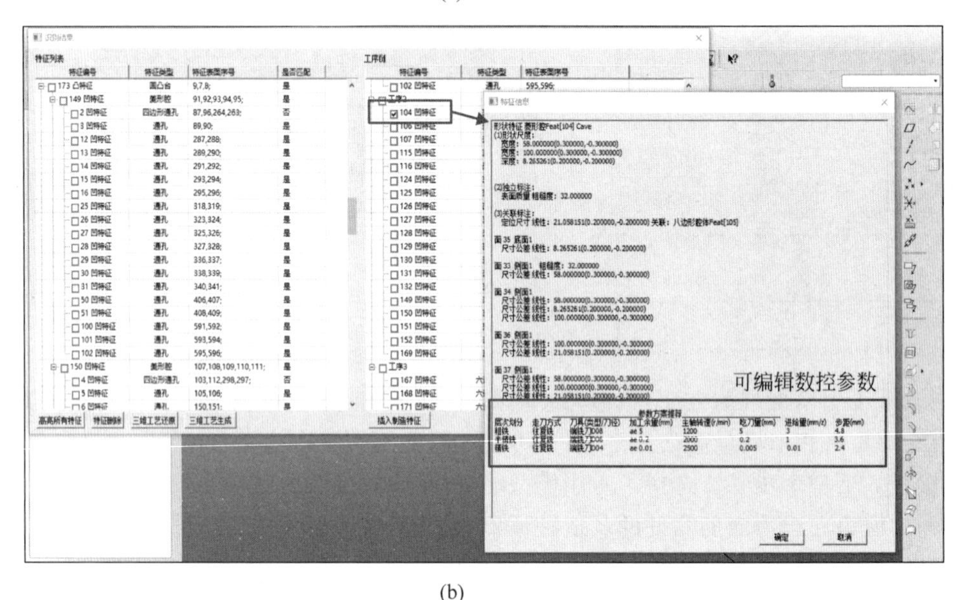

(b)

图 10-13　工艺模型重用数控加工参数修改界面

(a) 现有模型工序序列；(b) 重用模型的数控参数编辑页面

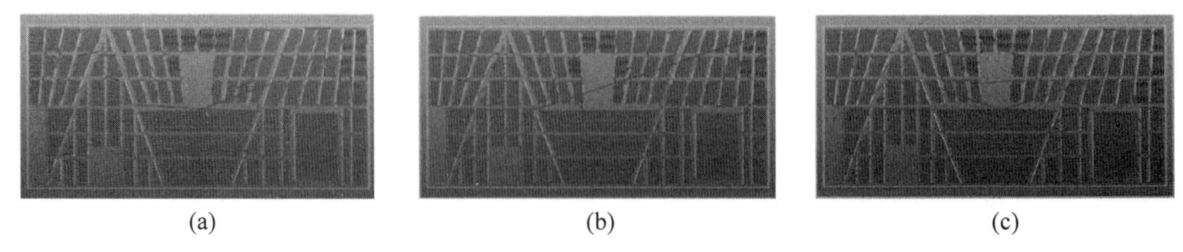

(a)　(b)　(c)

图 10-14　不同算法对壁板数控加工路径的优化效果

(a) CO-HMMAS 算法；(b) CO-HMMAS(1)算法；(c) CO-HMMAS(2)算法

10.3.5 产品质量控制

1. 业务描述

在产品生产过程中，除了需要通过调度实现生产效率的提升，还需要采用合理的质量控制方法以保障产品质量。质量控制包括产品制造过程中的测试/检测和产品质量分析与追溯，是针对被测对象某种或某些状态参量进行的实时或非实时的定性或定量测量，是各项生产活动正常有序、高效高质进行的必要保障。

以纺织面料的质量控制为例，在纺织行业，复杂花纹面料造价不菲，其疵点将直接影响布匹的价格与质量。疵点检测困难问题是行业里的公认难题，采用人工肉眼检测的方式不仅耗费人力物力，而且容易由于人的用眼疲劳造成漏检，而面料疵点的在线检测在织造过程中边织边检，通过机器视觉检测的方式可以有效应对此问题。

2. 解决方案

针对面料疵点受复杂纹理背景信息干扰、缺陷形态多样性、检测实时性要求高等难点，使用数据驱动的复杂花纹面料缺陷检测方法。如图 10-15 所示，首先需要通过数据采集技术获得花纹面料的疵点数据，再通过数据挖掘技术实现疵点检测。

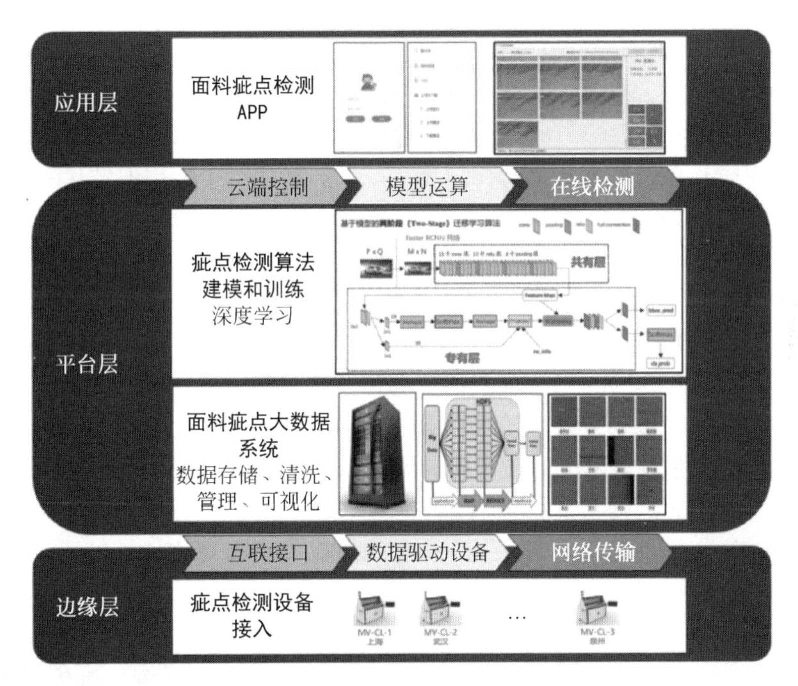

图 10-15　数据驱动的复杂花纹面料缺陷检测方法

针对花纹面料的疵点检测问题，设计基于视觉传感器的感知方案，采集面料图像信息，如图 10-16 所示。图像采集装置包括高速线扫描相机、面料输送机构、人机交互系统等。在采集图像的基础上，通过数据标注、数据匹配等方法，对数据进行预处理。

在数据采集与处理的基础上，提出基于深度学习的复杂花纹面料疵点与背景纹理分离方法，通过产品缺陷图像采样匹配获取背景纹理先验信息，也就是最小周期花纹模板，在第

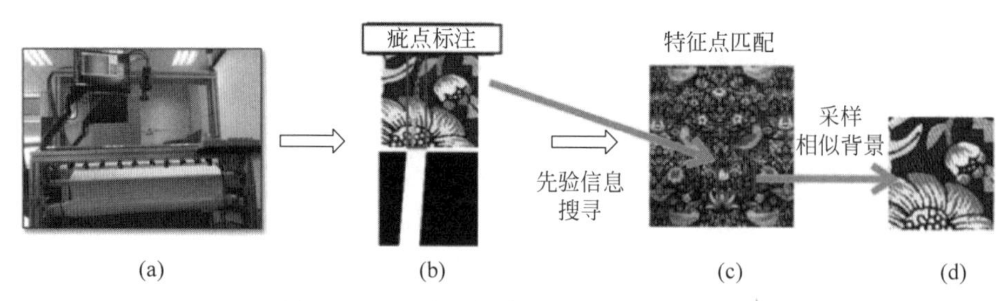

图 10-16　面向面料疵点检测的数据采集
(a) 边缘端采集面料图像；(b) 图像数据标注；(c) 背景纹理先验信息匹配；(d) 花纹模板图像截取

一阶段进行花纹模板图像的准确定位，在第二阶段实现花纹模板图像的精准截取。提取与分离面料疵点与背景纹理特征，降低背景纹理噪声对疵点检测的干扰。

所提出的数据挖掘模型可根据不同形态缺陷选择性采样，提取缺陷形态特征。在提取缺陷特征时，针对多形态疵点研究自适应特征提取要求，在卷积神经网络的基础上，引入带选择性采样机制的疵点特征提取方法，设计不同形态缺陷下特征提取算子的差异化学习机制，实现不同形态疵点信息的高效提取，保证检测模型的精度。

3. 应用情况

采用数据驱动的复杂花纹面料缺陷检测方法，得到复杂花纹面料疵点与背景纹理分离的效果如图 10-17 所示。采用提出的基于花纹特征点位置分析的面料花纹模板图像定位方法，首先消除由于图像花纹全局图像相似导致的错误匹配点，经过算法处理后，可以在最小周期模板中确定待检面料的花纹模板图像位置。利用局部三角形相似性比对对局部错误匹配点进行消除，再对截取到的花纹模板区域进行形变消除处理，最终得到面料花纹图像的匹配结果。如表 10-1 所示，三类印花面料采集照片中，树叶印花面料采集到正常样本数量 804 张，具有疵点的面料样本数量 212 张，其将正常样本检测为疵点的共 3 张，误检率为 0.37%，将具有疵点的样本检测为正常样本的共 10 张，漏检率为 4.72%；小花朵印花面料采集到正常样本数量 1136 张，具有疵点的面料样本数量 314 张，其将正常样本检测为疵点的共 7 张，误检率为 0.62%，将具有疵点的样本检测为正常样本的共 21 张，漏检率为 6.69%；黄色花朵印花面料采集到正常样本数量 938 张，具有疵点的面料样本数量 208 张，其将正常样本检测为疵点的共 2 张，误检率为 0.21%，将具有疵点的样本检测为正常样本的共 6 张，漏检率为 2.88%。总体而言，系统检测误检率保持在 1%以下，漏检率保持在 10%以下，满足复杂花纹面料疵点检测准确率的要求。

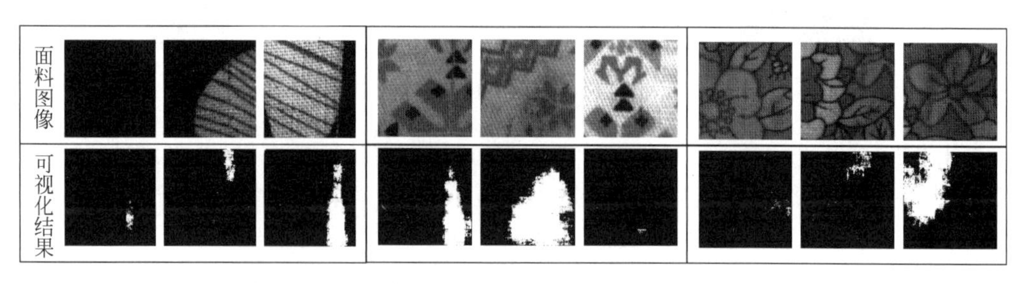

图 10-17　三种复杂花纹面料疵点与背景纹理分离效果

表 10-1 印花面料实际检测结果

面料种类	正常样本数/张	疵点样本数/张	误检率/%	漏检率/%
树叶面料	804	212	0.37	4.72
小花朵面料	1136	314	0.62	6.69
黄色花朵面料	938	208	0.21	2.88

10.4 应用案例

基于纺织智能制造的具体需求，以及信息物理融合技术与大数据技术在纺织智能制造中的核心地位，本节将介绍由大数据驱动的纺织智能制造平台体系架构，阐述横向集成、纵向集成与端到端集成3项智能制造工作，以及基于大数据平台的研发设计智能化、生产组织智能化以及销售与售后服务智能化等应用场景。

参照工业4.0参考架构模型和中国智能制造标准化参考模型，可知纺织智能制造体系应该是考虑了产品全生命周期、多个阶段价值链和多层次系统架构的多维度建设工作：

(1) 需要包括产品设计、生产制造、物流输送、市场销售和售后服务等纺织产品全生命周期的各个环节；

(2) 需要实现资源配置、系统集成、互联互通、信息融合和新兴业态的纺织制造价值不断提升；

(3) 需要完成设备层、控制层、管理层、企业层、网络层等系统层次化架构的全面构建与实现。

在满足以上智能制造建设需求的过程中，信息物理融合系统(简称CPS)起着十分重要的作用。在利用物联网技术全面互连纺织制造过程各加工工序设备的基础上，CPS系统在将纺织原料转换为智能产品的过程中，通过接入服务互联网，实现产品智能设计、设备智能维护、质量智能控制、生产智能调度、物流智能规划等一系列智能服务功能，帮助纺织产品制造过程从自动化逐步提升为智能化和服务化。

纺织智能制造平台体系架构如图10-18所示(图中，ERP系统是企业资源计划系统的简称，PDM系统是产品数据管理系统的简称)。其中，横向集成实现纺织生产车间及纺织供应链的协同优化；纵向集成实现制造过程的互联化、数据化、信息化、知识化和智能化；端到端集成实现企业不同部门之间协同管理。

纺织行业智能制造的横向集成指面向纺织产品的生产流程，实现物料、信息的全面集成，其可分为企业间横向集成与企业内横向集成两部分。纺织过程中的纵向集成包括制造服务封装、制造服务平台构建与制造服务配置3个层次的纵向集成架构。在纺织产品的智能制造中，客户将参与到产品的设计和生产中来，全产业链进行了更紧密的整合。在纺织车间的端到端集成基于高效的大数据处理技术，将供应商、销售商、客户、织物的应用环境与生产环境进行集成，快速、高效地完成织物设计、织物织造与染整、售后服务、信息反馈和织物回收，这使得纺织产品的大规模定制成为可能。

基于3个集成工作，纺织智能制造体系需要实现多种业务场景下的应用，提升产品全生产周期中的智能化水平，如图10-19所示。图中，CAM是计算机辅助制造的简称，CAPP是计算机辅助工艺过程设计的简称，CAD是计算机辅助设计的简称，SDM是安全设备管理器的简称。

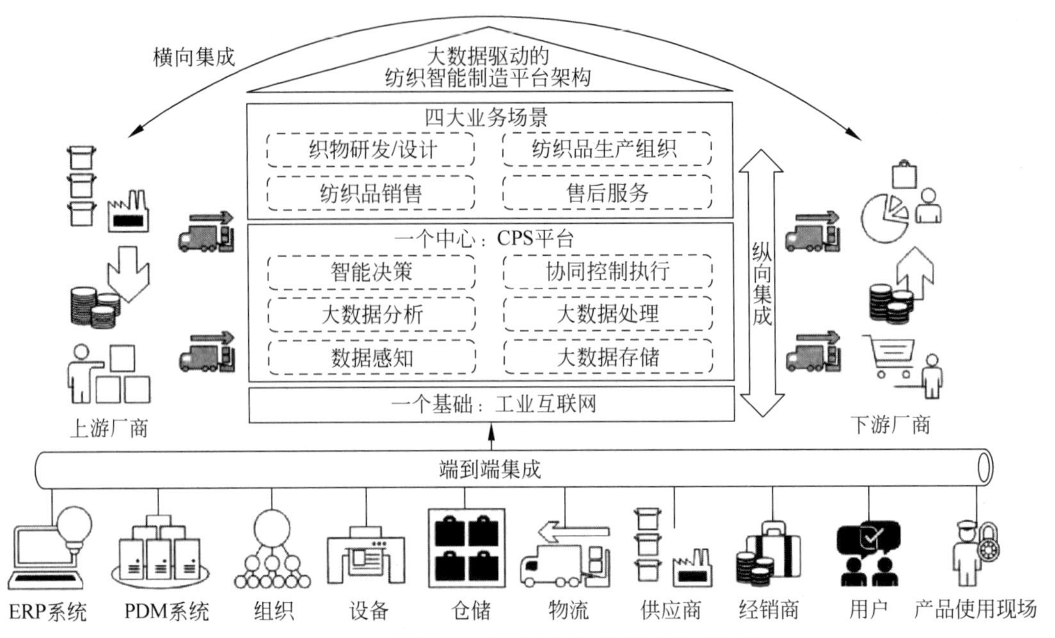

图 10-18 大数据驱动的纺织智能制造体系架构

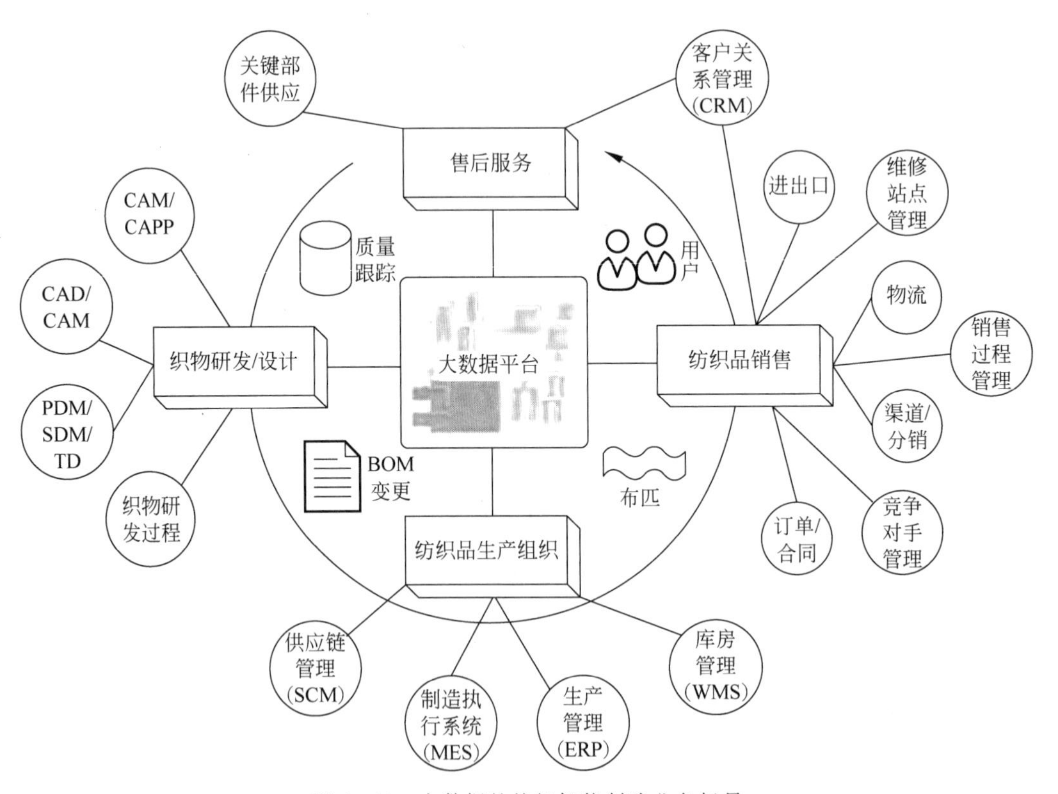

图 10-19 大数据的纺织智能制造业务场景

具体来看,存在织物研发/设计、纺织品生产组织、纺织品销售与售后服务3大类业务场景。

1. 织物研发/设计

本场景处于纺织工业的前端,包括织物研发设计环节中的产品设计智能化、纺织机械产品的协同工艺设计等。

1) 产品设计智能化

产品设计智能化通过客户数据采集、大数据分析和工厂互联化,实现全流程数据可视化和大规模定制化的生产目标,如图10-20所示。

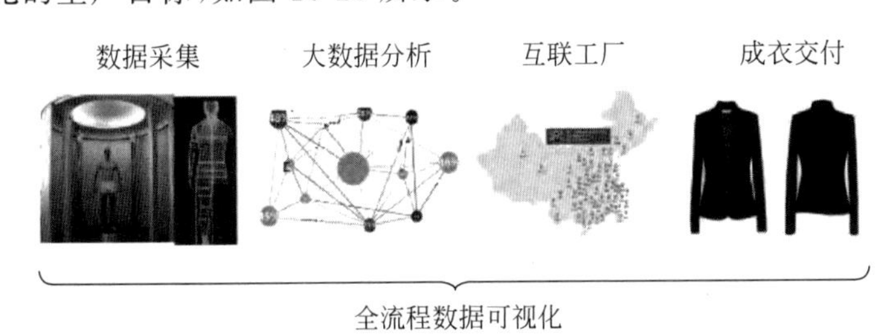

图10-20　基于大数据的纺织智能定制化设计

需要采集的数据包括时间维度、地域维度和纺织产品种类维度的市场消费数据,以及客户的形体数据。然后基于复杂网络、深度学习等方法的大数据分析,预测消费市场在时间维度和地域维度上的发展趋势及其对各类纺织产品的需求度,从而准确把握各地纺织消费市场的动向。大数据分析的结果通过互联工厂平台由全国各地的供应商和经销商共享,再分别针对整体和个体的用户形体数据,对纺织产品进行研发定制,最后将成衣产品准确供应至全国各地。

2) 纺织机械的协同工艺设计

纺织机械的协同工艺设计(图10-21)在ERP、MES、CAD、CAPP、CRM(客户关系管理)等数字化和网络化生产辅助软件的基础上,通过多元信息融合方法与制造特征识别方法实现纺织机械产品MBD模型的位置、工艺约束关系分析和特征相似度分析,建立纺织机械产品制造工艺专家知识库,最终实现包含工艺设计、工艺表达、工艺生成和工艺发布的全流程三维数字化工艺建模,并搭建基于模型的工艺管理、工艺更改、工艺会签、工艺审签等协同工艺管控体系。

2. 纺织品生产组织

本场景处于纺织工业的中游,主要包括纺织品生产组织环节的车间智能监控、先进生产调度、产品质量控制、制造资源优化等。

1) 纺织生产车间智能监控

纺织生产车间智能监控系统主要包括数据感知网络和可视化监控系统两部分。数据感知网络是通过二维码、无线射频识别装置(RFID)、蓝牙、无线通信等技术,对车间层面的实验、设计、加工、存储、装配、质检和物流等环节进行产品和设备的数据采集,并将采集的数据传输到可视化监控中心。采集的数据最终通过商务智能(business intelligence,BI)等数据可视化工具,以图表形式呈现在车间可视化看板、工位可视化终端和其他移动终端上。

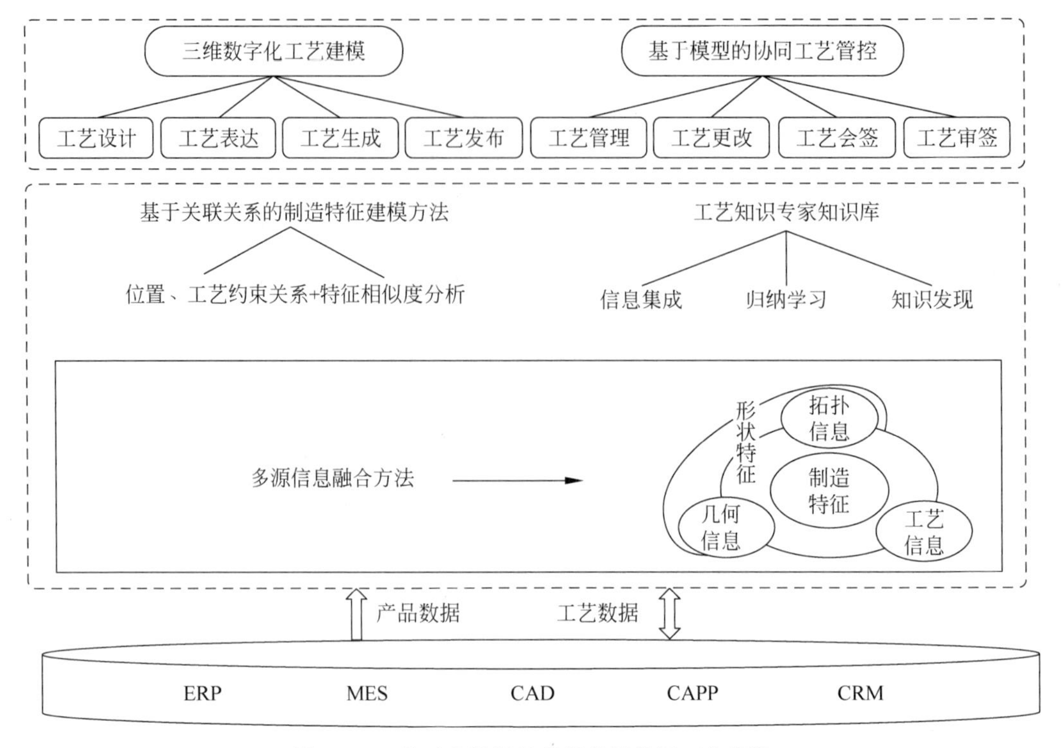

图 10-21 基于大数据的纺织机械协同工艺设计

2）纺织车间先进生产调度

先进生产调度通过生产过程数据采集与分析平台，建立融合订单数据、产品数据、原料数据、设备数据、工艺数据、执行状态数据、设备参数数据、调度信息、检测数据、质量数据、配套数据等的纺织品多维状态模型，考虑单工序生产过程中的各类影响因素，构建面向纺织生产过程的工序间多维耦合模型。在系统实时监控的基础上，对工序完工时间和纺织品性能进行预测和异常评估。最后对数据融合模型中的逆调度因子进行识别，结合逆调度规则，制定自适应逆调度策略，优化计划与调度方案，提高企业对客户需求的快速反应能力。

3）织物产品质量控制

产品质量控制首先建立纺织生产过程的信息物理融合系统，并搭建大数据分析模块作为物理系统与信息系统数据融合的媒介。大数据分析模块以开放数据库互联（ODBC）、传输控制/网络通信协议 TCP/IP、Web Service 等为数据协议，具有数据模型、统计分析、挖掘预测、持续查询、分布式计算、流计算等功能，对从物理系统采集的数据进行处理和分析，用于支持信息系统层面的多维统计控制、质量异常侦测、质量智能评估和质量改进优化等。

4）制造资源能效优化

制造资源能效优化以纺织制造系统中的设备，如化纤成套设备、纺纱设备、印染设备等为对象，以其效率评估数据集为基础进行大数据分析，为纺织品生产过程的人、机、料、法、环等定制制造资源运行效率的精准评估量化规则，对制造资源运行效率进行实时预测，实现制造系统的异常自动侦测和统计过程监控，以此为依据制定纺织制造系统的主动维护计划，完成制造系统的效率自优化。

3. 纺织品销售与售后服务

本场景处于纺织工业的末端，主要是售后服务和纺织品销售环节的智能物流。纺织智能制造体系中的智能物流以供应链数据、物料需求计划数据、生产现场物料配送数据和生产订单数据为数据源，其主要内容包括物流资源关联、物流系统性能监控、生产执行跟踪与控制、物流管理优化、关键物料安全库存预警和物流资源综合评估。首先建立物料信息、生产计划、物流计划、库存信息、采购信息、物料消耗、工具信息等物流资源的关联关系。物流系统性能监控以订单优先级、库存补货策略、采购优先级等为调控手段进行物料管理，结合计划排程、派工单、采购单进行物料监控。生产执行跟踪的目的是对物料消耗、零部件库存、物料准时送达利用率等物流信息进行预测、评价与控制。物流管理优化模型采用负反馈控制理论、智能并行算法、优化规则库等调整物流数据。此外需要制定关键物料安全库存预警等级，并形成物流资源综合评估报表。

本章小结

利用数据技术，人类不仅可以根据已有理论和知识建立数据模型，而且可以利用数据模型的仿真技术探讨和预测未知世界，发现和寻找更好的方法与途径，不断激发人类的创新思维、不断追求优化进步，其为当前制造业的创新和发展提供了新的理念和工具。本章从产品全生命周期的角度介绍了数据驱动的相关业务与关联数据；结合前面章节的数据感知与预处理等技术，介绍了数字孪生模型的概念及产品全生命周期中的三种重要数字孪生模型；利用产品设计、工艺规划、生产调度、物流规划以及质量控制等五个场景介绍了数据为制造业带来的业务增值；最后，以纺织行业为工业应用场景，通过纺织智能制造平台的构建介绍了数据技术的相关应用。

习题

1. 思考其他数据技术的实际应用场景，并举例说明。
2. 说明数据技术与智能制造的关系同数据技术应用实现的必要条件。
3. 简述数据驱动的意义以及未来数据驱动的发展趋势。

参考文献

[1] 张洁，高亮，秦威，等.大数据驱动的智能车间运行分析与决策方法体系[J].计算机集成制造系统，2016，22(5)：1220-1228.

[2] 张洁，吕佑龙.智能制造的现状与发展趋势[J].高科技与产业化，2015(3)：42-47.

[3] 陶飞，刘蔚然，刘检华，等.数字孪生及其应用探索[J].计算机集成制造系统，2018，24(1)：1-18.

[4] 庄存波，刘检华，熊辉，等.产品数字孪生体的内涵、体系结构及其发展趋势[J].计算机集成制造系统，2017，23(4)：753-768.

[5] 褚学宁，陈汉斯，马红占.性能数据驱动的机械产品关键设计参数识别方法[J].机械工程学报，2021，57(3)：185-196.